航空移动通信系统

刘海涛　王晓亮　夏　冬　李冬霞　王　磊　樊志远　编著

U0252559

清华大学出版社

北京

内 容 简 介

本书主要讨论航空移动通信系统的基础理论、技术及系统。全书共9章,内容包括绪论、地空无线通信基础、甚高频话音通信系统、高频话音通信系统、飞机通信寻址与报告系统、甚高频数据链模式2系统、卫星通信系统、监视数据链及VoIP话音通信新技术。

本书注重理论基础和实际系统相结合,密切联系民用航空通信的工程实践,内容全面、条理分明、叙述清晰,便于教学和自学。

本书可作为高等院校航空通信工程、航空电子等专业的本科生教材与研究生参考书,也可供民航通信、导航、监视工程等领域的技术人员参考。

图书在版编目(CIP)数据

航空移动通信系统/刘海涛等编著. —北京:清华大学出版社,2015(2023.9重印)
(民航信息技术丛书)
ISBN 978-7-302-41556-5

Ⅰ. ①航… Ⅱ. ①刘… Ⅲ. ①航空通信—移动通信—通信系统 Ⅳ. ①V243.1

中国版本图书馆 CIP 数据核字(2015)第 216776 号

责任编辑:文　怡
封面设计:李召霞
责任校对:梁　毅
责任印制:丛怀宇

出版发行:清华大学出版社
　　　　网　　址:http://www.tup.com.cn,http://www.wqbook.com
　　　　地　　址:北京清华大学学研大厦 A 座　　　　　　邮　　编:100084
　　　　社 总 机:010-83470000　　　　　　　　　　　　邮　　购:010-62786544
　　　　投稿与读者服务:010-62776969,c-service@tup.tsinghua.edu.cn
　　　　质量反馈:010-62772015,zhiliang@tup.tsinghua.edu.cn
　　　　课件下载:http://www.tup.com.cn,010-83470236
印 装 者:涿州市般润文化传播有限公司
经　　销:全国新华书店
开　　本:185mm×260mm　　印　张:14.25　　　　　　字　　数:356 千字
版　　次:2015 年 12 月第 1 版　　　　　　　　　　印　　次:2023 年 9 月第 5 次印刷
定　　价:39.00 元

产品编号:059230-01

　　通信、导航和监视是支撑现代空中交通管理（ATM）的基石。自 1993 年国际民航组织（ICAO）宣布正式实施新航行系统（CNS/ATM）以来，新概念、新技术层出不穷。为了向民航相关技术管理人员介绍新航行系统的主要概念和技术，我们编著了本书，力图全方位展示通信、导航和监视新技术的实质和内涵。

　　全书共 9 章：

　　第 1 章介绍航空移动通信系统基本概念，航空移动通信系统的业务类型，并概要介绍甚高频话音通信系统、高频话音通信系统、飞行通信寻址与报告系统、甚高频数据链系统及卫星通信系统在民航空中交通管制系统的应用及特点。

　　第 2 章介绍地空无线通信所涉及的基本概念、术语、原理、计算等基础知识，包括电磁波传播特性、常用航空通信天线的种类与技术指标、复用与多址技术、影响通信质量的噪声与非线性失真、阻抗匹配、信道容量、通信链路的预算、设备可靠性等内容。

　　第 3 章首先对甚高频话音通信系统发展进行概述，从理论方面详细介绍甚高频话音系统中应用最广泛的调制方式标准调幅原理，结合实际系统介绍甚高频话音通信系统组成、甚高频话音通信系统技术指标及测试、甚高频话音通信系统关键技术等内容。

　　第 4 章首先对高频话音通信系统发展进行概述，从理论方面详细介绍高频话音通信系统中应用最广泛的调制方式单边带调幅通信原理，结合实际系统介绍高频话音通信系统组成、高频话音通信系统技术指标及测试、高频通信关键技术等内容。

　　第 5 章主要介绍飞机通信寻址与报告系统（ACARS）组成、通信方式及相关协议标准，详细阐述 ACARS 系统物理层核心技术，链路控制技术以及地空数据通信过程，并列举 ACARS 系统在当前空管通信中的典型应用实例。

　　第 6 章主要介绍甚高频数据链模式 2 系统结构、甚高频数据链模式 2 系统物理层及数据链路层的工作原理，最后简要介绍甚高频数据链模式 2 系统在中国民航的应用。

　　第 7 章主要介绍卫星通信系统的基本原理与主要技术，以及近年来在民用航空领域中的应用，主要内容包括卫星通信系统的组成、工作原理、多址联接和信道分配技术、卫星通信链路设计等。另外，结合 VSAT 卫星通信系统、INMARSAT 卫星通信系统以及铱星卫星通信系统，介绍基于卫星的民航话音通信和数据通信的原理和关键技术。

　　第 8 章概述空管监视数据链的 3 种技术及特点，讲述空管 S 模式数据链，主要内容包括系统组成、数据结构及格式；讲述空管 1090ES ADS-B 数据链，主要内容包括工作原理、系统组成、信号格式及 ADS-B 的功能和优缺点。最后，介绍空管 1090ES ADS-B 数据链在国内外民航空管中的发展历程及应用情况。

第 9 章概述空管话音通信技术及特点，讲述 VoIP 话音技术，主要内容包括工作原理、系统组成、主要特点、关键技术、发展历程、典型协议。最后，介绍 VoIP 技术在民航话音通信中的发展及应用情况。

本书第 1 章与第 6 章由刘海涛编写，第 2 章由王晓亮编写，第 3 章与第 4 章由夏冬编写，第 5 章由李冬霞编写，第 7 章由王磊编写，第 8 章与第 9 章由樊志远编写。

本书在编写过程中参考了大量文献，在此一起表示感谢。

由于通信、导航和监视新技术在不断向前发展，限于编著者对新技术和新概念的理解，书中肯定存在缺点和不足，甚至错误，欢迎读者批评指正。

编者

2015 年 9 月

目 录

CONTENTS

绪 论

1.1 航空通信概述

航空通信(Aeronautical Telecommunication)定义为航空部门之间利用电信设备进行联系,以传递飞行动态、空中交通管制指示、气象情报和航空运输业务信息等的一种飞行保障业务。早期航空通信的主要方式是电报,随后又出现电话、电传打字、传真、电视、数据传输等多种方式。由于航空通信在民用航空中的重要性,国际民航组织很早就制定了《国际民用航空公约》附件 10《航空电信》,对航空通信的定义、通信程序、设备和规格、使用的无线电频率、信息的分类、优先次序、标准格式、用语等进行统一的规定或具体的建议,确保通信的有效性。根据业务内容的不同,航空通信业务分为航空固定业务、航空移动业务、航空广播业务及航空无线电导航业务。

航空固定业务定义为:在特定的两地间,首先为保证航行安全,其次为使航空业务正常、高效、经济地运行而进行的电信业务。为航空固定业务提供支撑的电信系统称为航空固定通信系统,在有些国家也称之为平面通信系统。根据承载业务类型的不同,航空固定通信系统主要分为数据通信网和电话通信网。数据通信网主要用于传输和交换飞行计划(起飞通报、达到通报、延迟通报、计划变更等)、航行情报、航空气象及地面台之间交换的与航空安全业务相关的通报。电话网络主要用于管制部门之间的管制确认、管制移交、飞机计划调整等实时性要求较强的话音信息的传输与交换。由于不同国家承载话音与数据业务的网络差异较大,因此以下仅以中国民航为举例来说明航空固定通信系统组成。中国民航航空固定通信系统主要包括 VAST 卫星网络、DDN 网络、帧中继与分组数据交换网络、自动转报网、管制移动通信网及机场平面移动通信网络。

航空移动业务定义为:飞机驾驶员与地面管制人员、航空公司调度员之间、飞机驾驶员与驾驶员之间的无线电通信业务。承载航空移动业务的电信系统称为航空移动通信系统,目前民航典型航空移动通信系统包括甚高频话音通信系统(VHF)、高频话音通信系统(HF)、飞行通信寻址报告系统(ACARS)、甚高频数据链系统(VDL)、航空移动卫星通信系统等。

航空广播业务是一项对空发送的广播业务,其目的是发送飞机航行所需要的情报,其发送手段包括有无线电广播、无线电传、无线电话。常见航空广播服务包括航站自动情报服务广播(Automatic Terminal Information System,ATIS)及航空气象广播系统(VOLMET)。为减轻航空管制人员的工作负担,避免管制用对空通信的混乱局面,在交通流量较大的机场,通常设置自动终端情报服务系统(ATIS)。自动终端情报服务系统使用甚高频无线电自动连续播放机场信息,如天气、可用跑道、气压及高度表拨正值等。飞机驾驶员通常在和地面管制员建立联系前收听自动终端情报服务系统的通播,以了解机场的相关情况,减少飞机驾驶员与地面管制员的话音通信工作量。正常情况下机场通播信息每小时更新一次,天气变化信息可随时更新。

相对于其他行业使用的通信系统,航空通信系统具有显著的特点:首先,航空通信要求系统的覆盖范围广,可覆盖飞行的全程,既包括大陆地区,也包括偏远洋区域和极地区域;其次,因为航空通信传输的信息关乎飞行安全,所以对航空通信系统的可靠性要求非常高,并且这种高可靠需要在航空器高速飞行过程中,在机载设备和地面系统所处的相对复杂的电磁环境下得以保持;此外,要求航空通信系统既能够提供实时的话音通信,也能够提供传输文本指令、图形等信息的数据通信服务。因此,航空通信系统无法使用单一的通信技术手段来满足诸多的通信需求,需要根据不同的应用场景,对传输质量的要求、频率资源和电磁环境等多种因素,采用适当的通信技术,经过几十年的发展,民用航空领域逐步形成了由多种通信技术构成的复杂的通信系统。

由于航空通信系统(航空固定通信系统、航空移动通信系统、航空广播系统)涉及电信系统的种类非常多,且不同系统工作方式差异较大,一本书无法覆盖所有内容,因此本书围绕空中交通管制系统的运行重点介绍航空移动通信系统的工作原理。

1.2 航空移动通信系统

本节首先概要介绍航空移动通信系统承载的各种业务类型,然后概要介绍甚高频话音通信系统(VHF)、高频话音通信系统(HF)、飞行寻址与位置报告系统(ACARS)、甚高频数据链系统(VDL)、航空移动卫星通信系统(AMSS)在民用航空中的应用。

1.2.1 航空移动通信业务

按照国际民航组织(ICAO)的规定,航空移动通信系统主要提供4种类型的通信服务:空中交通服务通信(ATS)、航空运行控制通信(AOC)、航空管理通信(AAC)、航空旅客通信(APC)。

1. 空中交通服务通信

空中交通服务通信是指与空中交通服务有关的通信,此类通信通常与飞行安全、航班正常运行密切相关。通信内容包括管制指令、航行情报、气象信息、位置报告等。通信可能在航空器驾驶员与地面空中交通管制服务人员之间进行,例如管制指令的发布,也可能在不同的地面空中交通服务人员之间进行,例如管制中心之间进行管制移交。此类通信优先级较高,是航空移动通信系统重点保障的业务。

2. 航空运行控制通信

航空运行控制通信是指飞行过程中航空公司运控中心与航空器机组之间的通信,主要目的是保障飞行的安全和航班正常执行,提高运行效率。航空运行控制通信的内容比较丰富,包括航班计划、航班执行情况、航空器状态监视等,其中部分信息与飞行安全相关。

3. 航空管理通信

航空管理通信是指航空运输企业有关航班运营和运输服务方面的商务信息,例如运输服务预定、飞机和机组安排,或者其他后勤保障类的信息,通信的目的是为了提高运营的效率。

4. 航空旅客通信

航空旅客通信是指乘客或机组成员出于个人目的进行的语音通信和数据通信,与飞行安全无关。此类通信目前应用还不广泛。

目前,航空移动通信系统主要提供空中交通服务通信和航空运行控制通信服务。可以预计,随着航空市场的快速发展,航空旅客对个人通信的需求将呈现上升趋势。

1.2.2 航空高频话音通信系统

航空高频话音通信系统主要利用高频无线电电波通过电离层反射来实现远距离航空器电台与地面电台间的话音通信系统。航空高频话音通信系统主要用于空中交通管制部门、航空公司航务管理部门与飞行员之间远距离话音通信服务。根据《国际民用航空公约》附件10《航空电信》第3卷关于地空移动通信业务的规定,民航高频话音通信系统使用抑制载波单边带(SSB)调制方式工作,发射边带为上边带,高频话音通信系统的工作频率为 $2.8\sim22\text{MHz}$(更详细的频率分配请参照国际电信联盟的无线电规划附录27)。

相对于其他通信系统,高频话音通信系统存在以下缺陷和不足:高频话音通信主要依赖于高频无线电电波的电离层反射来实现远距离的通信,而电离层传播特性随昼夜及季节的变化而改变,因此高频话音通信系统接收机接收信号不稳定;在高频无线电信道中,发射机到接收机存在多径传播的现象,接收机接收的信号是多条路径传播信号的合成,多径传播现象将造成接收信号强度快速时变;高频无线电信道容易受太阳黑子活动的影响,使得接收信号强度产生扰动;最后,高频无线电信道非常拥挤,接收机容易受到同频及邻台的干扰;总之,相对于甚高频话音及航空移动卫星通信系统,高频话音通信系统的通信质量较差。

目前,高频话音通信系统主要用于越洋飞行、偏远地区等甚高频话音通信系统无法覆盖区域的航路飞行通信,例如在纬度大于 $80°$ 的极地区域,我国成都至拉萨的高原航路等。而在陆地甚高频话音通信系统覆盖的区域,高频话音通信系统则主要作为甚高频话音通信系统的备份通信手段。

1.2.3 航空甚高频话音通信系统

航空甚高频话音通信系统主要利用甚高频无线电视距传播特性来提供航空器电台与地面电台间的话音通信。航空甚高频话音通信系统主要用于空中交通管制部门、航空公司航务管理部门与飞行员之间视距话音通信服务。

根据《国际民用航空公约》附件10《航空电信》第3卷关于地空移动通信业务的规定,民航甚高频话音通信系统采用双边带调幅方式工作,系统使用工作频率为 $118\sim136.975\text{MHz}$,

信道间隔为 25kHz,1995 年附件 10 修订版进一步规定在航空繁忙区域可使用 8.33kHz 的信道间隔。目前,我国民航使用 25kHz 的信道间隔,共有 760 个甚高频信道。

相对于航空高频话音通信系统,航空甚高频话音通信具有信号质量稳定、话音清晰等优点,单个地面站覆盖范围达 250 海里。因此甚高频话音通信系统非常适合机场、终端区及航路飞行阶段飞行员与管制员间话音通信服务,目前甚高频话音通信系统是使用最广泛的航空移动通信系统。

1.2.4 航空移动卫星通信系统

随着卫星通信技术的发展,卫星通信技术也逐渐应用于民用航空地空话音通信领域,航空移动卫星通信系统主要由机载卫星地球站(AES)、卫星转发器(中继卫星)、地面地球站(GES)三个部分组成。典型的卫星通信系统包括国际移动卫星组织(Inmsart)、铱星卫星通信系统等。利用卫星通信链路,机载飞行员可实现与空中交通管制部分和航空公司航务管理部门的双向话音通信,此外卫星通信系统也可为航空旅客与地面人员间提供双向话音通信服务。

相对于其他空—地通信手段,航空移动卫星通信系统具有技术先进、通信覆盖范围广(除南北极地区)、通信距离远、话音质量好的优点,但卫星通信系统存在机载卫星通信终端设备昂贵、单位时间通话成本高等缺点,目前航空移动卫星通信系统主要用于航空公司跨洋飞行过程中的航务管理通信及航空旅客通信。

目前,民航使用的航空移动卫星通信业务主要由国际移动卫星组织的高轨道地球同步卫星提供,近年来,一些航空公司和组织也在尝试利用低轨道卫星提供廉价的航空移动卫星通信。《国际民用航空公约》附件 10《航空电信》第 3 卷详细规定了航空移动卫星通信业务的相关技术特性。

民航地空话音通信系统的比较如表 1-1 所示。

表 1-1 民航地空话音通信系统的比较

	航空甚高频话音通信	航空高频话音通信	航空移动卫星通信
优点	技术成熟稳定 应用广泛 通信质量好 系统建设费用适中 使用成本低廉	技术成熟 应用广泛 设备投资低廉 使用成本低廉 通信距离远	技术先进 通信质量好 系统覆盖范围广 (除南北极)
缺点	系统通信距离 250 海里	通信质量较差 通信距离和通信质量 不稳定,受大气等条件 影响大 容易受干扰	设备投资费用高 运行成本高 技术不十分成熟 设备供应商较少 南北两极存在通信盲区

1.2.5 飞机通信寻址与报告系统

飞机通信寻址与报告系统(Aircraft Addressing and Reporting System,ACARS)是美国 ARINC 公司在 20 世纪 80 年代开发的一种在航空器和地面站之间通过甚高频无线电或卫星传输短消息(报文)的空地数据链通信系统。

飞机通信寻址与报告系统工作频段为民航专用甚高频通信频段(117～131MHz),系统采用半双工方式工作,数据调制采用最小移频键控调制(MSK),系统波特率300Baud,比特传输速率为2.4Kbps,系统多址接入方式采用非坚持-载波侦听存取(CSMA)。目前利用飞机通信寻址与报告系统可为航空公司、空中交通管制、机场应用等提供数据通信服务。相对于传统航空甚高频话音通信,飞机通信寻址与报告系统具有以下优点。

(1) 提高了数据传输的准确性和快速性。频繁使用话音通信容易使人产生误解和错误,ACARS数据传输可以自动进行,减少了地空话音通信的频度,降低人工干预所造成的误差,提高了地空通信的准确性。另外,使用ACARS数据链系统可避免甚高频话音通信存在的甚高频频道的拥挤和阻塞,以及短波话音通信系统存在的话音质量差的问题。

(2) 资料和数据易于共享。话音通信传输的信息难于分配到航空公司的各个部门,而ACARS系统按照标准化的报文进行信息交流,提供的信息是基于字符的完整、准确的数据信息,易于分析和保存,可供随时翻阅和事后查询,也可经由地面网络实时传送给相关部门。

(3) 提高了信息的实时性,增加信息量,减少成本。ACARS系统能够提供实时确认信息的能力,能够根据传感器提供的信息传送一些飞行员没有觉察而系统自动探测出来的故障,增加机组效能,减少工作负荷,提高签派和维修效率,大大降低航空公司的维修成本。

(4) 支持空中交通管制数据传输需求。通过ACARS系统可实时传输飞机的位置等信息,地面管制员可利用飞机的位置、时间等信息进行空中交通管制服务。

1.2.6 甚高频数据链系统模式2系统

ACARS系统是美国ARINC公司在20世纪70年代制定的民航地空数据链通信标准,目前该系统广泛应用于民用航空的交通管理系统中,提供空中交通管制及航空公司通信服务。由于ACARS系统可以大大减轻飞行员工作负担,因此该系统推出后,立即获得民航界的广泛认同。目前该系统已经覆盖北美、欧洲和亚洲的绝大部分地区,在澳大利亚的沿海地区也已经实现了ACARS系统覆盖。虽然ACARS系统在业界获得了广泛应用,但是ACARS系统存在一些先天的不足,例如系统数据传输速率低、不支持实时业务、无优先权功能、存在共信道干扰及保密性差等缺点。为克服ACARS系统存在的技术缺陷,国际民航组织(ICAO)在1997年制定了甚高频数据链的技术标准,包括甚高频数据链模式1(VDL Mode1)、甚高频数据链模式2(VDL Mode2)、甚高频数据链模式3(VDL Mode3)、甚高频数据链模式4(VDL Mode4)。其中,甚高频数据链模式2系统获得广泛的应用。

甚高频数据链模式2系统工作频段为民航甚高频频段(118.000～136.975MHz),传输带宽25kHz,调制方式采用D8PSK、码元速率为10 500Baud,比特传输速率为31.5kbps,采用透明面向比特传输协议,媒体访问存取采用非自适应P坚持载波侦听检测(p-CSMA),数据链路层采用AVLC协议(Aviation VHF Link Control,航空甚高频链路控制),空地链路间采用可交换虚电路连接方式,数据链可提供ATN子网服务,数据分组的比特差错性能达到10^{-6},可用性达到99.9%。

甚高频数据链模式2系统在空中交通服务的应用主要包括数字化自动航站情报服务(D-ATIS)、起飞前放行(PDC)服务、航路气象信息服务(D-VOLMET)、管制员飞行员数据链通信(CPDLC)与合同式自动相关监视(ADS-C)服务等。

习题

1-1　解释概念：航空固定业务、航空固定通信系统。

1-2　解释概念：航空移动业务、航空移动通信系统。

1-3　简述航空移动通信系统承载的业务类型有哪些？

1-4　简述航空高频话音通信系统的优缺点，并说明它的适用范围。

1-5　简述航空甚高频话音通信系统的优缺点，并说明它的适用范围。

1-6　相对于甚高频话音通信，飞机通信寻址与报告系统具有哪些优势？

参考文献

[1]　张军.现代空中交通管理[M].北京：北京航空航天大学出版社,2005.

[2]　浦玉良.航空通信系统[J].航空电子技术,1990(3).

[3]　周卓轫.民航空地通信系统的新进展[J].电讯技术,1966(6).

[4]　王喆.中国民航甚高频地空数据通信网[J].中国无线电管理,2001(8).

[5]　Arinc AIR/Ground Character-Oriented Protocol Specification Arinc Specification 618-5, August 31,2000.

第 2 章

地空无线通信基础

2.1 航空通信常用单位

航空最早从西方国家发展起来,现在航空业最发达的国家也是西方国家。因此,航空通信中的常用单位除了国际单位制中的单位外,还有一些英制单位。在这些英制单位中,最常用的是长度单位英尺(ft),英尺与公制单位的换算关系为

$$1 \text{ 英尺} = 0.3048 \text{ 米} \tag{2-1}$$

需要注意的是,与中国尺与寸的进制关系不同,1 英尺等于 12 英寸(inch)。

对于民用航空来说,民航飞机的飞行高度往往用英尺给出,例如 10 000ft 表示 3048m。用英尺表示高度时,为了表示更简洁,常省去后两个 0,表示特定的飞行高度层(Flight Level),例如 FL100 表示 10 000ft。

民航中另一个常用的非公制长度单位是海里(NM 或 nm,注意 nm 和纳米是一样的,应用时根据场合区分),1 海里等于地球经线(即子午线)上纬度 1 分所对应的弧长,由于地球是椭球体,子午线也是一个椭圆,它在不同纬度不同经度的曲率是不同的,因此,纬度 1 分所对应的弧长在地球上不同地方也是不完全相同的。不同国家对 1 海里的长度有不同的规定,偏差有几米,我国规定

$$1 \text{ 海里} = 1852 \text{ 米} \tag{2-2}$$

另一个常用的非公制单位是速度单位节(knot,kn 或 kt)

$$1 \text{ 节} = 1 \text{ 海里 / 小时} \tag{2-3}$$

在通信领域中,许多物理量的单位是用分贝(dB)表示的,例如信号功率、信号电压、场强度等。分贝值是一个比值,分贝值 L_{dB} 与考查功率值 P 和参考功率值 P_0 的关系为

$$L_{dB} = 10\log_{10} \frac{P}{P_0} \tag{2-4}$$

分贝值 M_{dB} 与考查电压值 U 和参考电压值 U_0 的关系为

$$M_{dB} = 20\log_{10} \frac{U}{U_0} = 10\log_{10} \frac{U^2}{U_0^2} = 10\log_{10} \frac{P}{P_0} \tag{2-5}$$

可以看到对数符号前的系数有时取 10,有时取 20,其实都是把相应的物理量折算到功率量

纲后对数符号前再取 10。通常参考值取 $P_0=1\mathrm{W}, U_0=1\mathrm{V}$，于是上面两式变为

$$L_{\mathrm{dB}} = 10\log_{10} P, \quad M_{\mathrm{dB}} = 20\log_{10} U \tag{2-6}$$

需要注意的是，分贝值表示比值，是一个无量纲的量，用 dB 作"单位"只表明是一种比值表示方法。

之所以要使用分贝，是因为某些物理量在数值上大小相差很大，也就是说这些物理量动态范围很大。例如某些大型发射机功率能够达到千瓦(kW)级甚至兆瓦(MW)级，而低噪声接收机的灵敏度则可低至皮瓦(pW)级[1]。在一张图中同时显示动态范围相差很大的数值是困难的，而使用分贝值后，本质是压缩了数值的动态范围，可以更清晰地表示非常大或非常小的数值变化。如图 2-1 左图中用原始单位数值表示时信号旁瓣的变化是很难看清的，而右图中用分贝值表示后信号旁瓣的变化便清晰可见。此外用分贝值还可以简化计算，将原来的相乘运算变为相加运算。

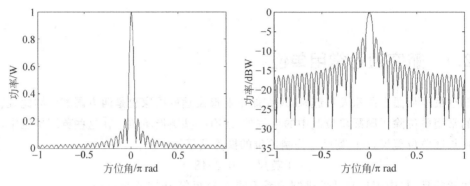

图 2-1　数值的 dB 表示

因为用 dB 表示的物理量有许多，为了加以区分，常在 dB 后跟上原单位或原单位的缩写，例如功率值单位为 W 时，用 dB 表示后记为 dBW，功率值单位为 mW 时，用 dB 表示后记为 dBm，于是有

以 dBW 为单位的功率 $=10\log_{10} P(\mathrm{W})$，

以 dBm 为单位的功率 $=10\log_{10} P(\mathrm{mW})$，

以 dBm 为单位的功率 $=10\log_{10} P(\mathrm{W})+30$。

2.2　电磁波传播特性

2.2.1　电磁矢量与极化

无线电通信是利用电磁波为媒介的通信，电磁波通常可以用电场矢量 E、磁场矢量 H 和传播矢量 v 来描述，其中传播矢量给出了电磁波的传播方向。通常所用电磁波为横电磁波，对于横电磁波来说，这三个矢量两两垂直。

电磁波的一个重要参数是极化，不同极化状态的电磁波其收发特性与散射特性有明显差别。电磁波的极化和光的偏振是同一个概念，是同一个概念在不同领域的不同称谓。电磁波的极化是指电磁波电场矢量尖端随时间变化所描绘出几何轨迹的特征。常见的电磁波极化方式有线极化和椭圆极化。常见的线极化方式有水平极化与垂直极化。水平极化电场

矢量尖端运动轨迹平行于地球表面,垂直极化电场矢量尖端运动轨迹垂直于地球表面。椭圆极化又分为左旋椭圆极化和右旋椭圆极化,椭圆极化的一个特例是圆极化。

根据天线收发电磁波的极化状态,也定义了天线的极化。在理想情况下,水平极化的天线只能接收水平极化的电磁波,当用水平极化的天线接收垂直极化的电磁波时,接收功率为0。实际中,用水平极化的天线接收垂直极化的电磁波时,仅会接收到很小的功率。

2.2.2　无线电频段

无线电波按照波长或频率的不同,可以划分为不同的频段,如表2-1所示。

表 2-1　无线电频段表

频　段	频率/Hz	波　长	应　用
极低频 ELF	3～30	—	—
超低频 SLF	30～300	—	—
特低频 ULF	300～3k	—	—
甚低频 VLF	3k～30k	10～100km	电话、数据终端
低频 LF	30k～300k	1～10km	导航、信标、电力线通信
中频 MF	300k～3M	100m～1km	调幅广播、业余无线电
高频 HF	3M～30M	10～100m	短波广播、移动无线电话、军事通信
甚高频 VHF	30M～300M	1～10m	调频广播、电视、空中管制、导航
特高频 UHF	300M～3G	1dm～1m	电视、移动通信、雷达导航、空间遥测
超高频 SHF	3G～30G	1cm～1dm	微波接力、卫星和空间通信、雷达
毫米波	30G～300G	1mm～1cm	卫星通信
亚毫米波	300G～3T	0.1～1mm	

不同频段的电磁波,在传播特性上存在差异。当电磁波频率较低时(大约2MHz以下)为地波传播,即沿地球表面有一定弯曲的传播,这是因为频率较低的电磁波在大气中传播时折射现象较明显;频率较高的电磁波(2～30MHz)为天波传播,依靠电离层反射传播;频率更高的电磁波为视线传播,通过中继实现远距离传输,如图2-2[2]所示。需要注意的是,上述几种传播方式是逐渐变化的,并不存在突变。频率范围为天波传播的电磁波,同样也能沿地球表面传播,只是频率较高折射小,接近于直线传播。因此,由于地球曲率的影响,沿地面无法传播到很远的距离,传播到远距离只有靠天波的方式。频率更低或更高的电磁波无法以天波方式传播,是因为频率较低时在大气中吸收过大无法反射折回,频率较高时将穿透电离层同样无法折回。

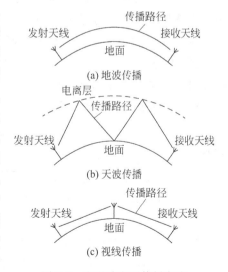

图 2-2　电磁波主要传播方式

无线电频段对天线长度有影响,天线要对电磁波有效辐射和接收,天线长度应与电磁波波长在一个数量级。因此工作频率越低,所需的天线长度就越长。高频频段的波长是甚高频频段的 10 倍,因此高频通信系统的天线比甚高频通信系统的天线长得多。

2.2.3 地球曲率对无线电通信距离的影响

沿地波传播的电磁波需要很长的收发天线,沿天波传播的电磁波因为电离层不稳定和电离层反射存在多径效应等因素,用于通信时通信质量难以保障,因此目前使用最多的是属于视线传播方式、频率较高的电磁波。对于视线传播的电磁波,由于地球曲率的影响,通信距离受到限制。

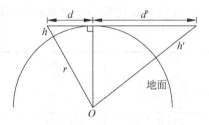

图 2-3 无线电地平线几何关系

对于视线传播的电磁波,如图 2-3 所示,设天线高度为 h,与光的传播类似,天线发射电磁波的作用距离也受到地平线的限制。设地球半径为 r,通常取 $r = 6370\text{km}$,则根据图 2-3 的几何关系,天线的最大作用距离,也就是天线的地平线距离为

$$d = \sqrt{(r+h)^2 - r^2} = \sqrt{(2r+h)h}$$
$$\approx \sqrt{2rh} \quad (r \gg h, 2r+h \approx 2r) \quad (2\text{-}7)$$

需要注意的是,上式中的天线高度 h 为天线的海拔高度。若某飞机的巡航海拔高度为 h',那么高度为 h 的天线与该飞机的最远通信距离为

$$D = d + d' = \sqrt{2rh} + \sqrt{2rh'} \quad (2\text{-}8)$$

实际中电磁波并非完全沿直线传播,而是存在折射现象。为描述折射现象,引入地球膨胀因子 k,用地球等效半径 kr 代替上述公式中的 r,于是天线地平线距离公式变为

$$d = \sqrt{2krh} \quad (2\text{-}9)$$

由于折射的原因,无线通信的最远距离往往超过按直线传播计算的距离,所以地球膨胀因子 k 通常取大于 1 的值,在不同频率和不同气候条件下的 k 值国际电信联盟已作了统计性测量,并给出了相应结果。但对于可靠的点对点通信,通常取 k 值为 2/3 或 0.5[1]。

【例 2-1】 一座架设在山顶的 VHF 天线塔,塔高为 50m,山顶海波高度 200m,若地球膨胀因子 k 取 2/3,求该天线塔在 8000m 高度的最大通信距离。

解:由包含 k 因子的地面天线与飞机最远通信距离公式

$$D = d + d' = \sqrt{2rkh} + \sqrt{2rkh'} \quad (2\text{-}10)$$

可得

$$D = \sqrt{2 \times 6\,370\,000 \times (2/3) \times (200+50)} + \sqrt{2 \times 6\,370\,000 \times (2/3) \times 8000}$$
$$= 306\,750(\text{m}) = 306.75(\text{km}) \quad (2\text{-}11)$$

【例 2-2】 一架飞机从首都机场起飞后达到巡航高度(假设为 7800m),在距首都机场 VHF 天线 580km 处 VHF 通信丢失,若首都机场 VHF 天线顶部的高度为 100m,则该环境的地球膨胀因子 k 为多少?

解:由包含 k 因子的地面天线与飞机最远通信距离公式

$$D = d + d' = \sqrt{2rkh} + \sqrt{2rkh'} \quad (2\text{-}12)$$

可得

$$k = \frac{D^2}{2r(\sqrt{h} + \sqrt{h'})^2} = \frac{580\,000^2}{2 \times 6\,370\,000 \times (\sqrt{100} + \sqrt{7800})^2} \approx 2.73 \qquad (2\text{-}13)$$

2.2.4　无线电通信覆盖范围

根据上一节的分析可知,由于地球曲率的影响,天线的覆盖范围是有限的。由式(2-8)可以看出,对于特定高度的天线,通信目标的高度越高,通信距离越远。如果不考虑地形的影响,天线在指定高度的覆盖范围是一个圆形区域,并且随高度的增加而增大。表 2-2 给出了位于海平面高度的天线在不同指定高度圆形覆盖区域的半径,可以看到覆盖范围随高度的减小而迅速减小。实际应用中通过多个地面天线覆盖不同区域实现对较大范围区域的无线电信号覆盖,覆盖同样的范围,低空空域比高空需要多很多的天线,这也是低空可靠通信不易实现的原因。

表 2-2　海平面位置处天线在不同高度上的覆盖半径(地球膨胀因子 $k=1$)

高度/m	500	1000	2000	3000	4000	5000	6000	7000	8000	9000	10 000
覆盖半径/km	79.8	112.9	159.6	195.5	225.7	252.4	276.5	298.6	319.2	338.6	356.9

地面的山地、丘陵等地形起伏会对电磁波信号造成遮蔽,上述圆形覆盖区域中往往有不少区域因为地形遮蔽无法覆盖。地面天线高度越低、目标高度越低,地形遮蔽的影响越严重,因此地面通信天线往往建在山顶、屋顶等较高位置。低空飞行时通信信号受地形遮蔽的影响比在高空显著得多,这进一步增大了低空飞行通信的难度。

2.2.5　电磁波自由空间路径损耗

无线通信中,由发射天线发射电磁波,经自由空间传播后由接收天线接收实现信息传递。接收天线接收到的功率大小与接收天线处单位面积上通过的功率、即功率通量密度(Power Flux Density,PFD)成正比。为了给出功率通量密度的概念,首先引入一个理想的辐射源——各向同性功率源的概念。

各向同性功率源是一个具有以下特点的理想辐射源:

(1) 向各个方向辐射的电磁波功率都相等。

(2) 体积无限小。

(3) 没有损耗,即所有的功率都以电磁波的形式辐射到空间中。

各向同性功率源是一种理想状态,实际中是不存在的,但其广泛用于与天线有关的计算中,是天线的一个基准。

功率通量密度指空间某一位置处单位面积上通过的功率,其单位是 W/m^2,另外还有一个常用的单位是 $\mu W/cm^2$。对于各向同性功率源,由于其各向同性的特点,电磁波以球面的形式向外传播,若其发射功率为 P_T,电磁波在自由空间中传播,即传播过程中无损耗,则在距离各向同性功率源距离为 d 处的功率通量密度为

$$\Psi = P_T/4\pi d^2 \qquad (2\text{-}14)$$

若该位置有一各向同性的接收天线,接收天线的有效孔径为 A_e,则接收天线接收到的

功率为

$$P_R = \Psi A_e \tag{2-15}$$

而各向同性接收天线的有效孔径与接收电磁波的波长 λ 有关为

$$A_e = \lambda^2 / 4\pi \tag{2-16}$$

于是可得接收天线接收到的功率为

$$P_R = \Psi A_e = \frac{P_T}{4\pi d^2} \cdot \frac{\lambda^2}{4\pi} = \frac{\lambda^2}{(4\pi d)^2} P_T \tag{2-17}$$

两边取对数并整理得

$$L = 10\log_{10} P_T - 10\log_{10} P_R = 20\log_{10}(4\pi) + 20\log_{10} d - 20\log_{10} \lambda \tag{2-18}$$

上式就是电磁波自由空间路径损耗公式,它给出了理想情况下接收电磁波功率相对发射功率的损耗量。

一个更常用的电磁波自由空间路径损耗公式是将上式中波长 λ 换为频率 f,并将频率 f 和距离 d 的单位分别换为 MHz 和 km,并将相关常数计算出,于是得到[1]

$$L(\text{dB}) = 32.44 + 20\log_{10} d(\text{km}) + 20\log_{10} f(\text{MHz}) \tag{2-19}$$

可以看到电磁波自由空间路径损耗随距离和频率的增加而迅速增大。

【例 2-3】 民航 VHF 通信为视线传播,所用频率为 $118 \sim 137\text{MHz}$,求一架飞机的 VHF 发射机到一个相距 200km 的 VHF 通信站之间的最大自由空间路径损耗。

解: 因为自由空间路径损耗随电磁波频率的增加而增大,因此最大自由空间路径损耗是使用 137MHz 频率时对应的自由空间路径损耗。最大自由空间路径损耗为

$$\begin{aligned} L(\text{dB}) &= 32.44 + 20\log_{10} d(\text{km}) + 20\log_{10} f(\text{MHz}) \\ &= 32.44 + 20\log_{10} 200 + 20\log_{10} 137 \\ &= 121.20(\text{dB}) \end{aligned} \tag{2-20}$$

电阻元件的功率可以由电压和电阻值根据式 $P = U^2/R$ 得到,电磁波的功率通量密度 Ψ 与其电场强度大小 E 之间,有一个类似的关系式为

$$\Psi = E^2 / Z_0 \tag{2-21}$$

式中,Z_0 为传播介质的特性阻抗(或称特征阻抗、波阻抗),自由空间特性阻抗为 $Z_0 = 120\pi = 377\Omega$。将式(2-21)代入式(2-14)得

$$E^2 / Z_0 = P_T / 4\pi d^2 \tag{2-22}$$

在自由空间中,将 $Z_0 = 120\pi\Omega$ 代入,有

$$E = \sqrt{30 P_T} / d \tag{2-23}$$

2.2.6 电磁波大气衰减和雨衰

电磁波在大气中传播时,由于大气中的气体分子(水蒸气、氧气、二氧化碳、臭氧等)及悬浮微粒(尘埃、烟、盐粒、微生物等)的吸收和散射作用,会发生一定的功率衰减。这种衰减随着大气温度和电磁波频率等因素的变化而变化,其中随电磁波频率的变化衰减变化尤为显著。大气衰减对 HF 和 VHF 等频率较低的电磁波影响很小,但对于频率较高的电磁波,大气衰减随电磁波频率的变化体现出显著的峰谷效应,即有些频段衰减较小,而另一些频段衰减很大。不同气体分子对电磁波衰减的峰谷频率有所不同,实际应用中都尽量选用各种气

体的衰减都在衰减谷底的频率段。

雨水同样会对电磁波的传播产生功率衰减,即雨衰,这是因为雨滴对电磁波的散射和吸收作用。对于不同频率的电磁波雨衰的影响不同,但即使对频率较低的电磁波,雨衰也会产生显著影响。对于降雨较多的地区,雨衰是设计系统时必须考虑的因素。

2.2.7　电磁波的折射、反射与多径传播

电磁波在大气中传播,因为不同高度层大气密度的差异,会发生折射,这类折射有时称为层折射。频率较低时这种现象较明显,对于频率较高(如微波)的电磁波这种现象可以忽略。电磁波地波、天波、视线传播等不同的传播方式,实质也是由折射引起的。电磁波在经过具有刀形边缘的障碍物时,还会发生障碍物折射。

电磁波在遇到障碍物时会发生反射,金属材质的障碍物对电磁波的反射尤其强烈。因为障碍物对电磁波的反射,使得电磁波的传播路径有多条,反射电磁波相对于直达波有一定的延时和失真,在幅度上虽有一定衰减,但仍然能对直达波产生明显干扰,这就是多径效应。多径效应在城市地区尤其明显,是无线电通信中必须设法克服的问题。

2.3　电磁波的发射与接收——天线

电磁波通常通过天线才能有效辐射到空间中,通过天线也才能有效接收。如图 2-4[3] 所示,当导线上存在交变电流时,就可以产生电磁波。若两导线相平行且距离很近,则交变的电场被束缚在两导线之间;若两导线逐渐张开,交变的电场就可以有效辐射到周围空间,这就形成了天线。

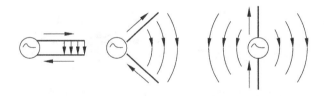

图 2-4　电磁波的空间辐射

研究天线时,常使用一个与前述各向同性功率源类似的理想天线模型——各向同性天线。各向同性天线向各个方向辐射均匀,是无穷小体积的点源,常被作为参考天线。同样,各向同性天线是理想的,是实际中不存在的。

2.3.1　天线方向图

天线方向图(或称天线方向性图,Radiation Pattern Envelope,RPE)是形象描述天线不同方向上辐射功率大小的图形,是描述天线特性的重要工具。如图 2-5[3] 所示是一幅典型的天线方向图,图中粗实线描述了某天线在垂直面内不同方向上辐射功率的大小,该图中极坐标原点到粗实线包络上各点分别形成不同矢量,矢量的大小与该方向上远场条件下的辐射大小成正比。因此天线方向图中,粗实线离原点越远的方向辐射功率越强。由于天线在空间上向任意方向都可能辐射电磁波,因此天线方向图在空间中是一个三维图形,为描述方便,往往用水平和垂直两个相互垂直的剖面中的天线方向图来描述天线的方向性特征,而这

两个剖面的方向图又常用极坐标表示,表示天线辐射功率随方位角和俯仰角变化的特征如图 2-6[3] 所示。天线有全向天线和定向天线之分,需要注意的是,一般所说的全向天线,并不是指各向同性天线,而是指水平面上的天线方向图是圆形的天线,即在水平面内向各个方向均匀辐射。例如图 2-6 中的半波偶极子天线就是一个全向天线。而定向天线一般指在水平上辐射有一定指向性的天线,水平面天线方向图表现为具有明显的尖峰。

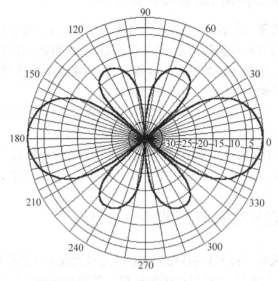

图 2-5　典型的天线方向图

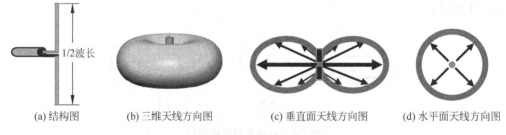

(a) 结构图　　　(b) 三维天线方向图　　　(c) 垂直面天线方向图　　　(d) 水平面天线方向图

图 2-6　半波偶极子天线的天线方向图

描述天线特性的另一个重要概念是天线增益,天线增益是指在输入功率相等的条件下,实际天线与理想天线相比,在空间同一位置处辐射所产生的功率通量密度之比。若与理想的各向同性天线相比,则天线增益的单位为 dBi;若与理想的半波偶极子天线相比,则天线增益的单位为 dBd。天线不同方向上天线增益大小的描述就是天线方向图。天线增益定量描述了天线将输入功率集中辐射的程度,天线方向图越尖锐,在该方向上增益越高。

与天线方向图有关的定量描述天线性质的参数,除天线增益外,还有波束宽度、旁瓣电平、前后比等。

天线波束宽度通常指天线方向图主瓣－3dB 波束宽度,即天线增益下降为峰值增益一半时的波束宽度。有时也会特别说明是负几 dB 波束宽度,如－10dB 波束宽度(或简称 10dB 波束宽度)指天线增益下降为比峰值增益小 10dB 时的波束宽度。天线的波束宽度定量描述了天线指向性的好坏。

定向天线的天线方向图通常包含增益较大的主瓣和增益较小的若干旁瓣。通常希望主瓣增益大而旁瓣增益小,旁瓣辐射可能会对主瓣辐射造成干扰。通常可以用旁瓣电平来描述旁瓣增益的强弱。旁瓣电平通常指增益最大的旁瓣,其峰值增益相对主瓣峰值增益的衰减量,用 dB 表示。

定向天线除向指定方向辐射电磁波,往往在指定方向的背后也会有较小的辐射。天线的前后比指天线增益最大方向(前向)与其相反方向(后向)辐射的功率通量密度的比值,有时后向功率通量密度取后向附近(±20°)功率通量密度的最大值。天线的前后比一般以 dB 为单位。通常希望天线的前后比越大越好。

2.3.2　几种常用的航空通信天线

航空通信常用天线,按天线位置可分为机载天线和地面天线;按应用系统可分为 VHF 天线、HF 天线、卫星通信天线等;按结构可分为偶极子天线、四分之一波长垂直天线(单极子天线的一种)、八木天线(Yagi 天线)、对数周期天线、抛物面天线等。不同结构的天线拥有不同的天线方向图、频带宽度等特征。其中偶极子天线和四分之一波长垂直天线是全向天线,八木天线、对数周期天线和抛物面反射天线是定向天线。抛物面反射天线凭借其良好的指向性在卫星通信中广泛应用(如图 2-7 所示)。抛物面反射天线的增益计算公式为[1]

$$G(\text{dB}) = 10\log_{10}\frac{k(\pi D)^2}{\lambda^2} \tag{2-24}$$

式中,D 为抛物面直径,λ 为工作波长,k 为天线效率一般为 $55\% \sim 65\%$。可见抛物面直径越大,增益越大;相同直径的天线,所用电磁波频率越高,增益越大。

图 2-7　抛物面反射天线

机载通信天线主要是 VHF 天线、HF 天线、卫星通信天线。机载 VHF 天线通常是刀形天线,安装在飞机的背部和腹部(如图 2-8 所示)。大型民航客机通常有三部 VHF 通信系统,因此相应有三个 VHF 刀形天线。高频频段相对甚高频波长更长,机载 HF 天线也比机载 VHF 更长。早期的机载高频天线是拉线天线(如图 2-9 所示),这种天线现在在螺旋桨飞机中仍在使用。亚音速和超音速飞机不再使用拉线天线,早期的波音 707 等机型 HF 天线在垂直尾翼的顶端(如图 2-10 所示),而现代民航飞机的 HF 天线一般均在垂直尾翼前缘蒙皮内(如图 2-11[4,5] 所示)。民航飞机的卫星天线通常安装在机身的顶部或两侧,民航飞机的机载卫星通信天线要求在飞机±25°俯仰和滚转的条件下始终能与某颗卫星保持联系,飞行过程中通常利用控制天线波束指向使天线主瓣始终指向卫星方向[6]。典型的机载卫星通信天线如图 2-12 和图 2-13[7]所示。

图 2-8　波音 727 机载 VHF 刀形天线

图 2-9　运 7 机载 HF 拉线天线

图 2-10　波音 707 机载 HF 天线

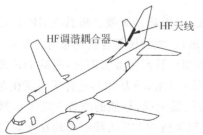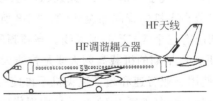

图 2-11　波音 737-300/400/500(左图)和 A319/A320(右图)机载 HF 天线

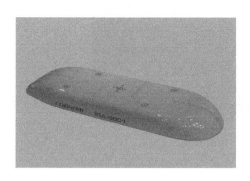

图 2-12　典型机载卫星通信天线(A)

图 2-13　典型机载卫星通信天线(B)

　　用于地空通信的地面天线中,VHF 地面天线尺寸较小,通常安装在铁塔上或屋顶上,一个铁塔或屋顶上往往会安装多套天线,并且天线旁边会有避雷针等避雷设施。常见的地空通信 VHF 地面天线塔和天线如图 2-14 所示,这些天线有偶极子天线、单极子天线等不同类型,天线塔上最高的是避雷针。HF 地面天线尺寸较大,常见的如图 2-15 所示,其中图 2-15 左图是对数周期天线。而卫星地面天线通常使用抛物面天线。

图 2-14　常见地空通信 VHF 地面天线塔和天线

图 2-15　常见地空通信 HF 地面天线

2.4　复用与多址

复用与多址是两个相似但不同的概念。两者的相似之处是都需要在同一物理介质中传输多路信号。两者也有差别，复用是将多路信号传输至同一接收端，例如电视、广播等；而多址则解决多用户通信的问题，多路信号传递给不同的接收端，每个接收端只接收属于自己的信号，如手机等。

常见的复用方式有频分复用（FDM）、时分复用（TDM）、码分复用（CDM）等。频分复用（FDM）中有一种特殊的复用方式称为正交频分复用（Orthogonal Frequency Division Multiplexing，OFDM），利用信号的正交性大幅减小了不同频率载波的频率间隔，从而大幅提高了频带利用率。此外它将单路信号分解为多路由多个子载波分别传输，还有抗干扰能力强的优点，广泛应用于移动通信、无线局域网、数字电视地面广播等现代通信技术中。此外还有一种标记复用，也是在不同的时隙（即时分复用中的一个时间间隔）传递不同路的信息，不过每一路信息前都会附加一个标记，这一标记用以区分不同路信息，同时还包括信息传输优先级等信息。异步传输模式（Asynchronous Transfer Mode，ATM）就是一种标记复用。这里所谓"异步"，是相对于 TDM 的"同步"来说的，TDM 的"同步"指每路信息都插入到固定重复频率的时隙中。此外，空分复用和极化复用等其他复用方式，目前也正在研究与开发中。

而常见的多址方式有频分多址（FDMA）、时分多址（TDMA）、码分多址（CDMA）等。第一代移动电话、第一代卫星和第二代卫星接入采用 FDMA、第二代 GSM 移动电话采用 TDMA，而第三代移动电话和导航卫星（如 GPS、北斗、伽利略等）采用 CDMA[1]。

2.5　噪声

通信中的噪声通常指信道噪声，是指信道中存在的不需要的电信号[2]。噪声与有用信号叠加在一起，但不传递任何信息，对有用信号是一种干扰，没有有用信号传输时通信系统中也有噪声。

根据噪声的性质，有脉冲噪声、起伏噪声、窄带噪声、高斯噪声、白噪声、高斯白噪声等多种具有不同特点的噪声，其中最重要的是高斯白噪声。高斯白噪声是幅度的概率分布服从高斯分布，功率谱密度是常数（即白的）的噪声。高斯和白之间没有任何关系。根据随机过程自相关函数和功率谱密度互为傅里叶变换对的性质可知,白噪声的功率谱密度是常数意味着其自相关函数是单位冲激函数 $\delta(t)$,意味着任意时刻的噪声值仅与本时刻有关,而与之前和之后的时刻都无关,因此白噪声隐含了无记忆特性。实际中的噪声常常具有高斯白噪声的特点,并且高斯白噪声在数学上易于处理,所以高斯白噪声是应用最广泛的噪声模型。由于通信系统通常都是带限系统,通过带限系统的噪声成为窄带噪声,所谓窄带指带宽比载频小得多。

噪声按与有用信号的叠加方式分类,可以分为加性噪声和乘性噪声,分别以相加和相乘的方式与有用信号叠加。通信中使用的噪声模型一般都是加性噪声。

噪声按来源分类,又可以分为外部噪声和内部噪声。外部噪声是系统外部产生的噪声,而内部噪声是系统内部产生的噪声。外部噪声又可分为人为噪声和自然噪声,人为噪声指人类活动产生的噪声,如电器开关产生的电火花、电子设备的电磁辐射等,自然噪声指自然界中本身存在的噪声,如大气噪声、宇宙噪声等。内部噪声又包括热噪声、散弹噪声等。上述噪声中最重要的是热噪声,热噪声是由电阻性元器件中电子的热运动产生的,所以热噪声无处不在,存在于所有电子设备中。热噪声是分析接收机灵敏度和通信链路预算的基础,后文对热噪声进行详细分析。

对于纯阻性元件,其热噪声的功率谱密度是常数为

$$N_0(f) = kT \tag{2-25}$$

式中,$k=1.38\times10^{-23}$ J/K 为波尔兹曼常数,T 为环境温度,单位为 K,通常取室温条件为 $T=17℃=290$K。于是带宽为 B Hz 的系统其热噪声功率为

$$N = kTB \tag{2-26}$$

对于天线等非阻性元件,其热噪声功率同样可以表示成类似的形式

$$N = kT_A B \tag{2-27}$$

只不过 T_A 不是实际的环境温度,而是为计算热噪声而假想的温度,称为噪声温度。

通常用有用信号和噪声的功率比,即信噪比 S/N 来描述系统中噪声对有用信号干扰的强弱。当信号经过一个系统时,信噪比可能发生变化,通常用噪声因子 F 来描述系统对信噪比的影响,噪声因子 F 定义为系统输入信噪比和输出信噪比之比,即

$$F = \frac{S_I/N_I}{S_O/N_O} \tag{2-28}$$

噪声因子 F 与环境温度有关,一般指温度 $T=17℃=290$K 的结果。如果将噪声因子 F 用 dB 表示,则称为噪声系数 NF,即

$$NF = 10\log_{10}F \tag{2-29}$$

对于无噪声系统,也就是理想设备,$F=1$,$NF=0$dB。

若信号源产生的信号通过一个含噪声系统,如图 2-16 所示,信号源可以等效为理想信号源和等效电阻的串联,因此由信号源输入给含噪系统的输入噪声仅有热噪声,若信号源温度为 T,含噪系统的带宽为 B,则输入噪声为

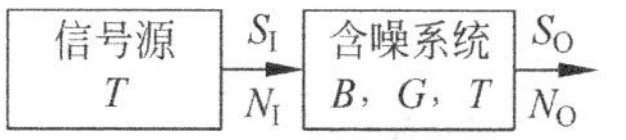

图 2-16 信号通过某含噪系统框图

$$N_I = kTB \tag{2-30}$$

若含噪系统增益为 G,根据其增益可得 $S_O/S_I=G$,将其代入噪声因子 F 的定义式可得

$$N_O = FGN_I = FGkTB \tag{2-31}$$

另一方面,输出噪声还可表示为

$$N_O = GN_1 + N_Q \tag{2-32}$$

式中 N_Q 为该含噪系统增加的噪声,由以上两式可得

$$N_Q = N_O - GN_1 = FGkTB - GkTB = Gk(F-1)TB = GkT_E B \tag{2-33}$$

式中,$T_E = (F-1)T$ 称为该含噪系统的等效噪声温度。等效噪声温度 T_E 和噪声引子 F 都是描述含噪系统噪声大小的参量,若已知等效噪声温度 T_E,则系统的输出噪声为

$$N_O = GN_1 + N_Q = GkTB + GkT_E B \tag{2-34}$$

若两个含噪系统串联,如图 2-17 所示,设两串联系统总的噪声因子为 F,则由噪声因子的定义式可得

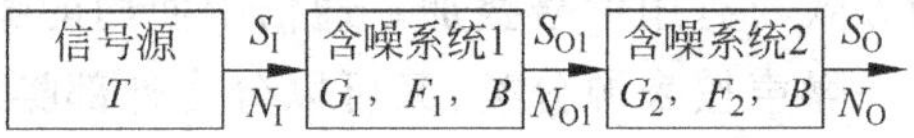

图 2-17 信号通过两个串联的含噪系统框图

$$N_O = FG_1 G_2 N_1 = FG_1 G_2 kTB \tag{2-35}$$

而

$$N_{O1} = G_1 N_1 + N_{Q1} = G_1 kTB + G_1 k(F_1 - 1)TB \tag{2-36}$$

$$\begin{aligned} N_O &= G_2 N_{O1} + N_{Q2} \\ &= G_2 [G_1 kTB + G_1 k(F_1 - 1)TB] + G_2 k(F_2 - 1)TB \\ &= \left[1 + (F_1 - 1) + \frac{(F_2 - 1)}{G_1}\right] G_1 G_2 kTB \\ &= \left[F_1 + \frac{(F_2 - 1)}{G_1}\right] G_1 G_2 kTB \end{aligned} \tag{2-37}$$

因此

$$F = F_1 + \frac{(F_2 - 1)}{G_1} \tag{2-38}$$

类似地,对于 N 级串联的含噪系统,串联系统总的噪声因子和等效噪声温度分别为

$$F = F_1 + \frac{(F_2 - 1)}{G_1} + \frac{(F_3 - 1)}{G_1 G_2} + \cdots + \frac{(F_N - 1)}{\prod\limits_{k=1}^{N-1} G_k} \tag{2-39}$$

$$T_E = T_{E1} + \frac{T_{E2}}{G_1} + \frac{T_{E3}}{G_1 G_2} + \cdots + \frac{T_{EN}}{\prod\limits_{k=1}^{N-1} G_k} \tag{2-40}$$

一个特殊的系统是衰减器,设衰减器的增益为 G_k,噪声因子为 F_k,则由式(2-31)得输出噪声为

$$N_O = F_k G_k kTB \tag{2-41}$$

衰减器一般是纯阻性的,对于纯阻性系统,又由式(2-26),有

$$N_O = kTB \tag{2-42}$$

由此对衰减器有

$$F_k = \frac{1}{G_k} \tag{2-43}$$

【例 2-4】 室内通信接收机利用线缆与室外天线相连,线缆相当于一个纯阻性的衰减器,设衰减为 −20dB。若天线接收到的传输给线缆的信号信噪比为 30dB,则经线缆传输后接收机接收信号的信噪比为 10dB。现希望利用一个增益 $G_0 = 25$dB、噪声系数为 $NF_0 =$

2.5dB 的放大器改善接收机接收信号的信噪比,请问该放大器应该放在接收机端还是放在天线端?

解:线缆的增益为 $G_k = 10^{-20/10} = 1/100$

由式(2-43),得线缆的噪声因子 $F_k = 1/G_k = 100$

放大器的增益为 $G_0 = 10^{25/10} = 316$

放大器的噪声因子 $F_0 = 10^{2.5/10} = 1.78$

(1) 若放大器接在接收机端,则输入信号先经过线缆再经过放大器,由线缆和放大器构成的系统总的噪声因子

$$F = F_1 + \frac{(F_2 - 1)}{G_1} = F_k + \frac{(F_0 - 1)}{G_k} = 100 + \frac{1.78 - 1}{1/100} = 178 > 100 \qquad (2\text{-}44)$$

此时输出信噪比

$$S_O/N_O = S_I/N_I - NF = 30 - 10 \times \log(178) = 7.5(\text{dB}) < 10(\text{dB}) \qquad (2\text{-}45)$$

(2) 若放大器接在天线端,则输入信号先经过放大器再经过线缆,由线缆和放大器构成的系统总的噪声因子

$$F = F_1 + \frac{(F_2 - 1)}{G_1} = F_0 + \frac{(F_k - 1)}{G_0} = 1.78 + \frac{100 - 1}{316} = 2.1 < 100 \qquad (2\text{-}46)$$

此时输出信噪比

$$S_O/N_O = S_I/N_I - NF = 30 - 10 \times \log(2.1) = 26.8(\text{dB}) > 10(\text{dB}) \qquad (2\text{-}47)$$

因此放大器放在接收机端不能改善接收机接收信号的信噪比,放大器应该放在天线端。

2.6 非线性失真

对于一个系统,设输入为 x 时输出为 $f(x)$,如果 $f(x)$ 为一线性函数,即输入为 $ax_1 + bx_2$(a, b 为非零系数)时,输出 $f(ax_1 + bx_2)$ 满足

$$f(ax_1 + bx_2) = af(x_1) + bf(x_2) \qquad (2\text{-}48)$$

则该系统为线性系统。系统设计时虽然希望系统尽可能为线性系统,但实际中大量的系统却是非线性系统,一方面因为许多电路本身就是非线性电路,如倍频器、相乘器等;另一方面因为某些希望具有线性传输特性的系统实际并不理想而并非线性,这种现象在频率较高时尤为明显。

信号通过非线性系统最显著的特点是会产生新的频率分量,对于非线性系统,输出与输入之间的非线性关系可以用多项式近似,即

$$f(x) = \sum_{i=0}^{\infty} a_i x^i \qquad (2\text{-}49)$$

通常仅考虑指数不超过 3 的各项,即

$$f(x) \approx a_0 + a_1 x + a_2 x^2 + a_3 x^3 \qquad (2\text{-}50)$$

若输入信号为单频余弦信号 $x(t) = V\cos(\omega t)$,则输出信号为

$$y(t) = a_0 + a_1 V\cos(\omega t) + a_2 [V\cos(\omega t)]^2 + a_3 [V\cos(\omega t)]^3$$

$$= a_0 + \frac{1}{2}a_2V^2 + \left(a_1V + \frac{3}{4}a_3V^3\right)\cos(\omega t) + \left(\frac{1}{2}a_2V^2\right)\cos(2\omega t) + \left(\frac{1}{4}a_3V^3\right)\cos(3\omega t)$$

$$(2\text{-}51)$$

输出信号除了包含输入信号中的 ω 频率分量,还增加了 2ω 和 3ω 的频率分量。若输入信号为两个单频余弦信号的和,即

$$x(t) = V_1\cos(\omega_1 t) + V_2\cos(\omega_2 t) \qquad (2\text{-}52)$$

则输出信号为

$$y(t) = a_0 + a_1x(t) + a_2\left[x(t)\right]^2 + a_3\left[x(t)\right]^3$$

$$= a_0 + \frac{1}{2}a_2V_1^2 + \frac{1}{2}a_2V_2^2$$

$$+ \left(a_1V_1 + \frac{3}{4}a_3V_1^3 + \frac{3}{2}a_3V_1V_2^2\right)\cos(\omega_1 t) + \left(a_1V_2 + \frac{3}{4}a_3V_2^3 + \frac{3}{2}a_3V_1^2V_2\right)\cos(\omega_2 t)$$

$$+ \left(\frac{1}{2}a_2V_1^2\right)\cos(2\omega_1 t) + \left(\frac{1}{2}a_2V_2^2\right)\cos(2\omega_2 t)$$

$$+ \left(\frac{1}{4}a_3V_1^3\right)\cos(3\omega_1 t) + \left(\frac{1}{4}a_3V_2^3\right)\cos(3\omega_2 t)$$

$$+ a_2V_1V_2\cos(\omega_1 + \omega_2)t + a_2V_1V_2\cos(\omega_1 - \omega_2)t$$

$$+ \frac{3}{4}a_3V_1^2V_2\cos(2\omega_1 + \omega_2)t + \frac{3}{4}a_3V_1^2V_2\cos(2\omega_1 - \omega_2)t$$

$$+ \frac{3}{4}a_3V_1V_2^2\cos(2\omega_2 + \omega_1)t + \frac{3}{4}a_3V_1V_2^2\cos(2\omega_2 - \omega_1)t \qquad (2\text{-}53)$$

输出信号除了包含输入信号中的 ω_1, ω_2 频率分量,还增加了 $2\omega_1, 2\omega_2, 3\omega_1, 3\omega_2, \omega_1 \pm \omega_2, 2\omega_1 \pm \omega_2, \omega_1 \pm 2\omega_2$ 的频率分量。如果不仅考虑指数不超过 3 的项,更一般地,若输入信号为两个频率分别为 ω_1 和 ω_2 的单频余弦信号的和,则输出信号中包含频率为 $\pm m\omega_1 \pm n\omega_2$(其中 m, n 为整数)的频率分量,频率分量 $\pm m\omega_1 \pm n\omega_2$ 是不希望出现的,它的出现可能对本系统和其他系统产生干扰。

通信接收机常采用包含中频信号、接收过程中进行两次或多次频谱搬移的超外差式接收机。这类接收机的前端电路通常由高频放大器、变频器、中频放大器依次连接组成。其中变频器要对信号频谱进行线性搬移,其对信号的处理本身就是一种非线性变换。虽然希望高频放大器和中频放大器仅对信号进行线性变换,但实际器件很难达到理想的线性特性,往往存在非线性失真。

通信接收机中由于前端电路的非线性特性造成的干扰常见的有中频干扰、像频干扰、组合副波道干扰、组合频率干扰、交叉调制干扰(交调干扰)、互相调制干扰(互调干扰)等[8]。

中频干扰指频率等于中频频率的信号形成的干扰。变频器一般无法达到理想的频谱线性搬移,变频器的输出中除包含期望的变换后频率,还常包含其他频率分量,这其中就有与输入频率相同的分量。若接收机输入信号中包含中频干扰信号,高频放大器又不能将其有效滤除,由于变频器频谱搬移的非线性,中频干扰信号就会出现在中频放大器中,对有用信号造成干扰。

像频干扰也称镜频干扰,指由像频频率产生的干扰。像频频率 f_n 与有用信号频率 f_c 相对于变频器本振频率 f_0 对称,与变频器本振频率 f_0 的差频均为中频频率 f_1,像频频率 f_n 变频后也将产生中频频率,从而对有用信号的中频产生干扰。

频率为 f_n 的干扰信号,因为高频放大器的非线性产生谐波分量 mf_n,在变频器中因为变频器的非线性与本振频率的谐波分量 nf_0 共同生成 $\pm mf_n \pm nf_0$ 的频率分量,如果该频率分量与中频频率相同,则会对中频频率造成干扰,这称为组合副波道干扰。上述中频干扰和像频干扰分别是 $m=1,n=0$ 和 $m=1,n=1$ 的特殊情况。

因为变频器的非线性,若有用信号的谐波分量 mf_c 与本振频率的谐波分量 nf_0 共同生成的 $\pm mf_c \pm nf_0$ 频率分量,与中频频率相同,此时对有用信号中频频率的干扰成为组合频率干扰。

交调干扰指接收机同时接收有用信号与干扰信号时,若接收机对有用信号调谐,则可清楚地收到干扰信号;如果接收机对有用信号失谐,则干扰信号减弱;如果有用信号消失,干扰信号也消失。交调干扰好像干扰信号调制在有用信号的载波上,所以称为交叉调制干扰。设接收机接收到的有用信号为 $m(t)\cos\omega_1 t$,干扰信号为 $n(t)\cos\omega_2 t$,由于高频放大器的非线性,根据式(2-53),将式中 V_1、V_2 替换为 $m(t)$、$n(t)$,可知高频放大器输出信号经滤波后得到频率为 ω_1 的信号为

$$y_1(t) = \left(a_1 m(t) + \frac{3}{4}a_3[m(t)]^3 + \frac{3}{2}a_3 m(t)[n(t)]^2\right)\cos\omega_1 t \qquad (2\text{-}54)$$

上式中第 1 项为有用信号,第 3 项是干扰信号对有用信号的干扰。可以看到,无论干扰信号的频率距离有用信号的频率有多远,只要干扰信号强度足够强,并进入接收机前端电路,就可能产生交调干扰。

如果接收机前端电路选择性不好,当有两个不同频率的干扰信号 f_1,f_2 进入接收机时,因为接收机的非线性,将产生 $\pm m_1 f_1 \pm m_2 f_2$ 的频率分量,其中 $m_1, m_2 = 0,1,2,\cdots$。当有 N 个不同频率的干扰信号 $f_1, f_2, \cdots, f_N$ 进入接收机时,将产生 $\sum\limits_{i=1}^{N} \pm m_i f_i$ 的频率分量,其中 $m_i = 0,1,2,\cdots$。若这些新产生的频率分量接近有用信号频率,则会干扰有用信号,这种干扰称为互调干扰。

要克服由非线性失真造成的通信接收机的干扰,除了提高前端电路的性能,使其频率选择性更好,传输特性更接近线性,以及控制输入信号幅度使前端电路工作在线性状态外。合适地选择工作频率,对于克服互调干扰也尤为重要。

若一个通信塔分别使用 $f_1, f_2, \cdots, f_N$ 这 N 个不同的频率进行通信,则可能产生 $\sum\limits_{i=1}^{N} \pm m_i f_i (m_i = 0,1,2,\cdots)$ 的不同频率的互调干扰,其中 $\sum\limits_{i=1}^{N} m_i$ 一般称为干扰的阶数,通常阶数越高的干扰幅度越小,因此一般只考虑阶数较小的干扰。又因为一般只有奇数阶的干扰才会出现在使用频率附近,所以一般只考虑 3 阶和 5 阶互调干扰对使用频率的影响。在一个通信塔上新增一个使用频率时必须非常小心,避免新增加的使用频率与原有各个频率相互之间产生明显的互调干扰。

【例 2-5】 某 VHF 通信塔如果使用如下通信频率:119.700MHz,120.400MHz,121.050MHz,是否存在明显的互调干扰?(仅考虑 3 阶互调干扰)

解:3 阶互调干扰频率为

$2 \times 119.700 - 1 \times 121.050 = 118.350 (\text{MHz})$

$2 \times 119.700 - 1 \times 120.400 = 119.000 (\text{MHz})$

$2 \times 120.400 - 1 \times 121.050 = 119.750 (\text{MHz})$

$$2\times120.400-1\times119.700=121.100(\text{MHz})$$

$$2\times121.050-1\times120.400=121.700(\text{MHz})$$

$$2\times121.050-1\times119.700=122.400(\text{MHz})$$

所有 3 阶互调干扰频率均与使用频率不同,故没有明显互调干扰。

【例 2-6】 某 VHF 通信塔如果使用如下通信频率:119.700MHz,120.400MHz,121.050MHz,使用频率中是否可以新增 121.700MHz?

解:3 阶互调干扰频率中

$$2\times121.050-1\times121.700=120.400(\text{MHz})$$

$$2\times121.050-1\times120.400=121.700(\text{MHz})$$

5 阶互调干扰频率中

$$2\times120.400+1\times121.700-2\times121.050=120.400(\text{MHz})$$

$$-1\times120.400-1\times121.700+3\times121.050=121.050(\text{MHz})$$

$$1\times120.400+2\times121.700-2\times121.050=121.700(\text{MHz})$$

3 阶和 5 阶互调干扰频率中,均有与使用频率相同的频率,会造成明显的互调干扰,故不能新增 121.700MHz。

2.7 阻抗匹配

根据传输线理论,当传输电信号的频率升高到波长与电路几何尺寸可比拟时,传输线不再能忽略,传输线需要作为分布参数电路处理,通信电路中射频信号的传输往往属于这种情况。实际中传输线通常可以作为无耗传输线处理。

首先给出有关无耗传输线的几个概念:特性阻抗(也称特征阻抗、波阻抗)、输入阻抗、反射系数、驻波比(也称驻波系数)、行波比(也称行波系数)。如图 2-18 所示是典型的传输线电路。图中信号源等效为理想信号源 E_g 和阻抗为 Z_g 的内阻的串联,信号源与负载通过传输线连接,负载阻抗为 Z_L,z 为传输线上的位置参数。传输线与信号源相连的一端通常称为始端,与负载相连的一端通常称为终端。根据无耗传输线方程,

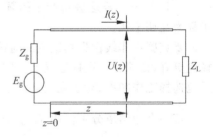

图 2-18 典型传输线电路

可知传输线上任意位置的电压和电流都是入射波和反射波的叠加,其中入射波指由信号源向负载传播的行波,而反射波指由负载向信号源传播的行波,即

$$U(z)=U_{I}(z)+U_{R}(z) \tag{2-55}$$

$$I(z)=I_{I}(z)+I_{R}(z) \tag{2-56}$$

无耗传输线上任意位置入射波电压与入射波电流的比值均为实常数,该比值称为传输线的特性阻抗,特性阻抗等于反射波电压与电流比值的相反数,即

$$Z_{0}=\frac{U_{I}(z)}{I_{I}(z)}=-\frac{U_{R}(z)}{I_{R}(z)} \tag{2-57}$$

式中,Z_0 为特性阻抗,z 为传输线上的位置参数。常用双导线的特性阻抗一般为 $250\sim700\Omega$[9],而常用同轴电缆的特性阻抗为 50Ω、75Ω 和 300Ω 三种[10]。

当传输线的终端与负载相连接时,在传输线上任意位置处向负载看去的输入阻抗定义为该点的电压与电流之比,即

$$Z_{\text{in}}(z) = \frac{U(z)}{I(z)} \tag{2-58}$$

输入阻抗与传输线上的位置有关,在传输线终端输入阻抗即为负载阻抗 Z_{L},在传输线始端输入阻抗为 $Z_{\text{in}}(0)$。

传输线上反射波的大小和相位可以用复反射系数 $\Gamma(z)$ 来描述。电压反射系数定义为反射波与入射波电压之比,简称反射系数,即

$$\Gamma(z) = \frac{U_{\text{R}}(z)}{U_{\text{I}}(z)} \tag{2-59}$$

虽然复反射系数 $\Gamma(z)$ 是随位置参数 z 变化的,但其模值 $|\Gamma(z)|$ 不随位置参数 z 变化,是一个常数,记为 $|\Gamma|$。还可以推导出输入阻抗与特性阻抗和反射系数的关系为

$$Z_{\text{in}}(z) = Z_0 \frac{1 + \Gamma(z)}{1 - \Gamma(z)} \tag{2-60}$$

传输线上反射波的大小除了可以用反射系数描述,还可以用电压驻波比(Voltage Standing Wave Ratio,VSWR 简称驻波比,也称驻波系数)或电压行波比(Voltage Traveling Wave Ratio,VTWR 简称行波比,也称行波系数)来描述。电压驻波比定义为传输线上各位置处合成电压的最大值和最小值之比,也就是入射波和反射波合成的行驻波的峰值和谷值之比,即

$$\text{VSWR} = \frac{\max\limits_{z_1} |U(z_1)|}{\min\limits_{z_2} |U(z_2)|} \tag{2-61}$$

传输线上不同位置处入射波的电压虽不同,但其模值是相同的,只是其相位不同,反射波也是如此,入射波和反射波电压的模值分别记为 $|U_{\text{I}}|$,$|U_{\text{R}}|$,则由式(2-59),可得 $|U_{\text{R}}|/|U_{\text{I}}| = |\Gamma|$。入射波与反射波合成电压振幅的差异是由各处入射波和反射波相位的不同引起的,而相位相同叠加振幅最大,相位相反叠加振幅最小,因此

$$\max\limits_{z_1} |U(z_1)| = |U_{\text{I}}| + |U_{\text{R}}| = |U_{\text{I}}|(1 + |\Gamma|) \tag{2-62}$$

$$\min\limits_{z_2} |U(z_2)| = |U_{\text{I}}| - |U_{\text{R}}| = |U_{\text{I}}|(1 - |\Gamma|) \tag{2-63}$$

$$\text{VSWR} = \frac{\max\limits_{z_1} |U(z_1)|}{\min\limits_{z_2} |U(z_2)|} = \frac{1 + |\Gamma|}{1 - |\Gamma|} \tag{2-64}$$

而电压行波比定义为传输线上各位置处合成电压的最小值和最大值之比,即电压驻波比的倒数,即

$$\text{VTWR} = \frac{1}{\text{VSWR}} = \frac{1 - |\Gamma|}{1 + |\Gamma|} \tag{2-65}$$

上述几个参数的取值范围为 $0 \leqslant |\Gamma| \leqslant 1$,$1 \leqslant \text{VSWR} \leqslant \infty$,$0 \leqslant \text{VTWR} \leqslant 1$,通常希望反射波尽量小,即希望 $|\Gamma|$,VSWR 尽量小,VTWR 尽量大。当 $|\Gamma| = 0$,VSWR = 1,VTWR = 1 时无反射波,即处于匹配状态。

阻抗匹配指传输线两端的阻抗与传输线的特性阻抗满足一定的匹配条件,使传输线上没有反射波。没有反射波有两方面的含义,一是传输线到负载没有反射波;二是当负载反

射回传输线反射波时,在传输线的始端不再反射回传输线。因为反射波不仅会降低信号源到负载功率的传输效率,还会影响信号源频率和输出功率的稳定性,反射波返回发射机功放还容易烧坏功放管,所以工程中都要进行阻抗匹配。

传输线终端处(也就是与负载连接处)的输入阻抗即为负载阻抗 Z_L,该处的复反射系数记为 Γ_L,则由式(2-60),可得

$$Z_L = Z_0 \frac{1 + \Gamma_L}{1 - \Gamma_L} \qquad (2\text{-}66)$$

$$\Gamma_L = \frac{Z_L - Z_0}{Z_L + Z_0} \qquad (2\text{-}67)$$

要使传输线终端处没有反射波,需使反射系数 $\Gamma_L = 0$,即使 $Z_L = Z_0$,这就是传输线终端处的阻抗匹配条件。

在传输线的始端没有反射,指由传输线终端反射回传输线的反射波,在传输线的始端不再反射回传输线[10]。将传输线始端信号源的内阻作为负载,与上述推导类似,可得传输线始端的反射系数为

$$\Gamma_g = \frac{Z_g - Z_0}{Z_g + Z_0} \qquad (2\text{-}68)$$

传输线始端即信号源达到阻抗匹配的条件是 $Z_g = Z_0$。只要信号源达到了阻抗匹配,即使终端负载不匹配,负载产生的反射波也会被匹配信号源内阻吸收,不会再产生新的反射[9]。

还有一种传输线匹配称为共轭匹配。如图 2-18 所示,根据电路分析理论,要使信号源输出最大功率,需使信号源内阻阻抗与传输线始端的输入阻抗 $Z_{in}(0)$ 满足互为共轭,即

$$Z_g = Z_{in} * (0) \qquad (2\text{-}69)$$

当信号源阻抗匹配时,$Z_g = Z_0$,而传输线特性阻抗 Z_0 为实数,因此阻抗匹配且共轭匹配的传输线始端输入阻抗 $Z_{in}(0) = Z_0$。

需要说明的是,负载和信号源内阻阻抗的变化除了影响阻抗匹配外,还会影响噪声因子 F,阻抗匹配的阻抗不一定能使噪声性能最好,实际中需要在阻抗匹配和噪声性能上进行折中。

电压驻波比 VSWR 是描述天线或负载阻抗匹配程度的重要物理量。测量电压驻波比的方法常见的有直接法、等指示度法、功率衰减法等。直接法在信号源和待测天线或负载间插入驻波测量线,驻波测量线上的探针可以获得驻波测量线上任意位置处的电压,根据电压驻波比的定义式(2-61),移动驻波测量线上探针分别得到电压的最大值和最小值,代入式(2-61)即可算得电压驻波比。直接法适用于中小驻波比的测量(1<驻波比<6),当驻波比较大时,需要使用等指示度法或功率衰减法测量。实际工程中,电压驻波比通常使用驻波比测试仪、网络分析仪等仪器直接测量,这些仪器可以扫描一定的频率范围(一般为系统所使用频段),用图形给出天线或负载在该频率范围内各个不同频率点的驻波比,从这些图形中可以方便地读出在该频率范围内驻波比的最大值。

2.8 信道容量

信道容量指信道能够传输的最大平均信息速率。香农公式(或称香农定理)给出了连续信道的信道容量,即

$$C = B\log_2\left(1 + \frac{S}{N}\right) \tag{2-70}$$

式中，S 为信号平均功率（W），N 为噪声功率（W），B 为信道带宽。

香农公式给出了加性高斯白噪声（AWGN）信道的单位时间信道容量。该公式表明当信号与作用在信道上的起伏噪声的平均功率给定时，在具有一定频带宽度的信道上，无失真传输时理论上单位时间内可能传输的信息量的极限数值。这就是香农公式的物理意义。

实际通信系统中有时采用限失真传输。若系统为突破上述传输速率的理论极限，允许错误存在，则香农定理不再适用。允许错误存在并采用纠错编码，是一个最大化数据速率的有效手段。

2.9 通信链路预算

2.9.1 接收机灵敏度

接收机灵敏度指接收机能够接收到信号并在正常工作时所需的最低信号强度，通常用最小可识别信号（Minimum Discernable Signal 或 Minimum Detectable Signal，MDS）计量，用 dBm 表示。接收机的灵敏度往往是在特定的接收机输出信噪比下给定的。

如图 2-19 所示，根据有关热噪声的计算公式，天线接收信号后传输给前端电路的噪声为

$$N_I = kT_A B \tag{2-71}$$

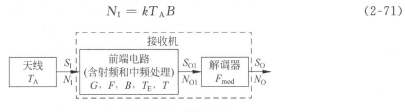

图 2-19　典型通信接收机结构框图

式中，T_A 为接收天线的噪声温度，B 为系统带宽。经过增益为 G、噪声因子为 F、带宽为 B、等效噪声温度为 T_E、实际温度为 T 的前端电路后，输出噪声

$$N_{O1} = GN_I + N_Q = GkT_A B + GkT_E B = Gk[T_A + (F-1)T]B \tag{2-72}$$

式中，N_Q 为前端电路增加的噪声。而

$$S_{O1} = GS_I \tag{2-73}$$

因此前端电路的输出信噪比

$$\frac{S_{O1}}{N_{O1}} = \frac{GS_I}{Gk[T_A + (F-1)T]B} = \frac{S_I}{k[T_A + (F-1)T]B} \tag{2-74}$$

而最终解调器输出信号的信噪比为

$$\frac{S_O}{N_O} = \frac{1}{F_{mod}} \cdot \frac{S_{O1}}{N_{O1}} = \frac{S_I}{F_{mod}k[T_A + (F-1)T]B} \tag{2-75}$$

式中，F_{mod} 为解调器的噪声因子，于是得到接收机输入信号与输出信噪比的关系

$$S_I = F_{mod}k[T_A + (F-1)T]B\frac{S_O}{N_O} \tag{2-76}$$

若要求接收机输出信噪比不小于$(S_O/N_O)_{\min}$,则接收机灵敏度为

$$\mathrm{MDS} = F_{\mathrm{mod}}k[T_A + (F-1)T]B(S_O/N_O)_{\min} \tag{2-77}$$

$$\begin{aligned}\mathrm{MDS(dBm)} = {} & 10\log_{10}F_{\mathrm{mod}} + 10\log_{10}k[T_A + (F-1)T](\mathrm{J}) + 30 \\ & + 10\log_{10}B(\mathrm{Hz}) + 10\log_{10}(S_O/N_O)_{\min}(\mathrm{dB})\end{aligned} \tag{2-78}$$

若$T_A = T = 290\mathrm{K}$,则上式变为

$$\begin{aligned}\mathrm{MDS(dBm)} = {} & 10\log_{10}kT(\mathrm{J}) + 30 + 10\log_{10}F_{\mathrm{mod}} + 10\log_{10}F \\ & + 10\log_{10}B(\mathrm{Hz}) + 10\log_{10}(S_O/N_O)_{\min}(\mathrm{dB}) \\ = {} & -174 + 10\log_{10}F_{\mathrm{mod}} + 10\log_{10}F \\ & + 10\log_{10}B(\mathrm{Hz}) + 10\log_{10}(S_O/N_O)_{\min}(\mathrm{dB})\end{aligned} \tag{2-79}$$

【例 2-7】 在如图 2-19 所示的接收机中,若要求接收机输出信噪比 S_O/N_O 不小于 10dB,天线噪声温度为 $T_A = 150\mathrm{K}$,接收机内的温度为 $T = 300\mathrm{K}$,接收机带宽为 $B = 25\mathrm{kHz}$,前端电路噪声因子为 $F = 10$,解调器噪声因子 $F_{\mathrm{mod}} = 2$。

（1）试求该接收机前端电路的等效噪声温度;

（2）试求该接收机的灵敏度。

解：（1）接收机前端电路的等效噪声温度为

$$T_E = (F-1)T = (10-1) \times 300 = 2700(\mathrm{K}) \tag{2-80}$$

（2）由式(2-78),可得该接收机的灵敏度为

$$\begin{aligned}\mathrm{MDS(dBm)} = {} & 10\log_{10}F_{\mathrm{mod}} + 10\log_{10}k[T_A + (F-1)T](\mathrm{J}) + 30 \\ & + 10\log_{10}B(\mathrm{Hz}) + 10\log_{10}(S_O/N_O)_{\min}(\mathrm{dB}) \\ = {} & 10\log_{10}F_{\mathrm{mod}} + 10\log_{10}k(T_A + T_E)(\mathrm{J}) + 30 \\ & + 10\log_{10}B(\mathrm{Hz}) + 10\log_{10}(S_O/N_O)_{\min}(\mathrm{dB}) \\ = {} & 10\log_{10}2 + 10\log_{10}[1.38 \times 10^{-23} \times (150 + 2700)] + 30 \\ & + 10\log_{10}(25 \times 10^3) + 10\log_{10}10 \\ = {} & 3 - 194.05 + 30 + 43.98 + 10 \\ = {} & -107.1(\mathrm{dBm})\end{aligned} \tag{2-81}$$

对于接收机灵敏度的测量,通常可以采用在接收机输入端连接可变输出功率的信号源,在接收机输出端连接测试仪表测量输出功率的方法。首先使信号源输出为零,此时输出端测出的功率为噪声功率 N_O;增大信号源的输出功率,此时输出端的功率 S_O 也增大,当输出端功率 S_O 增大到 S_O/N_O,即满足设备要求的输出信噪比时,此时信号源的输出功率即为接收机的灵敏度(接收机输出端的功率实际为有用信号功率 S_O 与噪声功率 N_O 的叠加,通常达到要求的输出信噪比时 $S_O \gg N_O$,故接收机输出端的功率近似等于有用信号功率)。对于含有天线不便拆卸的设备,还可以采用射频信号源,并用场强计来测试接收机天线处接收信号功率的方法,此时要求设备天线和场强计的天线要在同一平面内,这样测出的灵敏度还考虑了天线和馈线的影响[11]。

对于数字通信系统,接收机的灵敏度往往是在特定的接收机误码率的条件下给定的。对于数字通信系统接收机灵敏度的测试,信号源需要能够向接收机发送表示特定码序列的信号,再将接收机输出的码序列直连回信号源以进行码序列比对并统计误码率,达到指定的

误码率时信号源的输出功率即为接收机的灵敏度。实际中,数字接收机灵敏度的测试可以使用无线电综合测试仪方便地完成。

2.9.2 通信链路预算方法

典型通信系统可以用图 2-20 表示[1]。图中 P_T 和 P_R 分别为发射机的发射功率和接收机的接收功率,L_T 和 L_R 分别为发射机到发射天线间及接收天线到接收机间的损耗,G_T 和 G_R 分别为发射天线和接收天线在收发方向上的增益,L 为自由空间路径损耗。可以得到接收机接收功率与其他各参量的关系为(单位 dB)

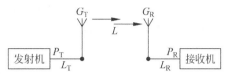

图 2-20 链路预算

$$P_R = P_T - L_T + G_T - L + G_R - L_R \tag{2-82}$$

实际计算中常把发射天线等效为各向同性功率源,则该功率源的辐射强度用等效各向同性辐射功率(Effective Isotropic Radiated Power,EIRP)来描述,于是有

$$\text{EIRP} = P_T - L_T + G_T \tag{2-83}$$

$$P_R = \text{EIRP} - L + G_R - L_R \tag{2-84}$$

根据接收机的灵敏度,可对发射机的发射功率和收发天线的增益进行设计与分配。

【例 2-8】 对于某 VHF 地空通信系统,地面站的相关参数为

发射机:发射功率 48dBm,工作频率 119.5MHz;

接收机:噪声系数 10dB,工作温度 300K,带宽 3400Hz,灵敏度 -110dBm;

收发天线:增益 2dBi,高度 100m,噪声温度 300K;

损耗:线缆 1.2dB,连接件 0.3dB。

机载系统的相关参数为

发射机:发射功率 48dBm,工作频率 119.5MHz;

接收机:噪声系数 10dB,工作温度 290K,带宽 3400Hz,灵敏度 -100dBm;

收发天线:增益 0dBi,高度 8100m,噪声温度 300K;

损耗:线缆 3.0dB,连接件 0.5dB。

假设飞机与地面站间的水平距离为 100km,试计算

(1) 地面站发射天线的 ERIP;

(2) 机载系统接收机的接收功率;

(3) 机载系统发射天线的 ERIP;

(4) 地面站接收机的接收功率;

(5) 国际民航组织 ICAO 要求机载接收天线处的电场强度不小于 $75\mu\text{V/m}$,地面接收天线处的电场强度不小于 $20\mu\text{V/m}$,上述系统是否满足 ICAO 的要求?

解:(1) 地面站发射机到发射天线间的损耗为

$$L_T = 1.2 + 0.3 = 1.5(\text{dB}) \tag{2-85}$$

因此

$$\text{EIRP} = P_T - L_T + G_T = 48 - 1.5 + 2 = 48.5(\text{dBm}) \tag{2-86}$$

(2) 收发天线间的直线距离为

$$d = \sqrt{100\,000^2 + (8100 - 100)^2} = 100.3(\text{km}) \tag{2-87}$$

收发天线间的自由空间路径损耗为

$$L(dB) = 32.44 + 20\log_{10}d(km) + 20\log_{10}f(MHz)$$
$$= 32.44 + 20\log_{10}100.3 + 20\log_{10}119.5$$
$$= 114.0(dB) \tag{2-88}$$

机载系统接收天线到接收机间的损耗为

$$L_R = 3.0 + 0.5 = 3.5(dB) \tag{2-89}$$

机载系统接收机的接收功率为

$$P_R = ERIP - L + G_R - L_R$$
$$= 48.5 - 114.0 + 0 - 3.5$$
$$= -69(dBm) \tag{2-90}$$

（3）机载系统发射机到发射天线间的损耗为

$$L_T = 3.0 + 0.5 = 3.5(dB) \tag{2-91}$$

因此

$$EIRP = P_T - L_T + G_T = 48 - 3.5 + 0 = 44.5(dBm) \tag{2-92}$$

（4）地面站接收天线到接收机间的损耗为

$$L_R = 1.2 + 0.3 = 1.5(dB) \tag{2-93}$$

地面站接收机的接收功率为

$$P_R = ERIP - L + G_R - L_R$$
$$= 44.5 - 114.0 + 2 - 1.5$$
$$= -69(dBm) \tag{2-94}$$

（5）由式(2-23)，可得接收天线处的电场强度为

$$E = \sqrt{30EIRP}/d \tag{2-95}$$

地面发射天线的

$$EIRP = 48.5(dBm) = 70.80(W) \tag{2-96}$$

机载接收天线处

$$E = \sqrt{30EIRP}/d = \sqrt{30 \times 70.80}/100\,300 = 459(\mu V/m) > 75(\mu V/m) \tag{2-97}$$

机载发射天线的

$$EIRP = 44.5(dBm) = 28.18(W) \tag{2-98}$$

地面接收天线处

$$E = \sqrt{30EIRP}/d = \sqrt{30 \times 28.18}/100\,300 = 290(\mu V/m) > 20(\mu V/m) \tag{2-99}$$

均满足 ICAO 的要求。

2.10 可用性与可靠性

可用性与可靠性是两个相关而有差别的概念。可用性通常指系统正常工作的时间比例，而可靠性通常指故障间的时间间隔。

可用性常用可用度来描述，一般可由下式计算

$$可用度 = \frac{正常运行时间}{正常运行时间 + 停止工作时间} \tag{2-100}$$

可靠性常用平均无故障时间(Mean Time Between Failures,MTBF)描述。MTBF 通常按小时计。与 MTBF 相关的另一个概念是平均修复时间(Mean Time To Repair,MTTR),是指系统或设备从发生故障到维修好恢复正常工作所需要的平均时间,通常也按小时计算。由 MTBF 和 MTTR 的定义,可得另一个可用度的计算公式

$$可用度 = \frac{MTBF}{MTBF + MTTR} \tag{2-101}$$

大量数据表明许多产品或系统的可靠性遵循浴盆曲线的规律(如图 2-21 所示)。产品或系统刚投入使用时,往往有很高的故障率;经过一段的磨合期,产品或系统故障率逐渐降低,逐渐达到低故障率、运行稳定的成熟期;随着时间的推移,产品或系统中的零件逐渐老化,于是故障逐渐增多。民航运行要求非常高的可靠性,所有的关键设备必须完全备份,往往是"一主二备三应急"。

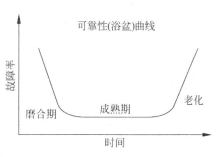

图 2-21　可靠性浴盆曲线

习题

2-1　单位换算:

5600ft＝_____ m; 9inch＝_____ m;

28kt＝_____ m/s; 30dBm＝_____ W。

2-2　某应急通信车 VHF 天线可架高 20m,将该应急通信车由平原(假设海拔为100m)转移至山顶(假设海拔为 500m),对 1000m 高度的覆盖半径能增大多少?

2-3　使用民航应急通信频率 121.5MHz 通信时,求收发天线相距 50km 时的自由空间路径损耗。

2-4　某 VHF 通信塔如果使用如下通信频率:126.400MHz,127.900MHz,使用频率中是否可以新增 130.000MHz?

2-5　地面 VHF 接收天线接收的信号通常经射频滤波器滤波后再接入接收机处理,为测试射频滤波器与传输线的阻抗匹配情况,常使用频谱分析仪通过传输线与射频滤波器的输入与输出端相连测试。若测得滤波器输入端反射信号与入射信号的功率比为－20dB,求对应的电压驻波比。

2-6　在如图 2-19 所示的接收机中,若该接收机的灵敏度为－110dBm,天线噪声温度为 $T_A = 150K$,接收机内的温度为 $T = 300K$,接收机带宽为 $B = 8.33kHz$,前端电路噪声因子为 $F = 10$,解调器噪声因子 $F_{mod} = 2$,求该接收机输出端的最小信噪比 S_O/N_O。

2-7　某 VHF 地空通信系统,地面站的相关参数为

发射机:发射功率 47dBm,工作频率 130.000MHz;

接收机:灵敏度－110dBm;

收发天线:增益 2dBi,高度 200m;

损耗:线缆 1.2dB,连接件 0.3dB。

机载系统的相关参数为

发射机：发射功率 47dBm，工作频率 130.000MHz；

接收机：灵敏度－100dBm；

收发天线：增益 0dBi，高度 7200m；

损耗：线缆 3.0dB，连接件 0.5dB。

假设飞机与地面站间的水平距离为 200km，试分别计算地面站与机载系统接收机的接收功率，并判断是否能正常接收。

2-8　若某设备的可用度为 0.9999，平均修复时间为 1.5 小时，求该设备的平均无故障时间。

参考文献

[1]　D. Stacey. 航空无线电通信系统与网络[M]. 吴仁彪，刘海涛，马愈昭等译. 北京：电子工业出版社，2011：10,48-51,62.

[2]　樊昌信，曹丽娜. 通信原理(第 6 版)[M]. 北京：国防工业出版社，2008：65-67.

[3]　天线基础知识[EB/OL]. [2013-11-18]. http://wenku. baidu. com/link? url＝OXIB9eUDX75mStAJ-yz9UwN3SYa9zjt7qF8LvoDdqkvZOHpqwaYYyRzTS0D1Ib51CggV6mkXx　S2aJgYVirl0ra0qcY5olEc-U1Owpap5Ey7O.

[4]　737-300/400/500 Aircraft Maintenance Manual[Z]. Boing，2001.

[5]　A319/A320 Aircraft Maintenance Manual[Z]. Boing，2004.

[6]　刘连生. 飞机通信系统[M]. 北京：兵器工业出版社，2005：200-201,208.

[7]　寇明延，赵然. 现代航空通信技术[M]. 北京：国防工业出版社，2011：169.

[8]　董在望，陈雅琴，雷有华等. 通信电路原理(第 2 版)[M]. 北京：高等教育出版社，2002：238-243.

[9]　盛振华. 电磁场微波技术与天线[M]. 西安：西安电子科技大学出版社，1995：55,68.

[10]　王楚，余道衡. 电路分析[M]. 北京：北京大学出版社，2000：199,202.

[11]　徐济仁，陈家松，牛纪海等. 接收机灵敏度测量方法的深入探讨[J]. 有线电视技术，2009,(4)：109-110.

第 3 章

甚高频话音通信系统

本章主要介绍甚高频话音通信系统,回顾了甚高频话音通信的发展历程,并阐述了其基本原理,重点介绍了甚高频话音系统的硬件结构、工作方式、主要技术指标和测试维护方式等关键技术。

3.1 甚高频话音通信系统发展

3.1.1 概述

早期航空飞行活动中,由于飞行器没有安装无线电通信设备,飞行员经常通过摇摆机翼的方法来通知塔台工作人员,飞机将在下一次飞跃跑道时进行着陆。通过摇摆机翼进行地空信息交换的方法存在传输信息量少、容易引起误解等缺陷。因此业界迫切希望采用更先进的手段来解决飞行员与地面人员之间信息交换的问题。

早在 1917 年,人类首次实现了飞行员与地面间的无线电话音通信,然而受当时无线电设备制造成本与水平的限制,飞行器并没有广泛安装无线电通信设备,这一时期飞行员与地面间通过摇摆机翼的方法进行信息交流。

直到 20 世纪 40 年代,无线通信设备才被广泛应用于航空飞行中,按照目前通信设备的标准来看,当时的航空无线电通信设备是专用的、无组织的,通信系统的可靠性也非常低。此外,当时地—空间无线通信使用 3～30MHz 短波频率,飞行器与地面的通信易受无线电干扰及大气噪声的影响。

20 世纪 40 年代后期,甚高频通信凭借其传输性能良好、抗干扰性强以及甚高频低功率发射机技术发展较成熟的优势,开始大规模应用于飞行器,由此引发了航空无线电通信方式的变革。

第二次世界大战后期,喷气式发动机的发明为航空运输开创了一个崭新的时代,同时也带来了旅客远距离出行方式的变革。1947 年 4 月国际民航组织(ICAO)成立后,为解决航空无线电通信混乱的局面,人们迫切希望以更加有效的方式来管理航空无线电通信。借助国际民航组织的巨大影响,1947 年于大西洋城召开的世界无线电大会将 118～132MHz 频段保留给即将出现的航空无线电航路业务(AM(R)S)使用。航空无线电航路业务定义为:在国内及国际航路上,开展的与飞行安全及飞行管理相关的通信业务称为航空无线电航路业务,英文简称 AM(R)S。

与此同时,世界无线电大会也对航空无线电非航路业务(AM(OR)S)进行定义。航空无线电非航路业务是指位于国内及国际航路以外,为飞行的协调而开展的通信业务,这些业务主要为军用通信系统使用。

为向航空无线电航路业务提供通信服务,甚高频通信系统的工作频段为 118～132MHz,调制方式为双边带-调幅,传输带宽为 200kHz,整个工作频段划分为 70 个信道。以当前通信技术的标准看,双边带调幅较为落后,但当时甚高频航空通信系统选择使用双边带-调幅的主要原因为:第一,双边带-调幅设备简单可靠;第二,双边带-调幅适合甚高频电波传输;第三,双边带-调幅是当时最先进的无线通信技术。综合来看,甚高频通信系统具有设备简单、可靠、成本低廉的优势。

早期的甚高频航空通信系统使用半双工方式工作,即在某一时刻,系统仅允许一个发射机使用信道,用户通过按下 PPT 来发射信号,用户使用完信道后通过发送"Over"来通知其他用户,此时,其他用户通过按下 PPT 来使用信道。半双工通信的优势是以广播方式工作,这意味着当塔台管制员发射信号时,塔台覆盖范围内的所有飞行员均可接收到管制员发射的信号,这便于飞行员掌握当前的飞行动态。

3.1.2 甚高频航空信道带宽划分

随着时间的推移,市场的需求不断增加,某些地区内的 70 个甚高频无线通信信道很快被占用殆尽,人们不得不采取措施解决频率拥塞及信道饱和的问题。

从通信技术角度,以下两方面的因素将影响无线通信系统信道的宽度设置。

载波频率的稳定度:随着无线电通信设备制造技术的不断进步,地面与机载甚高频通信终端发射信号的频率稳定度可限制在 200kHz,甚至更小的频率范围。

双边带-调幅信号的传输带宽:人类话音信号的能量主要集中在 200Hz～4kHz 的频带范围,因此甚高频通信系统仅需要传输话音信号频率范围的频率分量。

根据无线电设备载波频率稳定度及双边带-调幅系统传输带宽的要求,甚高频航空无线通信系统的信道间隔经历了多次调整,以提高甚高频航空通信系统可用信道的数量。在20 世纪 50 年代,双边带-调幅通信系统的信道间隔设置为 100kHz,甚高频航空通信系统总信道数为 140 个;在 1959 年召开的世界无线电大会上,航空无线通信的工作频带拓展到118～136MHz,此时甚高频通信系统可用信道总数拓展为 180 个;到了 20 世纪 60 年代,随着无线电设备制造水平的提高,双边带-调幅通信系统的信道间隔调整为 50kHz,此时甚高频无线通信系统的信道数目达到 360 个;到了 1972 年,借助当时无线电设备制造技术水平,甚高频航空无线通信系统的信道间隔再次缩小为 25kHz,此时 118～136MHz 频段可用信道总数达到 720 个;在 1979 年召开的世界无线大会上,甚高频航空无线通信系统的工作频带再次扩展到 117.975～137MHz,此时甚高频航空通信系统可用信道数达到 760 个,目前该信道分配方案一直延续至今。

随着空中交通管理业务量的迅速增加,空中交通管理系统对甚高频话音通信系统的容量提出了更高要求。为解决此问题,1996 年欧洲提出进一步将 25kHz 信道传输带宽缩减为 8.33kHz 的建议,其主要原因是:双边带-调幅通信系统的最小传输带宽为 8kHz,通过将 25kHz 的信道传输带宽缩减为 8.33kHz,甚高频 117.975～137MHz 频段可获得 2280 个通信信道,信道总数提高近 3 倍,可有效地缓解甚高频通信频率拥挤的问题。然而,美国并没有采取这一频率调整方案,他们认为可通过使用更先进的数据链系统来提高通信系统的容量。通过缩小信道间隔来提高通信系统容量的方法最后一次被提案并否决,这也标志着双边带-调幅通信技术已发展到尽头。

从理论角度来看,通过缩小信道间隔来提高甚高频通信系统的容量可获得 3 倍信道容量,但在实际应用中,由于诸多限制因素,容量并不能达到理论最大值。限制因素包括:第一,为避免无线电干扰,需要设置保护频率间隔;第二,地面需要提供高优先级服务;第三,甚高频频段存在带宽 25kHz 的甚高频数据链系统;第四,由于某些飞行器没有使用 8.33kHz 的信道间隔,因此地面需要保留相应的 25kHz 通信服务;第五,新通信服务也会受原有的 25kHz 信道分配方案的限制。

基于以上诸多因素,国际航空界对甚高频航空通信系统的未来演变存在两种不同的意见,欧洲支持 8.33kHz 的频率配置方案,而北美则建议使用 VDL3 系统。

需要特别说明的是,全球范围内航空通信系统的应用情况差异较大,在某些交通繁忙区域,航空通信系统已开始使用甚高频数据链系统提供地空通信服务,而在某些地区(如非洲、新西兰),航空通信系统仍在使用传输带宽 50kHz 的老式甚高频通信设备,在极少数地区甚至仍然在使用传输带宽为 100kHz 的通信设备。通过缩小信道间隔的方法来提高通信系统容量的极限信道间隔是 8.33kHz,如果还希望进一步地提高通信系统的容量,则需重新设计甚高频航空通信系统。

20 世纪 90 年代中期,欧洲就已经确立甚高频航空通信系统的信道间隔由 25kHz 向 8.33kHz 的演进计划,但由于该系统建设周期长,甚高频航空通信系统向 8.33kHz 的信道间隔的演进过程仍处于起步阶段。目前,欧盟已签署相关法令要求飞行高度超过 19 500 英尺的民航与军航飞机必须安装 8.33kHz 信道间隔的甚高频话语通信系统。

2007 年国际民航组织欧洲民航委员会与欧盟共同决定减少 8.33kHz 系统的垂直扩展上限,同时增加 8.33kHz 系统的水平覆盖范围,但由于该计划会造成航空公司设备成本的显著增加,降低航空公司的预期收益,因此许多私人飞机和航空公司推迟安装 8.33kHz 的甚高频通信设备,目前仅有少数私人喷气式飞机及军方飞机安装有 8.33kHz 的甚高频通信设备。

3.2 标准调幅原理

基于双边带-调幅(AM)传输体制的甚高频航空通信系统已经使用了五十余年,可以预计未来 20 年内航空无线通信仍将使用双边带-调幅传输体制,但会出现传输带宽 25kHz 与 8.33kHz 并存的局面。

3.2.1 调制原理

幅度调制是高频正弦载波的幅度随调制信号作线性变化的过程。而所谓线性调制是指,在波形上,幅度随基带信号呈正比例变化;在频率上,简单搬移。但是,已调信号和基带信号之间非线性。

正弦载波：$s(t)=A\cos\omega_c t$

基带调制信号（消息信号）：$m(t)\leftrightarrow M(\omega)$

用消息信号（调制信号）$m(t)$去调制正弦型载波$s(t)=A\cos\omega_c t$，即正弦载波的幅度随消息信号作线性变化。

$$m(t)A\cos\omega_c t \leftrightarrow \frac{A}{2}[M(\omega+\omega_c)+M(\omega-\omega_c)]$$

发射端类比始发站，消息信号$m(t)$类比货物，$A\cos\omega_c t$（可视幅度$A=1$）类比火车，货物$m(t)$承载在火车$\cos\omega_c t$上，发送给接收方，接收端类比终点站，到站后卸货，即接收机解调。在整个过程中，已调信号$s_m(t)$的产生方法如图3-1所示。

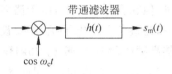

图3-1 线性调制器的一般模型

带通滤波器的传递函数：$H(\omega)$，带通滤波器的冲激响应：$H(\omega)\leftrightarrow h(t)$。

线性调制器的输出

时域表示：$s_m(t)=[m(t)\cos\omega_c t]*h(t)$

频域表示：$S_m(\omega)=\frac{1}{2}[M(\omega+\omega_c)+M(\omega-\omega_c)]\cdot H(\omega)$

在该模型中，适当地选择带通滤波器的传递函数，可得到不同的幅度调制信号，双边带-调幅（AM）的传输体制在航空甚高频航空通信系统中仍在广泛使用。

AM的时域表示

$$s_{DSB-AM}=[A_0+m'(t)]\cos\omega_c t=A_0\cos\omega_c t+m'(t)\cos\omega_c t \tag{3-1}$$

式中，$m(t)=A_0+m'(t)$，$A_0\geqslant|m(t)|_{\max}$。

为作图方便，$m'(t)$画成单音频正弦波，AM的时域信号波形如图3-2所示。

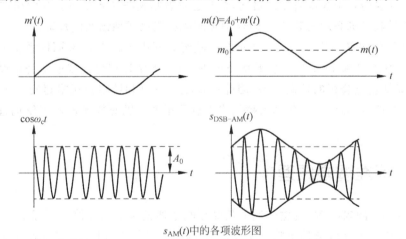

$s_{AM}(t)$中的各项波形图

图3-2 AM的时域信号波形图

AM的频域表示

$$S_{DSB-AM}(\omega)=\pi A_0[\delta(\omega+\omega_c)+\delta(\omega-\omega_c)]+\frac{1}{2}[M'(\omega+\omega_c)+M'(\omega-\omega_c)] \tag{3-2}$$

式中，$m'(t)\leftrightarrow M'(\omega)$。

注：常数的傅氏变换对为（时域）$A_0 \leftrightarrow 2\pi A_0$（频域），即 $F[A_0] = 2\pi A_0 \delta(\omega)$，常数项是直流信号，$\omega = 0$ 的频率分量，而 $F[A_0 \cos\omega_c t] = A_0 F[\cos\omega_c t]$。

$\cos\omega_c t$ 的傅氏变换

$$F[\cos\omega_c t] = \pi[\delta(\omega + \omega_c) + \delta(\omega - \omega_c)]$$

类似地：$\sin\omega_c t \leftrightarrow j\pi[\delta(\omega + \omega_c) + \delta(\omega - \omega_c)]$

$$m'(t)\cos\omega_c t \leftrightarrow \frac{1}{2}[M'(\omega + \omega_c) + M'(\omega - \omega_c)], m'(t) \leftrightarrow M'(\omega)$$

注：频率搬移性质

$$f(t) \leftrightarrow F(\omega), f(t)e^{j\omega_c t} \leftrightarrow F(\omega - \omega_c)$$

$$M'(t)\cos\omega_c t = \frac{1}{2}[m'(t)e^{j\omega_c t} + m'(t)e^{-j\omega_c t}]$$

应用搬移性质

$$m'(t) \leftrightarrow M'(\omega), m'(t)\cos\omega_c t \leftrightarrow \frac{1}{2}[M'(\omega + \omega_c) + M'(\omega - \omega_c)] \tag{3-3}$$

AM 的频谱如图 3-3 所示。

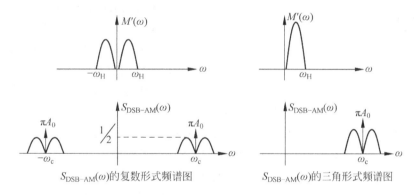

$S_{\text{DSB-AM}}(\omega)$的复数形式频谱图　　　　$S_{\text{DSB-AM}}(\omega)$的三角形式频谱图

图 3-3　AM 的频谱图

图 3-3 中画出了复数频谱和三角频谱图，复数频谱是双边谱，三角形式频谱是单边谱，单边谱等于 2 倍双边谱。由图 3-3 可见：第一，AM 的时域信号波形包络与输入基带信号 $m(t)$ 成正比，解调可采用相干解调，或者包络检波；第二，频谱具有上下对称的两个边带，故 AM 信号传输带宽为基带信号最高频率的两倍。频谱中的载波分量（即 $\pm\omega_c$ 处的两个冲激）并不携带信息。

AM 信号产生的原理图，可以直接由其数学表达式来画出，如图 3-4 所示。AM 信号调制器由加法器、乘法器和带通滤波器（BPF）组成。图 3-4 中带通滤波器的作用是让处在该频带范围内的调幅信号顺利通过，同时抑制带外噪声和各次谐波分量进入下级系统。

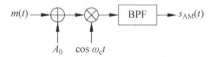

图 3-4　AM 信号的产生

根据已调信号的时域数学表达式，画出调制器（信号产生）原理方框图是通信原理中的一个基本方法。

AM 信号产生的具体电路比较多，其方法名称归纳如表 3-1 所示。

有关 AM 信号调制器的电路与原理，在本章的甚高频设备原理部分介绍。

表 3-1 AM 信号产生方法

AM 信号产生方法	高电平调制	基极调幅
		集电极调幅
		集电极、基极调幅
	低电平调制	单二极管调制
		二极管平衡调制器
		利用模拟乘法器调制

3.2.2 解调原理

AM 信号的解调一般有两种方法，一种是相干解调法，也叫相干接收法或同步解调（接收）法；另一种是非相干解调法，就是通常讲的包络检波法。由于包络检波法电路很简单，而且又不需要本地提供同步载波，因此，对 AM 信号的解调大都采用包络检波法。

1. 相干解调法

用相干解调法接收 AM 信号的原理方框如图 3-5 所示，它一般由乘法器、低通滤波器（LPF）和带通滤波器（BPF）组成。

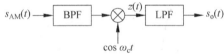

图 3-5 AM 信号的相干解调法

相干解调法的简单工作原理是：AM 信号通过信道后，自然叠加有噪声，经过接收天线进入 BPF。BPF 的作用有两个，一是让 AM 信号顺利通过；二是抑制（滤除）带外噪声。信号 $s_{DSB-AM}(t)$ 通过 BPF 后与本地载波 $\cos\omega_c t$ 相乘，然后进入截止频率设定为 f_c（也可以为 f_m）的 LPF，它不允许频率大于截止频率 f_c 的成分通过，因此 LPF 的输出仅为需要的信号。

数学表达式 3-4 清楚地说明了相干解调法中各点的工作原理。

$$s_{DSB-AM}(t) = [A_0 + m(t)]\cos\omega_c t$$
$$z(t) = s_{DSB-AM}(t)\cos\omega_c t = [A_0 + m(t)]\cos\omega_c t\cos\omega_c t$$
$$= \frac{1}{2}(1 + \cos2\omega_c t)[A_0 + m(t)]$$
$$s_0(t) = \frac{A_0}{2} + \frac{1}{2}m(t) \tag{3-4}$$

在式 3-4 中，常数 $A_0/2$ 为直流成分，可用一个简单的隔直流电容来去除，故原理图中没有画出。

在通信理论中，阐述工作原理时，常用 3 种方式：文字叙述、各点数学表达式表示、各点波形（时域或频域）示意。值得说明的是，本地载波 $\cos\omega_c t$ 是通过对接收到的 AM 信号进行同步载波提取而获得的。本地载波必须与发送端的载波保持严格的同频同相。综上所述，相干解调法的优点是接收性能好，但要求在接收端提供一个与发送端同频同相的载波。

2. 非相干接收法

AM 信号非相干接收法的原理方框如图 3-6 所示，它由 BPF、线性包络检波器（LED）和 LPF 组成。

图 3-6 AM 信号非相干接收法的原理方框图

在图 3-6 中，BPF 的作用与相干接收法中的 BPF 作用完全相同。LED 为关键部件,它将 AM 信号的包络直接提取出来,从而将一个高频信号直接变成低频调制信号;LED 后面的 LPF 在这里仅起平滑作用。如果仅从原理上讲,非相干接收法的原理图用一个 LED 也可以实现(LED 通常用二极管、电容、电阻实现)。

包络检波器如图 3-7 所示。

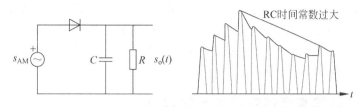

图 3-7 AM 信号包络检波器

$$s_{AM} = [m_0 + m'(t)]\cos\omega_c t = m_0\cos\omega_c t + m'(t)\cos\omega_c t \tag{3-5}$$

输入信号的正向周期,通过 D 二极管正向电阻向电容 C 充电,在二极管截止时,电容通过 R 电阻放电。输入信号的负半周期过不来。当下一个正向周期到来时,电容 C 再次充电。合理选择 RC 时间常数,可防止拖尾。再加一级低通滤波器,可将包络锯齿滤去。

综上所述,非相干接收法的优点是实现简单,成本低,且不需要同步载波,但同时系统存在抗噪声性能较差的缺点(存在门限效应)。

3.3 甚高频话音通信系统

甚高频通信系统 VHF 是一种近距离的飞机与飞机之间、飞机与地面电台之间的通信系统,如图 3-8 所示。VHF 是目前民航飞机主要的通信工具,在飞机起飞、降落或者通过管制空域时,用于机组人员和地面管制人员之间的双向语音通信。起飞和降落期间是驾驶员处理问题最繁忙的时段,也是飞行中最容易发生事故的时段,因此必须保证甚高频通信的高度可靠。

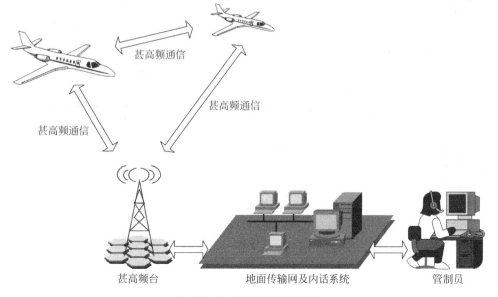

图 3-8 航空甚高频通信系统

管制员对处在数百千米之外、高度数千米之上的飞机进行指挥,让这些航空器按照指定的航线进行飞行活动,需要雷达和甚高频设备,并且要通过相关的网络化技术,将远端的雷达扫描的飞机目标信号及管制员、飞行员的地空数据通信语音传回区管中心空管自动化指挥系统、内话系统。

由于工作频率高,其地面波衰减大,传播距离近,而天波传播方式又会穿过电离层而不能有效地反射,故 VHF 主要以空间波的方式传播。有效传播距离一般限于视线范围。但由于对流层对超短波的折射作用,使得实际的传播距离略大于视线距离,作用距离随高度而变化。

3.3.1 民航甚高频话音通信系统组成

VHF 通信与 HF 通信相比较,VHF 通信反射少(指电离层对信号的反射),传播距离近,抗干扰性能好,并且天电干扰、宇宙干扰、工业干扰等对 VHF 波段的通信干扰较小。

目前在民航应用的 VHF 地空通信地面设备大致包括 VHF 共用天线系统、VHF 单体电台、VHF 便携电台、VHF 遥控台。应用的场合为塔台、进近、航路管制,ICAO 根据不同功能对有关电台的功率做了规定,塔台设备的发射功率不应超过 10W,航路对空电台的发射功率应在 20~50W 之间。

民航 VHF 地空通信系统与飞机上的机载设备由收发机、控制板、天线组成,如图 3-9 所示。天线接收的射频信号经过收发机处理后,转换成音频信号,通过遥控电子组件(REU)分别送到驾驶舱和选择呼叫系统。发射时,来自驾驶舱的音频信号经过收发机处理成射频信号,经过天线对外辐射。民航飞机上一般装有 2~3 套 VHF 通信系统。

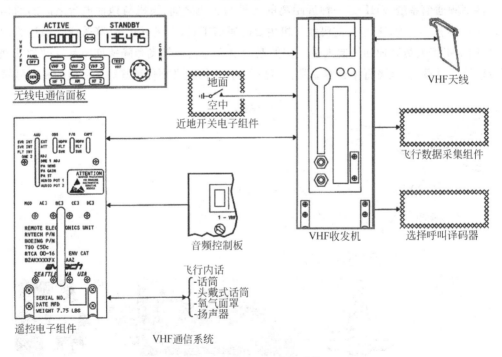

图 3-9　机载 VHF 通信系统

3.3.2 内话系统

民航运输中安全是第一要务,因此用以支持民航相关业务的设备及备用设备的可靠性就成了影响民航安全的重要因素。当前,在空管通信领域中,内话系统是最为重要的系统之一。空管内话系统,其全称是民航空管语音交换系统,是不同地区管制员之间以及地面管制人员与飞机机组人员进行通信联络的主要方式。内话系统集成了空管业务中最主要的通信资源,集成接入了各类有线、无线通信等设备设施,通过各类电话业务网和航空电信网,能够实现空管中各类的地—地、地—空通信,有效地简化了管制员的操作业务流程,使得管制员能够更为高效、有序地调配空域资源,提供安全、可靠的通信链路和空管综合业务保障。

事实上,内话系统主要的功能为三项:话音交换、话音监听存储以及话音数模转换处理。

目前,北京、上海、广州三大区管中心使用的内话系统,均是 VCS 3020X 型内话系统,该系统具有容量大、可靠性高等优点,适合大型的区管中心使用,来处理冗杂、大数据量的空管业务。整个内话系统的语音采用数字 PCM 编码,系统的中央交换部分的硬件由冗余的无间断并行运行的 PCM 电路板模块组成,系统的接口部分可以连接不同的通信资源,例如无线设备、电话线路和 ATS 网络。除此之外,还有一类内话系统是意大利 SITTI 公司生产的 M600S 型内话系统,例如福建空管局使用的就是此系统。

内话系统又称语音通信交换系统,如图 3-10 所示。它负责将各种不同传输方式的语音资源接入,进行灵活地配置并且分配到各个管制席位中,为管制员的对空指挥和管制协调提供友好的人机界面。整个内话系统的语音和数据处理是完全独立的,全系统采用总线式拓扑结构,数字化的语音信号在总线中进行交换。

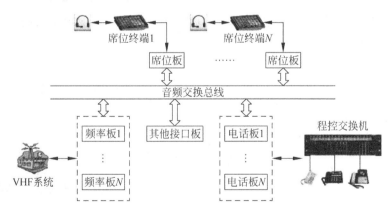

图 3-10 内话系统拓扑结构

1. 音频交换总线

音频交换总线担负着整个系统的语音交换工作,一方面它将来自频率版、电话板的语音信号交换到席位板;另一方面它将席位终端的语音信号交换到对应的频率板、电话板。

2. 频率板

频率板作为甚高频、高频话音系统与内话系统的接口板,每个频率板可以处理两个独立的频率信号。在 PCM 线路中,每个频率对应着一个固定的时隙。

3. 席位终端

席位终端安装在管制席位上,为管制员整合频率、电话资源,提供良好的人机界面,并进行语音信号的 A/D、D/A 转换。

4. 席位板

席位板位于内话机柜,将总线交换来的频率、电话信号送至终端部分,同时将席位终端的语音信号发送至总线板,再由总线交换至相应的频率、电话板。

接收时,语音信号交换过程如图 3-11 所示。

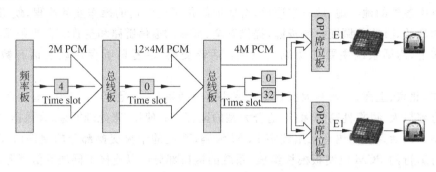

图 3-11　接收甚高频话音交换过程

（1）语音信号在频率板进行 A/D 转换后,送到连接的总线板。

（2）总线板将语音信号交换至总线。

（3）连接席位机框的总线板从总线中提取接收信号,交换至席位板。

（4）OP1,OP3 席位板再分别将信号送至 OP1,OP3 席位终端,完成 D/A 转换由扬声器或耳机送出。

发射时,OP1 发射信号与接收过程相反,OP3 的监听信号由频率板送回,与接收过程相同,如图 3-12 所示。

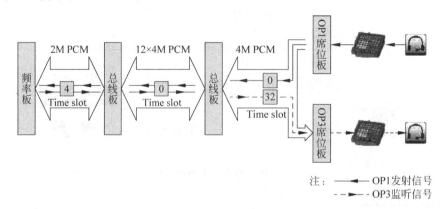

图 3-12　发射甚高频话音交换过程

3.3.3　地面传输

民用航空中,地面间的话音和数据通信主要依托民航局搭建的平面数据通信网来进行通信。这个网络的基本功能是信息的传递,同时也是一个拥有大量用户的复杂的通信网络系统,因此其有着区别于点对点通信系统的独特网络技术和工作方式。除此之外,还需要相应的信令、协议和网络管理控制系统等方面的支持,才能使这些设备协调地工作。

1. 异步传输模式 ATM 介绍

在通信系统中,异步传输模式(Asynchronous Transfer Mode,ATM)被认为是目前已知的最适合宽带综合业务数字网的一种交换方式。

异步传输模式由异步时分复用和快速分组交换技术演化而来,它综合了灵活(分组交换)以及时延小(电路交换)两个特点。它工作的主要原则是尽可能把交换处理的负担转移到通信的两端,以最大限度地减小交换机的数据处理量和处理时间,并给用户和操作员尽可能大的灵活性。

交换机对用户信元是透明的,不进行任何的处理,把控制交给网络终端来处理,交换机通过硬件来选路和传输,大大提高了传输容量和速率。

2. 我国民航地面通信网

我国民航地面通信网以 ATM 信元交换技术为核心,支持异步传输模式、帧中继、X.25、IP 语音业务,同时也能提供专线连接、局域网互联、程控交换互联等业务。

民航地面网络管理系统包括一个位于中国民航局空管局的网管中心、一个位于浦东的网管备用中心以及位于中国民航局空管局、首都机场、虹桥机场、白云机场、双流机场、桃仙机场、地窝堡机场和咸阳机场的 8 个网管监控中心。

3. 地面空管内话通信

地面空管内话通信是指根据各空管局对语音管制通信的需求,将各机场或空管局的内话系统通过网络进行互联,构成一个语音管制移交网络。

北京、上海与广州 3 个点间形成互联,再分别以这 3 个节点为中心通过点到点方式连接各自区域内的机场和空管站,如图 3-13 所示。各通信终端间通过建成的 ATM 链路进行通信,每一路使用 72kbps 的传输速率,这样就能够实现 64kbps 的传输要求。

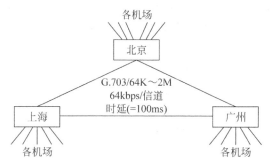

图 3-13 我国空管内话连接示意图

3.3.4 控制板

1. 机载 VHF 控制板

控制板如图 3-14 所示,可用于频率选择和转换,以及对相应收发机进行测试。按下"COMM"测试电门,可使接收机内的静噪电路失效,接收机应有噪声信号输出,从而对接收机进行测试。控制板使用 28VDC 电源。控制板输出的信号通过 ARINC429 数据总线送到收发机。

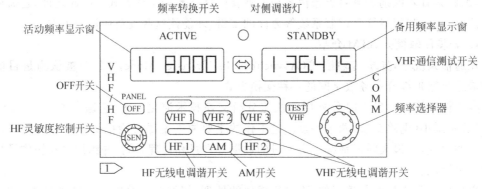

图 3-14 机载 VHF 通信控制板

2. 收发机控制板

VHF 收发机可对 RF 信号进行调制、发射、接收及解调,从而实现话音和数据通信。收发机内部由电源电路、频率合成电路、接收机、发射机等部分组成。工作电压为 DC 27.5V,最小发射功率 25W。

VHF 收发机控制板如图 3-15 所示,在收发机前面板按压"静噪/灯测试"电门,可对面板上的两个灯进行测试,这时使静噪电路失效,可在耳机内听到噪音,从而对接收机进行测试。按压"测试"电门,可对收发机进行自测试,同时也对串行数据输入和天线电压驻波比进行测试。绿色的"LRUPASS"灯亮、数显窗内读数小于 2.0 表明收发机自测试正常,红色的"控制输入失效"灯亮表明来自控制板的输入无效。电压驻波比显示在上部电压驻波比/功率窗口。当功率指示控制电门置于"FWD"和"DEF"位时,显示窗口分别指示发射和反射功率。面板上还有耳机和麦克风插孔,可对系统进行操作。

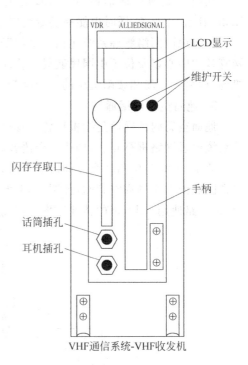

图 3-15 VHF 收发机控制板

3.3.5 甚高频发射机

VHF 发射机的原理框图如 3-16 所示,当 PTT 信号有效时,系统处于发射状态,天线转换电门断开天线与接收机的连接,同时接通天线与发射机的连接。频率合成器输出控制电门断开频率合成器输出与接收第一混频器的连接,同时接通频率合成器输出与发射机的连接。在调制器内,来自遥控电子组件的音频信号对来自频率合成器的等幅载波进行调制,已调信号经过放大后得到一个 30W 的射频信号送至天线进行辐射。发射功率经过采样反馈至调制器,用于保持调制信号的线性化,采样信号还作为"自听"信号送到接收机音频输出电路。对收发机键控时，PTT 有效信号经过数据采集组件送到飞行数据记录器。发射机产生 30W 平均射频输出。

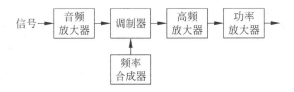

图 3-16　VHF 发射机框图

VHF 发射机的电路如图 3-17 所示，具体包括音频输入电路、调制电路、末级功率放大器以及频率合成器等电路部分。各电路部分具体介绍如下。

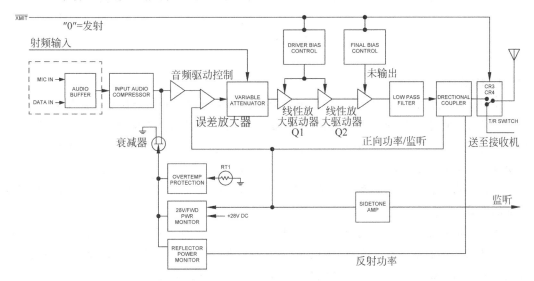

图 3-17　VHF 发射机电路

1. 音频输入电路

音频输入电路主要由音频缓冲放大器、音频压缩放大器和音频放大器组成。音频输入电路能把输入音频信号放大到调制发射机所需的电平。话筒音频信号输入由变压器耦合，经有源低通滤波器滤波加至音频压缩电路进行信号放大。音频压缩电路主要由音频压缩放大器、采样电路和衰减电路组成。主要作用是当音频输入幅度变化时保证调制输出信号的调幅度变化很小，保持 90% 的调幅度。实际上它的作用就是自动控制音频放大量，防止音频信号太强时引起过调。采样电路对音频压缩放大器的输出信号进行采样后，控制衰减电路的衰减，保证信号幅度变化很小，幅度一般控制在 3dB 以下。

如果音频信号输入幅度增加，控制电路使音频信号自动减小，调幅度减少，防止过调制。当音频信号输入幅值低于压缩器门限值时，关闭调整电路，使音频信号输入不受衰减器影响。

2. 调制电路

音频压缩放大器的输出加到音频驱动控制电路。音频放大器输出的音频信号加到可变衰减器中，对载波信号进行幅度调制，所以可变衰减器是一个非线性电路。可变衰减器输出的调幅信号送至射频驱动电路。

3. 末级功率放大器

末级功率放大器采用宽带高频功率放大器。由于谐振功率放大器的调谐与调整需要花时间,而且功率越大,级数越多,花在调谐与调整上的时间也就越多。这对于要求迅速更换频率的场合显然是很不利的。例如在飞行中,通信联络要力求迅捷可靠。为了解决这个问题,可以采用宽带高频功率放大器。它不需要调谐回路,可在整个波段内获得线性放大。这样,改换工作频率就只需要改变频率源的频率,而不必对以后各放大级进行调谐,克服了调谐放大的缺点。当然,所付出的代价是输出功率和功率增益都降低了。因此,一般来说,宽带功率放大器适用于中、小功率级。对于大功率设备来说,可以采用宽带功放作为推动级,同样也能节约调谐时间。

最常见的宽带高频功率放大器是利用宽带变压器作为耦合电路的放大器。宽带变压器有两种形式:一种是利用普通变压器的原理,只是采用高频磁芯,可工作到短波波段;另一种是利用传输线原理与变压器原理两者结合的所谓"传输线变压器",这是最常用的一种宽带变压器。

4. 频率合成器

无论是对接收机还是发射机而言,频率合成器都是最核心的功能模块。近年来,由于无线电通信技术的迅速发展,对振荡信号源的要求也在不断提高。不但要求它的频率稳定度和准确度高,而且要求能方便地改换频率。石英晶体振荡器的频率稳定度和准确度很高,但改换频率不方便,只适用于固定频率;LC振荡器改换频率方便,但频率稳定度和准确度不够高。近年来迅速发展的频率合成技术将这两种振荡器的优点结合起来,不仅频率稳定度和准确度高,而且改换频率方便。

频率合成器是利用一个高稳定度晶体振荡器产生一系列频率信号(它们具有与晶体振荡器相同的频率稳定度和准确度)的设备,它是近代通信系统中的重要组成部分。实现频率合成的方法可归纳为直接合成法和间接合成法(锁相环路法)两类方法。

此外,频率合成器频谱的纯度会对系统造成影响,因输出频谱不纯所产生的影响包括:频率合成器输出中的边带噪声和强干扰形成倒易混频;频率合成器输出中的带内噪声和信号相混频;由于混频电路的不平衡,使频率合成器的杂散噪声直接窜入中频通道。

为了提高收信机的抗干扰能力,需要对频率合成器的频谱纯度做如下要求:

(1) 对于带内噪声在偏离本振频率300Hz处测量,在1Hz带宽内的信噪比为-75dB(指与本振信号相比)。

(2) 对于带外噪声在偏离本振频率100kHz处测量,在1Hz带宽内的信噪比应小于-135dB。

对于输出的杂散噪声要求是:在300~3000Hz范围内的杂散噪声,信噪比小于-50dB;100kHz以外的杂散噪声,信噪比要小于-100dB;50~100Hz内的杂散调频,信噪比要小于-50dB。

3.3.6 甚高频接收机

VHF接收机的框图如图3-18所示,VHF接收机是一个二次变频的超外差接收机,工作方式是标准调幅,只能接收调幅信号。接收机的具体电路可分为高频段电路、中放和检波以及音频电路。

图 3-18　VHF 接收机框图

1. 高频段电路

高频段电路如图 3-19 所示，由输入电路、射频衰减器、高频放大器和混频器组成。它们决定着接收机的灵敏度及抗干扰能力。一般要求这部分电路线性要好，动态范围要宽。来自天线的射频信号经过收发转换电路加到接收机。

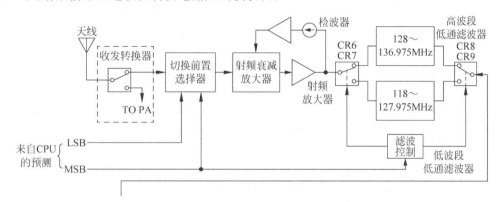

图 3-19　VHF 接收机高频单元电路

（1）预选器

预选器由 4 个 LC 带通滤波器组成，在 118～136.975MHz 频率范围内形成一个平坦的幅频特性。来自天线的射频信号经过收发转换电路加到 LC 滤波器，LC 滤波器对 118～136.975MHz 以外的信号进行有效抑制。

（2）射频衰减器

高频带通滤波器输出的射频信号经过分相变压器被加至射频衰减器。射频衰减器使接收机的射频电路有一个较宽的动态范围。衰减量的大小可由控制板上的射频灵敏度控制旋钮来控制。衰减量为 20dB。

（3）射频放大器

高频放大器工作在甲类放大状态，可提高接收机的输出信噪比。

（4）混频器

在第一混频器中，射频放大器的 118～136.975MHz 输出与经过频率合成器的 138～157MHz 的第一本振信号进行混频。混频器输出的 20.025MHz 的第一中频信号通过晶体滤波器加至第二混频器。在第二混频器中，20.025MHz 信号与固定的 9.325MHz 信号进行混频，输出 10.7MHz 的第二中频信号。

中频放大器由两个带通滤波器和五级放大器组成，带通滤波器保证接收机的选择性，放大器提供 100dB 的增益。前三个中放的增益有自动增益控制电压控制，自动增益控制电压是由检波器产生的直流分量经过低通滤波器、自动增益控制放大器加至中放的前三级中放。该中频信号经过包络检波，得到音频信号，加至音频电路。

2. 音频输出电路

音频输出电路由静噪电路、音频压缩放大器、有源滤波器和音频功率放大器组成,其电路图如图 3-20 所示。

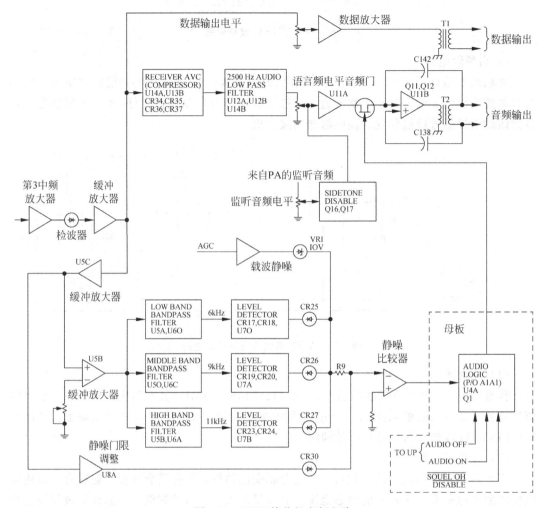

图 3-20　VHF 接收机音频电路

（1）音频压缩放大器

检波出来的音频经过缓冲放大器加至音频压缩放大器。音频压缩放大器的作用是在所接受的信号调制幅度从 40% 变化到 90% 时保持音频输出电压变化值在 3dB 之内。

（2）有源低通滤波器

有源低通滤波器为三级有源低通谐振滤波器,有源滤波器的作用是在 300Hz～2.5kHz 频率范围内保持理想的平坦响应。

（3）音频功率放大器

音频功率放大器由两级放大和一个输出阻抗匹配变压器组成。放大器提供 100mW 的输出电平,经过输出变压器耦合后,提供 600Ω 的平衡输出至后插座。

（4）静噪电路

静噪电路的主要作用是当没有外来射频信号输入或外来输入信号的信噪比很小时,抑制噪声输出,从而降低飞行员的听觉疲劳。

当没有外来射频信号输入或外来输入信号的信噪比很小时,AGC 电路产生的 AGC 电压值较小,送到静噪电路中的比较器中使输出逻辑高电平加到音频逻辑电路,这时音频逻辑电路输出逻辑低电平,使音频门电路断开,音频信号无法加到音频功率放大器,无信号输出。

当按下收发机前面板上的静噪试验按钮时,音频逻辑电路输出逻辑高电平,使音频门电路打开,信号经过音频门电路加到音频功率放大器中,有噪声信号输出。

来自检波器的噪音信号由缓冲放大器分别经过 6kHz、9kHz 和 11kHz 带通滤波器后加至 3 个噪声电平检测器,如果噪声电平较大时,比较器使输出逻辑高电平加到音频逻辑电路,这时音频逻辑电路输出逻辑低电平,使音频门电路断开,音频信号无法加到音频功率放大器,无信号输出。

3.3.7　天线共用系统

甚高频天线共用系统采用中馈天线,并加入带通滤波器、带阻滤波器、匹配网络和隔离网络等措施,使多个电台在共用天线过程中相互隔离且各自匹配。可以分为收发一体天线共用系统和收发分开天线共用系统。无论是收发一体或是收发分开的天线共用系统,其网络拓扑结构都可以用图 3-21 表示。

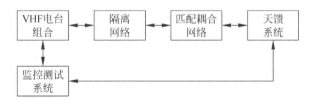

图 3-21　天线共用系统网络拓扑结构

其中 VHF 电台组合就是由一系列 VHF 电台单元组成,在天线共用系统(见图 3-22)中,我们按不同的频率来确定信道,在民航应用中一般对应每个信道均有主备机 1+1 冗余配置。需要说明的是,每一个信道有 A、B 两台设备,A、B 机之间通过连线可以相互检测并实现 A、B 机自动切换,因为在每台设备中都有机内自检设备(Build-In Test Equipment, BITE)装置,可以对设备的各个模块进行故障检测并定位,然后通过加法器将检测信号输出到接口和连线(或结合控制模块)以实现主备电台之间的相互监测和切换功能。

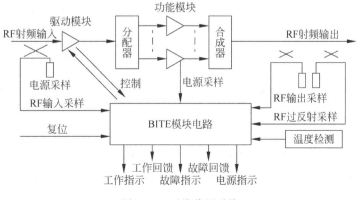

图 3-22　天线共用系统

为了确保众多不同频率的电台共用一根天线而不会相互干扰,需要在电台和天线之间加装功率隔离设备——滤波器。我们在大多数情况下使用腔体及多腔体滤波器,腔体滤波器是一种具有可调带通滤波器的结构,有良好的阻带特性,它利用矩形腔体和内部的金属膜片、金属谐振杆组成谐振腔,通过改变膜片的位置进而改变结构谐振频率实现可调的滤波特性。

它具有如下特点:第一,结构简单、加工方便、易于实现;第二,较宽的阻带范围,较低的带内衰减和很高的阻带衰减;第三,调谐方便,能承受较大功率。大部分腔体滤波器采用在铜或铝材料表面镀银的工艺制造。腔体滤波器在各自的频率范围内呈现最小的衰减,在各自的频带外,能够保证产生功率隔离所必须的衰减,其带通频率特性如图3-23所示。

为了更好地保证天线共用系统的电磁兼容性,避免发射系统的交、互调干扰,除了滤波器,我们还需要在发射网络中加装隔离设备,如铁氧体环流器、隔离器等,而且对隔离器的要求也越来越高。对环行器和隔离器的典型要求是应用频段更宽、功率容量更大。在共用的天线系统中,铁氧体环行器和隔离器主要用作功率隔离,避免互调干扰,同时有效地保护发射机。如果发射机输出功率很大,隔离器的反射端口还需接入足够容量的假负载。

保证能量单向传输,能有效地保护发射机,起到隔离的作用。要获得高隔离、低损耗、小驻波并能承受高功率的隔离器,隔离器的各部件必须电性能优良,且要求部件之间匹配良好。非互易移相器采用的是H面结构形式,上下壁各有一片铁氧体,移相量将加倍。

为了确保众多不同频率的电台可以共用一根天线,既不能相互干扰,同时还要阻抗匹配,就必须使用耦合器件,那么天线多路耦合器的耦合网络是如何匹配的呢?我们先来看环形耦合网络。

天线多路耦合器必须满足两个方面的要求:第一,从任一电台输出的射频功率只能进入天线负载而不能串入其他电台;第二,任一电台与天线之间的匹配状况不受其他电台工作状态的影响。为此天线多路耦合器采用如图3-24所示的结构。

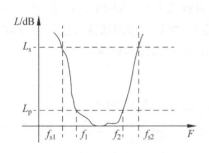

图 3-23 带通滤波器的频率特性

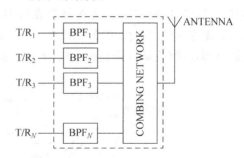

图 3-24 天线多路耦合器结构

耦合网络图及等效电路如图3-25所示。

在民航的实际应用中有时也采用如图3-26所示的T型串联耦合网络,开路端接50Ω负载,它的优点是结构简单、价格便宜、便于安装,缺点是耦合的电台数量越多,耦合到天线端口的功率差异越大。

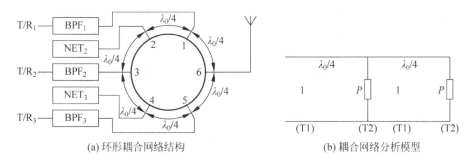

(a) 环形耦合网络结构　　　　　　　(b) 耦合网络分析模型

图 3-25　天线耦合网络图及等效电路

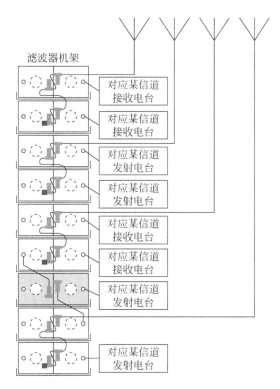

图 3-26　T 型串联耦合网络

3.3.8　甚高频天线

系统中的信号最终要通过天线与外界进行能量交换,天线是电磁波的换能器件,用以发射和接收电磁波。它把在电路里流动的高频电流通过电磁感应转换成高频电磁波向外辐射,并把在空间的电磁波通过感应转换成高频电流。

为了提高天线的辐射强度,必须使经过天线导体的高频电流尽量的强。当电路处于谐振状态时,电路上的电流最大,天线的辐射最强。

当导体长度为 1/4 波长的整数倍时,该导体在该波长的频率上呈谐振特性,导体长度为 1/4 波长的是串联谐振特性,导体长度为 1/2 波长的是并联谐振特性。

由于 1/2 波长的振子比 1/4 波长的振子长,故 1/2 波长振子的辐射比 1/4 波长振子强,但当振子超过 1/2 波长时虽然辐射继续加强,由于超过 1/2 波长的部分辐射是反相位而对辐射有抵消的作用,因此总的辐射效果反而被打折扣。所以,通常的天线都采用 1/4 波长或 1/2 波长的振子长度单位,这种由两根长度相同的导体构成的天线就叫偶极天线。

电磁波在传播时其电场或磁场的方向有固定的规律,叫电波的极化,以电场分量的方向命名。电波的电场和地面垂直,为垂直极化;电波的电场与地面平行,为水平极化。

天线的重要指标包括辐射效率、特性阻抗和天线增益。

对于一个好的天线系统,首先要求天线系统本身的辐射效率高、损耗小;其次是与传输系统匹配,使整个收发系统的传输效率达到最高;最后是能尽量地使所辐射的能量集中到所需要的地方,抑制不必要的辐射。

VHF 地面设备天线(见图 3-27)的收发隔离度各不相同,和系统性能有关,但是主要取决于天线的性能,我们一般要求≥40dB。

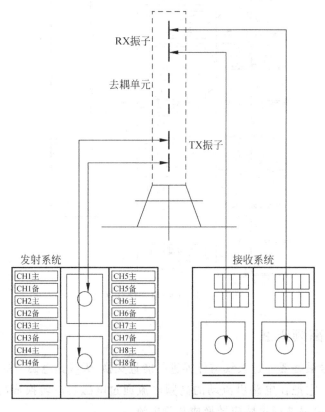

图 3-27　地面 VHF 设备天线示意图

机载 VHF 天线(见图 3-28)分别在机腹前部和后部,它可在 VHF 频段发射和接收射频信号。VHF 称作"刀"形天线,长 12in,底部宽 8in,天线属垂直极化,阻抗值为 50Ω,可实现全方向的接收和发射。

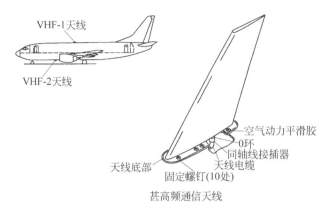

VHF-1天线

VHF-2天线

空气动力平滑胶
0环
同轴线接插器
天线电缆
天线底部
固定螺钉(10处)

甚高频通信天线

图 3-28　机载 VHF 天线

3.4　甚高频话音通信系统测试

3.4.1　系统技术指标

VHF 电台的供电要求：机房交流电压信号必须符合国家标准 GB/T《交流输出稳定电源通用规范》。通过稳压器后接入设备的交流电压信号必须符合电子行业标准 SJ/T10541-94《抗干扰型交流稳压电源通用条件》和 SJ/T10542-94《抗干扰型交流稳压电源测试方法》。电源部分接入直流电压信号必须符合电子行业标准 SJ2811.1-87《通用直流稳定电源术语及定义、性能与额定值》。

供电电源质量要求：稳态电压偏移范围(％)±5；稳态频率偏移范围(Hz)±0.5；电压波形畸变率(％)5～8；允许断电持续时间(ms)0～4。

电台的测试连接图如图 3-29 所示。

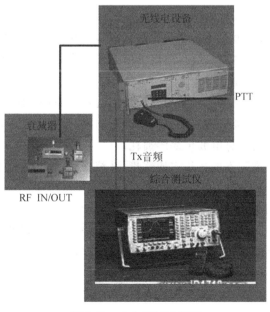

无线电设备

PTT

衰减器

Tx音频

综合测试仪

RF IN/OUT

图 3-29　电台测试连接图

收发信机的整机测试包括收信机测试、发信机测试两大部分。

收信机的测试,归纳起来主要包括以下几个方面:接收灵敏度、信道选择性、寄生响应、互调响应衰减、音频失真、90%调制度、静噪灵敏度、抗阻塞特性、互调响应特性、接收机响应时延、收信机动态范围的测试等。

发信机的测试,归纳起来主要包括以下几个方面:输出功率、谐波失真、线性特性的测试、发信机杂散特性的测试、发信机响应时延的测试、发信机动态范围的测试和频率测试。

系统调试:系统安装完毕后,需要经过调试才能投入使用。系统的调试包括单机调试和系统联调。

1. 网络覆盖

网络覆盖范围给出了一个通信系统可提供通信服务的区域。在陆地公共移动通信系统中,根据电波传播环境的不同,不同区域的通信系统覆盖差异较大,陆地公共移动通信系统的典型通信区域有乡村、郊区、城市等;在甚高频航空移动通信系统中,覆盖区域划分为航路区域、终端机动区(TMA)及机场覆盖区域。

在通信网络建设的初期,系统设计者主要关心网络的覆盖速度,或网络覆盖的饱和程度;在通信网络建设的后期,系统设计人员更多关心如何通过网络优化,提高网络系统的服务质量,降低网络内部的干扰。

通信系统的覆盖范围与发射天线和接收天线的高度(飞行器高度)有密切关系。在甚高频航空通信系统中,当电波传播超过视距范围以后,电波传播带来的衰耗急剧增加,因此甚高频航空通信系统有效通信覆盖范围为电波传播视距范围。视距传播模型仅适应于飞行器在航路飞行阶段,并不适合低空飞行非视距通信,例如在终端机动区或机场附近区域,在低空飞行环境下,无线电电波在传播过程中将产生反射和折射现象,因此可考虑使用 Hata 与 OkAMura 等人提出的复二径传播模型。

以下是甚高频航空通信系统设计时的一些基本准则:

当飞行器在航路飞行时,地面站与飞行器间传播环境可视为视距传播,视距传播链路仅受限于链路预算及地平线,如果飞行器位于山区或海洋区域,需要进一步对模型进行修正,另外还需考虑电波向地球的折射效应,建议 k 因子选取为 2/3,此时甚高频地空链路建立及维持的可能性超过了 99.9%。

当飞行器高度较低时,此时飞行器与地面通信链路不满足视距传播环境,此时需要仔细考虑地形、建筑物布局及其他可能传播障碍物的影响,如果条件允许,应根据地形、建筑物布局使用专用链路预算工具计算电波传播的损耗。

以上两个方面设计准则不能替代实地测量,系统设计人员应亲自前往关键区域进行实地测试验证。

ICAO 附件 10 关于覆盖范围的描述:

在航路飞行过程中,地空通信的传播环境为视距传播,甚高频航空通信系统的覆盖范围由地面站与飞行器的高度确定,甚高频地面站通信距离达 350km;

在地面通信过程中,甚高频通信系统覆盖范围受电波传播遮拦及其反射效应的影响,为提高系统的覆盖范围,可通过安装架设多个地面站和设置多个信道的方法来提高通信系统的覆盖范围。

在标准工作环境下,ICAO 定义要求,在地对空通信中,接收信号场强为 $75\mu\text{V/m}$(-109dBW/m^2);在空对地通信中,接收信号场强为 $20\mu\text{V/m}$(-120dBW/m^2)。

2. 系统容量

一般情况下,容量定义为通信系统可处理移动呼叫的总数,也可定义为网络内单个蜂窝处理移动呼叫的总数,在某些特殊情况下,容量还可根据网络单位面积内处理的移动呼叫数来描述。

在航空移动通信系统中,使用单个扇区内峰值飞机数(PIAC)来描述系统的峰值容量。以下简要说明航空移动通信系统扇区与陆地移动通信系统蜂窝在概念上的差异。

扇区是描述空域的专业术语,扇区内的交通管制服务由单个管制员负责。

蜂窝是单个基站的通信覆盖区域,蜂窝通常呈现为圆形,在某些情况下,受电波传播环境的影响,蜂窝也可能呈现不规则的形状。

在欧洲中部、日本部分地区、美国东海岸及加利福尼亚州部分区域等飞行流量密集区域,如何进一步提高甚高频航空移动通信系统的容量是一个极具挑战性的难题。为解决此问题,人们提出以下技术手段:小区分裂、信道窄带化、干扰控制和邻信道保护措施。

ICAO 容量规范:

传统甚高频通信网络采用半双工非中继方式工作,多个用户共同使用一个信道,信道分配使用由管制员负责;繁忙扇区/机场使用多个 ATC/AOC 信道,在郊区各种类型的通信业务仅使用单个信道;在繁忙飞行区域,基于甚高频 DSB-AM(R)S 系统的通信容量是关注的主要问题。

3. 通信质量

通信系统质量包含以下含义:

信道可用性与可靠性。

网络通信连接建立后,网络连接被阻塞的概率。

接收信号质量:信噪比与信干比(模拟系统)、比特错误概率(数据链系统)。

通常情况下,在通信网络建设的初期,网络的覆盖范围是设计者重点关注的内容;而在通信业务繁忙的区域中,通信系统的容量更为引人关注,此时,通信系统的服务质量被放置在次要位置,甚至被最后考虑。

4. 可用性和可靠性

通信系统可靠性与可用性是在通信设备设计、实现过程中需要仔细考虑的问题,通常在通信系统的标准中很难找到关于可用性和可靠性的定义。例如,查阅国际民航组织标准建议措施(SARPs)附件 10 第 2 章相关内容,可以发现文档详细给出了不同场景下接收机接收信号场强的取值,而并没有给出甚高频航空通信系统可用性和可靠性的定义。可靠性和可用性似乎更多是设备使用国的内部事务,在调查多个国家及相关组织的相关文件后发现,不同国家对可用性的定义差异较大,而通信系统可用性一般定义为 $99.9\%\sim99.999\%$。

5. 射频的不平衡特性

传统的观点认为,在飞行器内操作和使用无线电设备的难度较大,因此在制订标准时,对机载设备的技术要求相对地面设备较宽松,此外,在航空无线电通信系统中,地面设备的工作频率通常是固定的,而机载设备工作频率可在全频段灵活改变。以下内容摘自国际民航组织附件 10 第 2 章关于发射机及接收机的技术规范。

机载发射机规范：除了以下参数外，机载发射机要求与地面站发射机相同；频率稳定度：信道间隔为 25kHz 时，频率稳定度为 0.003％；频率稳定度为 ±0.005％。

机载接收机规范：除了以下参数外，机载接收机参数与地面站接收机相同；接收机灵敏度应满足，在大多数情况下，接收信号场强为 75V/m（−109dBW/m²）时，输出话音信噪比优于 15dB（话音调制深度 50％）；当使用甚高频附加接收装置时，接收机灵敏度为 30V/m，静噪解除场强为 14V/m。

在阅读以上技术规范时，需要注意以下两个方面的内容：第一，限于当时无线电设备制造水平，标准建议措施采用基站使用大功率发射，高灵敏度的接收方案；第二，标准建议措施要求基站天线辐射方向指向天空，并在水平方向达到最大。

在机载无线电系统中，提高发射机发射功率、增加无线电设备体积、重量以及设备散热往往需要付出很高的代价；此外，考虑到飞行器姿态多变，飞行器使用全向天线。正是由于以上诸多因素，机载无线电设备的技术指标相对地面设备较宽松。

6. 系统规范

国际民航组织标准建议措施（SARPs）的一般性技术规范。

邻信道抑制：在 ±25kHz 时，邻信道抑制达 50dB；在 ±17kHz 时，邻信道抑制达 40dB。

发射信号波形：A3E。

发射信号极化：垂直极化。

3.4.2 发射机与接收机指标测试

1. 发射机测试

以 50W 电台为例，测试前确认设备的外观正常，线路及电源连接正确，开机后设备自检正常没有报警信号。将设备调谐在预定使用的频率上，如果不知道设备的实际工作频率，那么测试时将设备调谐在中间频率 127.5MHz。

需要的测试仪器和测试工具有：频谱仪、频率计、综合测试仪以及相关的工具和连线等。发射机测试连接图如图 3-30 所示。

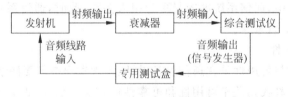

图 3-30 发射机测试连接图

通过测试盒产生一个 PTT 信号，设备的载波信号（没有调制）输入到综测仪，可以测量电台频率（也可以直接使用频率计测量），测量的频率值和设定值的差在常温下应该为：≤5ppm（基本要求为视实际需要设置的频偏不同，要求也不同）。

通过测试盒产生一个 PTT 信号，设备的载波信号（没有调制）输入到综测仪，可以测量出电台功率，其值应该为 +47dBm（或 50W）+1.5dB。

通过测试盒产生一个 PTT 信号，同时通过综测仪产生一个 −10dBm @ 1kHz、600Ω 平衡输出的音频信号，这两个信号通过线路输入发信机，发信机的调制载波输入综测仪，可以测出调制度，其值应该为 ≥85％。

在上述基础上将综测仪的音频调制信号增加到－7dBm @ 1kHz,则可以用综测仪进行总谐波失真度测量,其值应该为≤10%。

2. 接收机测试

需要的准备的测试仪器有综测仪、专用测试盒及相关工具电缆。其中综测仪必须具备以下功能:①频率范围满足 118~137MHz;②可以产生 1kHz、调制度为 90%的音频调幅信号;③可以测量音频电平、谐波失真度和 SINAD(Signal to Noise and Distortion Ratio,信号-噪声及失真比);④其音频测试模块中必须提供符合 CCITT 标准的加权滤波器。接收机测试连接图如图 3-31 所示。

图 3-31 接收机测试连接图

灵敏度测试:将综测仪的射频调整为和接收机的射频一致,然后在综测仪上设置－101dBm @ 1kHz、调制度为 30%的调幅信号,此时综测仪应打开音频测试的加权滤波器(即 CCITT FILT ON),进行 SINAD 测试,该值应该为≥12dB。

失真度测试:设置综测仪的射频与接收机相同,然后在综测仪上产生一个－53dBm @ 1kHz、调制度为 30%的调幅信号,此时应关闭综测仪音频测试的加权滤波器(即 CCITT FILT OFF),选择总谐波失真度测量,该值应该为≤5%。

在前面的条件下,在综测仪上产生一个－53dBm @ 1kHz、调制度为 90%的调幅信号,选择总谐波失真度测量,该值应该为≤10%。

音频输出电平:设置综测仪的射频与接收机相同,然后在综测仪上产生一个－53dBm @ 1kHz、调制度为 90%的调幅信号,在综测仪上选择音频测试,测出的接收机输出音频电平值应该为－10dBm±2dB(或 245mv,194~307mV 也在正常范围内)。

静噪信号测试:根据当地的电磁环境进行设置并测试。

3. 滤波器测试

这里指的是对最常用的带通滤波器的调整和测试,不讨论双腔和带阻滤波器。测试所必须的仪器有:具有扫频功能的频谱仪以及相关的工具和连接线、接头等。

该测试的连接图如图 3-32 所示。

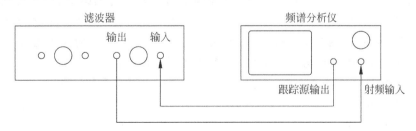

图 3-32 滤波器测试连接图

滤波器应当在 118~137MHz 频率范围适用,将滤波器调谐在预定实际使用的频率上,如果尚不知道设备的实际工作频率,那么测试时将设备调谐在中间频率 127.5MHz,并将该频率作为滤波器的中频。

测试中频插损：将频谱仪的中频与滤波器的中频设为一致,将频谱仪的扫描带宽设置为 2.2MHz,将跟踪源的输出设置为 0dBm,参考电平设置为 0dBm,其他参数按有利于观察频谱图的原则设定。如果对测试电缆的衰减不明,那么首先将两根射频电缆有 N-N 型连接头连接后用频谱仪进行测试可做出损耗标记,然后再连接到滤波器进行测试即可屏蔽掉电缆的损耗。测试的中频插损值应该为≤2dB。

测试选择性：测试条件与上述相同,使用频谱仪的标记功能在中频高低 500kHz(CF± 500kHz)处测量出的隔离度的值应该为≥15dB。

4. 天馈系统的测量

天馈的测量应该在正常的环境下进行,环境温度应该满足：−40～＋70℃、风速≤ 150km/h。该测量仅针对天馈网络,不包括隔离网络中的任何器件(如滤波器、耦合器或隔离器等)。

该测试需要准备的仪器有：频谱仪、定向耦合器、假负载以及相关的工具和连线。其中频谱仪应具备跟踪源,定向耦合器的隔离度不小于 30dB。

测试连接图如图 3-33 所示。

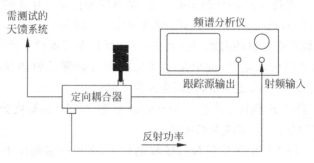

图 3-33　天线系统测试连接图

反射损耗的测量(VSWR)：该方法可以测量天馈系统的反射损耗,并且可以根据查询转换表将其转换为电压驻波比。连接好电缆后,调整频谱仪的参数,将起始频率设置为 118MHz,将终止频率设置为 137MHz(也可以根据实际天线的参数设置的更宽,比如 156MHz 或者更高),跟踪源输出设置为 0dBm,参考电平设置为 −10dBm,其他参数的设置以便于观察频谱图为原则。测试前先将定向耦合器至天馈的电缆拆下,则：①此时功率全反射,频谱仪的读数为高；②调整参考电平,将频谱仪的动态范围调至最大；③通过频谱仪的间隔标记功能,在频谱仪上设置一个 0dB 的反射损耗参考电平。然后将测试仪器和天馈系统按图 3-33 连接好,测试反射损耗,其值在 118～137MHz 范围内应该为≤−9.5dB(对应 VSWR≤2.0),反射损耗与电压驻波比的转换关系可以查表。

以上都是基本的调试,系统安装完毕后都必须进行。此外还有一些其他的性能参数,例如电台的平稳度、各种带内抑制度(中频抑制、互调抑制、敏感抑制等)、谐波离散度。音频频响、响应时间、隔离器的参数、耦合器的参数以及一些特殊用途的滤波器(如陷波器)的参数一般只在特殊情况下测试,在这里不作要求。

单机调试合格后,在系统正式投入使用之前还需要进行系统联调。一般情况下,共用天线系统的安装界面为主配线架,但是系统要投入使用,还需接入用户终端。用户终端可能是内话系统也可能是带有耳麦的遥控盒或是其他终端设备,不论哪种终端设备,都必须支持共用天线系统最基本的信号连接,即基本的语音信号和基本的控制信号。

不论哪种终端设备,只要支持上述基本信号,就可以和天线共用系统连接,连接的方式可以是电缆直接连接,也可以是通过各种传输设备连接,不论怎样连接,都应该确保终端设备的音频电平和电台的电平相匹配,对 TX 电平双方都尽量设置在动态范围的中间位置,同时保持在发射机的音频压缩点附近,如果过高的调整发信机的线路信号增益,则设备基础噪声会导致信噪比的降低;而对于 RX 信号,只要双方匹配并且尽量调整到动态范围的中间段就可以了。

不同的终端设备与天线共用系统的基本连接方式可能略有差异,而且不同的终端设备采用的标准不同,对天线共用系统的支持度也不同,有的除了连接基本信号,还支持一些辅助功能,例如主备选择、静噪模式选址、带内调制、比选等,如果通过传输设备连接,那么还需要考虑所有中间设备的匹配问题,即系统联调包括了共用天线系统、传输网络和终端系统的联合调试。

3.4.3 天线共用系统测试

随着民航业务的发展,对 VHF 的波道数量需求越来越多,对天线场地和电磁环境的要求越来越高,逐步由 VHF 单体电台过渡到 VHF 共用天线系统。

VHF 共用天线系统可以采用收发信集中放置,安排在一个炮筒天线内,也可以采用收发信分开,收发天线分开,或若干信道共用一个天线,但一个天线的信道数量不能太多,否则存在互调干扰和较高的插入损耗,同时一旦此天线故障,会影响较多的信道。

配置系统时要综合考虑可靠性、天线场地、通信质量、价格、频率指配间隔等相关因素。在选择天线场地时,有许多因素影响天线之间的安全距离,例如:频率值、滤波器特性、发信机的输出功率、收信机的灵敏度、有无垂直间隔等。采用水平天线隔离时,工作频率为126MHz 时,天线相距 65m,相当于 50dB 隔离度;天线相距 20m,相当于 40dB 隔离度;天线相距 10m,相当于 33dB 隔离度。若采用天线垂直隔离时,还可增加隔离度。

单体电台的基本结构如图 3-34 所示。

为了验证天线隔离度,可以采用图 3-35 所示方法进行测试。

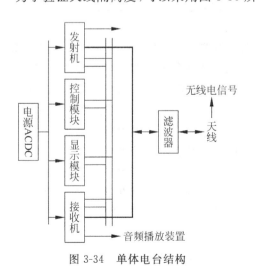

图 3-34 单体电台结构

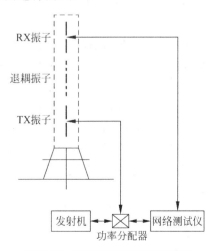

图 3-35 天线隔离度测试连接图

对于收发分开的天线共用系统,那么可以采用图 3-36 所示模式,在该种模式下,收发信天线是分开设置的,收发天线的隔离度主要取决于收发天线之间的距离,当然和整个系统的性能也有关系。

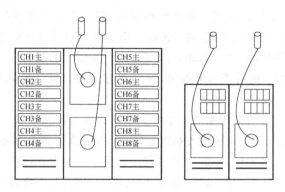

图 3-36　收发分开天线共用系统

对于收发一体天线,我们还应当考虑周围环境对收发振子退耦度的影响,如图 3-37 所示。

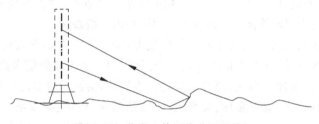

图 3-37　收发一体天线共用系统

一些连接附件也是将单体电台组成网络的必备器件,它们起到隔离和耦合作用。例如对发射机来说,一般采用主备机配置,由于主备机共同使用一根天线,那么主备机射频信号就不能同时并联发射,否则功放可能因为旁路过载而损坏,一般采用发射继电器来解决这个问题,只有处于工作状态的设备才能连接到天馈网络进行发射,而处于备用状态的设备与天馈系统断开,处于保护状态,不能发射,这里的继电器在网络中起到隔离保护作用。

而对接收机来说,同样也是采用双机互为备份配置,那么射频信号必须经过功率分配,以阻抗匹配的方式平均分配到两部接收机中,这里的功率分配器在网络中起耦合作用。

为了实现系统测试,有时还需要定向耦合器,以便对信号进行采样、计算和测试,有些场合定向耦合器也用作隔离器。定向耦合器是一种射频信号处理中的重要部件,它接收一个输入信号,输出两个有用信号,主线上输出较大的信号,耦合线上输出较小的信号。

为了便于管理和维护,天线共用系统一般都配备了整套的监控系统,该系统一般不影响天线共用系统的正常工作,通过监控接口监控系统的工作情况,如图 3-38 所示。系统发生工作异常时,监控系统可记录相应的变化情况,发出相应的显示或做出各种报警。系统监控、维护人员也可通过监控系统改变天线共用系统的工作参数,从而达到远程调整和维护天线共用系统工作状态的目的。

在一些比较复杂的 RCMS 配置情况下,例如不同台站的不同功能的电台需要经由一个

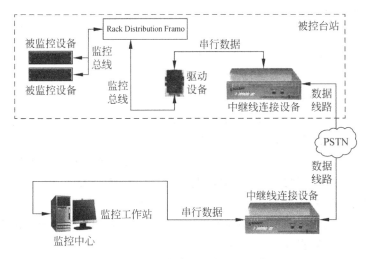

图 3-38　天线共用系统监控系统

MODEM 路由并且与同一台 PC 的多个串口相连,这时 RCMS 的配置比较复杂,解决办法是使用 RS232 复用设备进行连接。

3.4.4　天线共用系统的安装与调试

选址及准备:天线共用系统的安装主要是为了解决地空通信的覆盖问题,所以首先应进行选址,根据计划和需要覆盖的管制区、飞行航路以及飞行高度,结合 VHF 理论覆盖图,最终选定合适的站点来建设 VHF 天线共用系统。

ICAO 规定 VHF 通信接收点的最低电场强度为 $75\mu V/M$(接收机灵敏度为 $1\sim10\mu V$)。已知发射天线的输入功率为 P_t,发射天线在接收方向的天线增益为 G_t,通信距离为 D,接收点电场强度为

$$E = \frac{\sqrt{30P_tG_t}}{D} \times 10^6 (\mu V/m) \tag{3-6}$$

地面台电波最大覆盖距离按 EGLI(适用于 VHF)数学模型计算 d(Km)

$$L_b = 88 + 20\lg F + 40\lg d - 20\lg H_t - 20\lg H_r \tag{3-7}$$

其中 $L_b(D_b)$ 为传播衰耗,F(MHz)为工作频率,H_t(m)为发射天线高度,H_r(m)为接受天线高度,利用 VHF 电磁波传播的视距估算原理,计算通信覆盖,通信覆盖计算主要取决于:

(1)地球表面上的障碍物阻挡。

(2)地球表面的弯曲:当通信距离超过 30 千米后,必须计入地球表面的弯曲,用地球突起高度表示光滑地球的地弧影响。

(3)大气对电波的折射:低层大气层是一种非均匀介质,其介电常数除受大气成分、气压、温度和湿度的影响,还随时间和高度的变化而变化,对于沿水平方向传播的电波,影响最大的是相对介电常数 $\varepsilon T(h)$ 会随高度 h 而变化。

如果使用的是收发分体的共用天线,其架设的位置除了必须满足上述要求之外,还必须考虑收发天线的隔离度问题。收发隔离度,是 VHF 信号从发射天线到接收天线的空中路径衰落值。收发隔离度分为水平隔离度和垂直隔离度。利用 EGLI(适用于 VHF 的数学模

型)模型估算水平隔离度 L_h 用分贝表示公式如下

$$L_h = 88.0 + 20\log_{10}(d/\lambda) - (G_t + G_r) + C \qquad (3-8)$$

其中，88.0 为传播常数，d 为收发天线水平距离，λ 为天线工作波长，G_t、G_r 分别为发射和接收天线的增益（单位：dB），C 为阻挡物体的损耗。

垂直隔离度 L_v 用分贝表示公式如下

$$L_v = 96.0 + 40\log_{10}(d/\lambda) \qquad (3-9)$$

其中，96.0 为传播常数，d 为收发天线垂直间隔。

在同频情况下，接收机有一个它能接受的最大信号电平，在 R/S 200 系列中，其值为 5Vemf=27dBM。发射功率为 50W(47dBM)时，自由空间损耗 20dB。发射功率 25W(44dBM)时，自由空间损耗 17dB。

当两根发射天线使用不同频率时，在有互调的情况下，如果 2Tx1—Tx2 等于 Rx3，则必须加装滤波器和隔离器，最小距离约为 1km。

在没有互调的情况下，如果 2Tx1—Tx2 不等于 Rx3，则最小距离依照上述标准公式计算确定天线位置之后，可以建造符合条件的机房，机房和天线之间的距离应尽量控制在 100m 以内。

在机房装修前应首先确定天线共用系统的规模、机架尺寸、满载机架重量以及确定系统对电源、接地、避雷及环境参数的要求，进而确定对机房的需求。

3.5 民航甚高频话音通信系统关键技术

当飞行器飞行高度较低时，飞行器与地面站间的电波传播以非视距传播为主。为提高网络覆盖范围，同时避免使用小区分裂带来设备成本及维护复杂度增加的问题，建议使用以下技术提高通信质量。

3.5.1 频率耦合

为方便交通管制，一个管制区通常划分为多个管制扇区，每个扇区配置相应的空管人员负责该扇区的交通管制，当一个管制区的交通流量迅速下降时，此时整个管制区域仅需一个管制员就可实现整个区域的交通管制。此时，可通过多个发射频率耦合在一起的方法来实现管制员话音在多个信道的传播问题；在接收机中，管制员则通过信号必选器选择信号最好的信道进行接收。

对于模拟通信系统，信号的必选功能可通过比较接收信号强度的方法来实现，而对于数字通信系统则可通过统计链路比特差错概率的方法来确定最佳接收信号。以上将多个管制扇区合并为单个管制区的过程简称为"合扇"。

3.5.2 载波偏置技术

在某些特殊情况下，受基站环境的限制，单个地面基站不能实现整个通信区域的覆盖，例如图 3-39 所示的非规则五边形是地面基站需要提供通信覆盖的区域，但受电波传播环境的限制，单个基站可能不能实现五边形区域的通信覆盖，为实现五边形的通信覆盖可能需要设置 4 个地面基站。从网络运营的角度，利用 4 个不同频率基站来提供整个区域通信的覆盖非常不方便,但通过甚高频调幅接收机的捕获效应,可方便利用载波偏置技术(CLIMAX)实现多基站的网络覆盖。

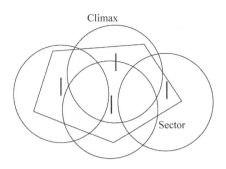

图 3-39　扩展信号覆盖示意图

如图 3-40 所示给出了使用载波偏技术来拓展甚高频通信系统覆盖的示意图。在地空链路中,管制员的话音信号分别送到 4 个地面基站发射,4 个地面基站发射载波频率分别设置为 $f-\Delta$、$f+\Delta$、$f-2\Delta$ 和 $f+2\Delta$,其中,Δ 代表载波频率的偏置量;在机载接收机中,接收机载波频率设置为 f,借助调幅接收机的捕获效应,机载接收机锁相环路可锁定在 $f-\Delta$、$f+\Delta$、$f-2\Delta$、$f+2\Delta$ 中的一个频率上,并实现地面发射信号的正确接收。

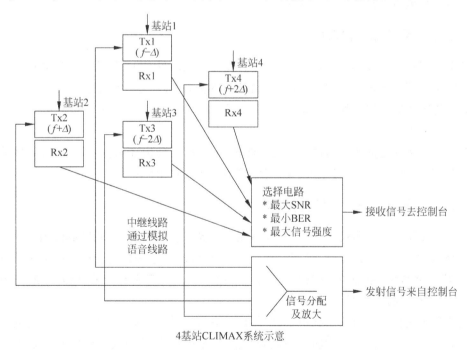

图 3-40　载波偏技术系统示意图

在地空链路中,机载发射机载波频率设置为 f,4 个地面基站接收机载波频率均设置为 f,机载发射机发射的信号,分别被 4 个地面基站接收机接收,并通过地面网络传输到管制中心,管制员利用信号比选器选择最佳信号进行接收。

表 3-2 显示给出基站数与基站载波频率设置。

表 3-2　CLIMAX 配置

每扇区基站数目	频　偏
1	0
2	$f_1 = f_c + 5\text{kHz}$ $f_2 = f_c - 5\text{kHz}$
3	$f_1 = f_c + 7.5\text{kHz}$ $f_2 = f_c - 7.5\text{kHz}$ $f_3 = f_c\text{kHz}$
4	$f_1 = f_c + 7.5\text{kHz}$ $f_2 = f_c - 7.5\text{kHz}$ $f_3 = f_c + 2.5\text{kHz}$ $f_4 = f_c - 2.5\text{kHz}$

3.5.3　小区分裂与信道窄带化

为了提高通信系统的容量,可通过将容量饱和管制区域分裂为多个管制扇区的方法来提高系统的容量。此外也可通过压缩信道间隔的方法来提高通信系统的容量,例如将 25kHz 信道传输带宽压缩至 8.33kHz。

3.5.4　频率重用技术

频率重用也称频率再用,就是重复使用(reuse)频率,在 VHF 网络中频率复用就是使同一频率覆盖不同的区域(一个基站或该基站的一部分(扇形天线)所覆盖的区域),这些使用同一频率的区域彼此需要相隔一定的距离(称为同频复用距离),以满足将同频干扰抑制到达允许的范围内。

频率重用系数受许多因素的限制为:首先,工作扇区的顶部高度;其次,航空移动通信服务类型,例如机场终端信息服务(ATIS),或控制交通管制话音服务(ATC)。

3.5.5　干扰及干扰抑制技术

在甚高频航空移动通信系统中,为提高系统的频率重用系数,不同区域使用相同工作频率,此时系统不可避免将出现共信道干扰。在理想情况下,系统的共信道干扰是完全可以消除的,但实际系统中,系统内总残留一定的共信道干扰。为解决此问题,国际民航组织制订共信道干扰及邻信道干扰消除的规范。

在甚高频航空移动通信系统中,某些信道具有较高的优先级,例如用于机场进近及飞机着路的交通管制话音信道。为防止高优先级信道被干扰,高优先级信道两侧的若干信道被禁止使用,例如应急工作频率(121.5MHz)两侧的 25kHz 信道被禁止使用。

为使读者对通信容量有深刻的认识,下面以欧洲为例来说明对民航对航空通信系统的容量需求。在 117.975~137MHz 航空甚高频工作频段,欧洲为各种不同类型的通信业务提供了 10 000 个信道,假设每个信道占用 25kHz 传输带宽,这相当于 117.975~137MHz 频率范围内的每个信道被重复使用了 13 次。

在飞行器中,提高通信系统容量的方法是使用多个机载航空发射机,且不同发射机工作频率不相同,在地面基站中,可通过使用多个收/发信机来提高通信容量。多个发射机输出射频信号通过耦合器送入单个天线,天线接收到的信号通过功分器连接到不同接收机中。

1. 接收机淹没干扰

甚高频航空移动通信频段的低端是无线电广播频段($88\sim108\mathrm{MHz}$),无线电广播设备的发射功率非常高,且发射天线采用全向天线,广播设备发射功率通常为千瓦量级。飞机在着陆阶段,经常会飞越广播台站,此时飞机距离广播台站的距离仅为几百米,在飞机着陆阶段,飞机迫切需要地面导航及通信系统提供服务。

根据电波传播理论,电波在自由空间的传播损耗表示为

$$L_{\mathrm{fspl}} = 32.44 + 20\log_{10}(d_{\mathrm{km}}) + 20\log_{10}(f_{\mathrm{MHz}}) \tag{3-10}$$

由于 $d_{\mathrm{km}} < 1\mathrm{km}$,因此 $20\log_{10}(d_{\mathrm{km}})$ 项取值非常小,可近似忽略。另外根据链路预算方程,接收机接收信号功率表示为

$$P_{\mathrm{Rx}} = P_{\mathrm{Tx}} - L_{f1} + G_1 - \mathrm{fspl} + G_2 - L_{f2} \tag{3-11}$$

考虑到无线电广播发射机的发射功率极高,即 P_{Tx} 取值非常大,此时飞机接收机接收信号功率非常高。如果接收机射频通道较宽,则强干扰信号将淹没接收机期望接收的弱信号。由于航空导航系统(工作频段 $108.000\sim117.075\mathrm{MHz}$)离无线电广播频段频率的间隔更近,因此无线电广播对航空导航系统的影响更加明显。总之,无线电广播系统的带外泄漏对航空无线电通信及导航系统的影响是需要解决的重要问题。解决方法是使用带限特性更加优良的滤波器,这种技术称为甚高频硬化技术。

2. 互调干扰

无线电广播系统产生的压制性干扰可通过使用带通特性($118\sim137\mathrm{MHz}$)更加优良的滤波器来加以克服。但对于天线、传输线及发射机产生的互调干扰,如果干扰信号恰好落入 $118\sim137\mathrm{MHz}$ 工作频带范围内,则无法通过滤波的方法消除。

除了本书理论部分介绍的互调产生的原理以外,无线电广播及航空多载波发射机的高功率非线性器件,如天线、二极管、波导管等,非常容易产生谐波分量,如果谐波分量落入航空通信及导航接收机的接收通道则将形成互调干扰。

虽然互调干扰功率远低于无线电广播干扰功率,但由于互调干扰信号的工作频率与接收频带完全相同,因此不可能通过滤波的方法来消除,互调干扰显著降低期望信号的解调性能。为克服无线电广播发射机的压制性干扰及无线电广播系统产生的互调干扰,国际民航组织提出了对压制性干扰及互调干扰不敏感的技术规范以及航空电子设备接收机硬化的解决方案。

习题

3-1 简述飞机上 VHF 接收机从射频到中频的变频过程。

3-2 简述飞机上 PTT 按钮的功能。

3-3 飞机甚高频通信系统主要由哪几部分组成,各部分主要功能是什么?

3-4 画图说明甚高频通信系统中接收机中混频电路的工作情况。

3-5 简述对甚高频接收机进行测试需要准备的仪器、测试方法及测试指标。

参考文献

［1］ 刘连生.飞机通信系统［M］.北京：兵器工业出版社,2005.

［2］ 樊昌信,张甫翊,徐炳祥等.通信原理(第 5 版)［M］.北京：国防工业出版社,2002.

［3］ Dale Stacey. Aeronautical Radio Communication Systems and Networks［M］. England：John Wiley&Sons,2008.

［4］ 魏光兴.通信导航监视设施［M］.成都：西南交通大学出版社,2004：49-53.

［5］ Richard Womersley,Carolyn Tournadre,Philip Hodder,Investigation of interferencesource and mechanisms for Eurocontrols Final Report［J］,1997.

［6］ Dale Stacey 著.吴仁彪,刘海涛,马俞昭等译.航空无线电通信系统与网络［M］.北京：电子工业出版社,2011.

［7］ 任航.SITTI M600S 内话系统语音交换分析［J］.信息通信,2012(4)：268-269.

第 4 章

高频话音通信系统

本章介绍一种远距离无线电通信系统。高频通信系统利用电磁波的反射实现远距离的无线电通信,与其他通信系统相比,高频通信系统具有成本低廉的优势,因此,高频通信系统广泛应用于民航地空通信系统中。本章首先介绍了航空高频通信系统的发展历程,然后介绍了高频通信系统单边带调制方式的基本原理,按信号流程叙述了航空高频通信系统的系统工作原理,最后介绍了系统的关键技术及主要技术指标。

4.1 高频话音通信系统

4.1.1 概述

高频通信可以覆盖通信距离在水平范围内大约 7000km 的语音和数据通信,高频通信所使用的频段为 2～30MHz,高频通信主要通过电离层反射(天波)机理进行远距离信号传输,是历史最为悠久的无线电通信方式。高频通信系统具有设备简单、使用方便、机动灵活、成本低廉、抗毁性强等优点。高频通信的抗毁性和简单灵活性可以作为一种有效的应急通信方式,在军事应用中具有不可替代的作用,第三代高频通信系统的研究和应用大大提高了高频通信的有效性,使高频通信在远程航空通信中的地位得到了加强。

自 1901 年意大利发明家马可尼在加拿大纽芬兰第一次接收到从大西洋彼岸—英国西海岸发来的无线电信号以来,高频无线电通信经历了一个多世纪的发展。在第二次世界大战至 20 世纪 60 年代之前这一段相当长的时间是高频无线电通信发展的黄金时期,高频通信广泛应用于军事、外交、新闻、广播、商业、气象等领域,并各自建成了覆盖地区或世界性的专用通信网或公用通信网。20 世纪 60 年代至 20 世纪 70 年代卫星通信的兴起,使得高频通信的应用研究进入低谷。

20 世纪 70 年代末和 20 世纪 80 年代初,随着空间技术、热核技术和电子对抗技术的发展,卫星本身受到被反卫星武器击毁的威胁,转发器也容易因受地面电子武器攻击而失灵,因此,原本在和平时期有效的卫星通信受到了严峻的挑战。当通信卫星遭到打击而通信中断的情况下,高频通信将成为唯一的远程通信手段。此外,随着微电子技术、大规模集成电路技术和计算机技术的发展,高频通信技术取得了一系列重大进展。高频通信设备在世界范围内有了更为广泛的应用。相应地,高频(HF)通信的网络协议也有了迅速的发展。

20世纪80年代,美国军方制定了第二代高频通信系统相关标准,该标准能够提供可靠的自动链路建立(ALE)技术,使建立链路的速率和成功率大大提高,高频通信也因此进入一个迅速发展的新阶段。1995年4月,我国制定了高频自适应通信系统自动链路建立规程标准,并通过了在我国自行研发的高频自适应通信系统的验证。该标准的颁布对我国高频自适应通信系统的发展起到了推动作用。随着对数据通信需求的不断提高以及在军事运用中高频通信网络的不断增加,需要建立高通信容量的高频通信网络。美国军方于1999年制定了第三代高频通信系统相关标准,2001年8月美军再次对第三代高频通信系统相关标准进行了完善和升级。第二代高频自动链路建立系统协议在支持第二代协议规定的语音通信和小型网络的前提下,能够有效地支持大规模、数据密集型快速高频通信系统。

4.1.2　高频话音通信系统发展

在早期航空无线电通信系统中,主要通过高频来实现地空及空空的话音通信。当时利用高频来实现航空无线电通信的主要原因:第一,相对其他频段射频放大器,高频功率放大器设计实现更加容易;第二,与其他频段天线系统相比,高频天线的辐射效率更高,电波传播距离更远。

高频信号主要依靠电离层反射传播,因此高频通信系统通信距离非常远,一般情况下可达数千公里,某些特殊情况下,高频电波可环绕地球传播。利用高频通信系统的远距离传播特性,可解决偏远地区通信及甚高频通信覆盖盲区的问题。但高频的远距离传播也带来一些不利的因素,典型问题是高频远距离传播造成接收机干扰电平的增加,这种情况在高频通信系统中经常会遇到。高频信道可用性决定于信道是处于"开放"状态还是处于"关闭"状态,地球的昼夜变化、太阳黑子活动、太阳耀斑爆发及通信距离等诸多因素均可影响高频信道的可用性。

鉴于以上两个方面的原因,为保证航空高频通信系统在任何情况下均有处于开放的信道,国际电信联盟为航空通信分配的工作频率散布于整个频率频段2.8~30.0MHz之间,其中用于航空高频通信频谱总带宽为1.5MHz,与非航路服务高频通信总带宽相同。

高频航空无线电通信系统通过以下两种方式使用高频信道:第一,开放信道模式,系统以单工方式工作,多个高频终端以广播方式共享信道;第二,选择呼叫信道,机载高频终端与地面终端以半双工方式工作,机载终端与地面终端通过唯一标识码来相互识别。

在没有提供甚高频通信覆盖的海洋及偏远地区,民航与军航主要依靠高频通信系统实现地空通信服务。在某些情况下,高频通信系统也作为甚高频通信及航空移动卫星通信系统的备份系统,与其他无线电通信手段相比,高频通信系统具有通信距离远,通信成本低廉的优势。在跨洋的飞行活动中,高频通信会受相关通信管理部门的监管(例如所在地区民航管理局)。

高频通信系统的可用性决定于高频信道是否处于开放状态,信道的开放性决定于高频发射机辐射功率及干扰信号的功率。随着高频信道干扰信号功率的增加,接收机输入信噪比 $S/(N+I)$ 降低,此时高频链路的通信效果较差,例如在南太平洋地区经常发现某些轮船非法使用航空高频通信的工作频率,造成对民航地空通信的干扰。

各个国家及航空公司在不同程度、不同范围利用高频进行无线电通信,然而高频通信系统信道半随机特性使得高频通信在某种程度上更像是变魔术而非科学,因此限制了高频通信系统的应用和发展。

4.2 单边带调幅原理

4.2.1 调制原理

通信系统中信号发送功率和系统传输带宽是两个主要参数,振幅调制和双边带调制的功率和带宽都是不够节约的。在振幅调制系统中,有用信号边带功率只占总功率的一部分,充其量也不过只占 $1/3 \sim 1/2$,而传输带宽是基带信号的两倍。在双边带调制系统中,虽然载波被抑制后,发送功率比振幅调制有所改善,调制效率达到 100%,但是它的传输带宽仍和振幅调制时的一样,仍然是基带信号的两倍。甚高频通信已经提到,在双边带信号 $m(t)\cos\omega_c t$ 中,它具有上、下两个边带,这两个边带都携带着相同的调制信号 $m(t)$ 的全部信息。因此在传输已调信号过程中没有必要同时传送上、下两个边带,而只要传送其中任何一个就可以了。这种传输一个边带的通信方式称为单边带(SSB)通信。

单边带就是指在传输信号的过程中,只传输上边带或下边带部分,而达到节省发射功率和系统频带的目的。SSB 与振幅调制和双边带调制比较起来可以节约一半传输频带宽度,因此大大提高了通信信道频带利用率,增加了通信的有效性。但是,SSB 调制方式的实现比较困难,通信设备也比较复杂。

通过上面的解释已经知道,SSB 信号的实质就是把 DSB 信号的一个边带(上边带或下边带)去除后,剩余的信号即为 SSB 信号。基于此,产生 SSB 信号的方框图可以画成如图 4-1 的形式。其实,产生 SSB 信号的方框图与产生 DSB 信号方框图一样,只不过是把一个频带宽度为 $2f_m$ 的 BPF 换成了频带宽度为 f_m 的 BPF,边带滤波器的传输特性用 $H_{SSB}(f)$ 表示。

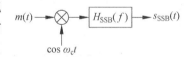

图 4-1 SSB 信号产生方框图

如图 4-2 所示为 $H_{SSB}(f)$ 的传输特性。单边带调制的基本原理是将基带信号 $m(t)$ 和载波信号经过相乘器相乘后得到双边带信号,再将此双边带信号通过理想的单边带滤波器滤去一个边带就得到需要的单边带信号。如果要传输上边带信号,可以用图 4-2(a)所示的带通特性和图 4-2(b)所示的低通特性;如果要传输下边带信号,可以用图 4-2(c)所示的带通特性和图 4-2(d)所示的高通特性。

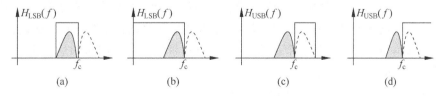

图 4-2 $H_{SSB}(f)$ 的传输特性

1. 单边带信号表达式

单边带信号的时域表达式一般说是比较困难的,但是当调制信号是单音信号时还是比较方便推出的。下面从单音调制出发,得到单音调制的单边带信号时域表达式,然后不加证明地把它推广到一般基带信号调制时的单边带信号的时域表达式。

设单音信号 $m(t) = A\cos\omega_m t$,经过相乘后成为双边带信号 $m(t)\cos\omega_c t = A\cos\omega_m t\cos\omega_c t$,如果通过上边带滤波器 $H_{USB}(f)$,则得到 USB 信号 $S_{USB}(t)$

$$s_{USB}(t) = \frac{A}{2}\cos(\omega_m + \omega_c)t = \frac{A}{2}\cos\omega_m t\cos\omega_c t - \frac{A}{2}\sin\omega_m t\sin\omega_c t$$

如果通过下边带滤波器 $H_{LSB}(f)$,则得到 LSB 信号 $S_{LSB}(t)$

$$s_{LSB}(t) = \frac{A}{2}\cos(\omega_m - \omega_c)t = \frac{A}{2}\cos\omega_m t\cos\omega_c t + \frac{A}{2}\sin\omega_m t\sin\omega_c t$$

把上、下两个边带合并起来可以写成

$$s_{SSB}(t) = \frac{A}{2}\cos\omega_m t\cos\omega_c t \mp \frac{A}{2}\sin\omega_m t\sin\omega_c t \tag{4-1}$$

式中,"$-$"号表示传输上边带信号;"$+$"号表示传输下边带信号。

从式(4-1)可以看到,单音调制的单边带信号由两项组成,第一项是单音信号和载波信号的乘积,它就是双边带调制信号的表达式(多了一个系数 1/2);第二项是单音信号 $A\cos\omega_m t$ 和载波信号 $\cos\omega_c t$ 分别移相 90°后再乘积的一半。

以传输上边带信号为例,单音信号调制时的单边带信号的波形图及其相应的频谱如图 4-3(a)和图 4-3(b)所示。

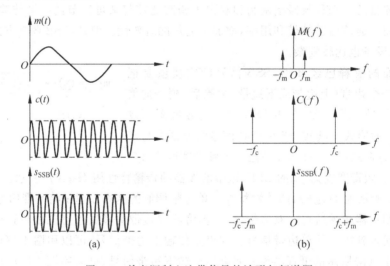

图 4-3 单音调制上边带信号的波形与频谱图

式(4-3)虽然是在单音调制下得到的,但是它不失一般性,具有一般表达式的形式。因为对于每一个一般的调制信号(基带信号),按照非周期信号的傅里叶分析方法,它总可以表示为许多正弦信号之和。将每一个正弦信号,经单边带调制后的时域表达式再相加起来就是一般调制信号的单边带调制的时域表示式。

设调制信号由 n 个余弦信号之和表示,即

$$m(t) = \sum_{i=1}^{n} A_i\cos\omega_i t$$

经双边带调制

$$m(t)\cos\omega_c t = \sum_{i=1}^{n} A_i \cos\omega_i t \cos\omega_c t$$

设经上边带滤波器滤波取出上边带信号,则相应有

$$s_{\mathrm{USB}}(t) = \sum_{i=1}^{n} \frac{A_i}{2}\cos(\omega_i + \omega_c)t$$

$$= \sum_{i=1}^{n} \frac{A_i}{2}\cos\omega_i t\ \cos\omega_c t - \sum_{i=1}^{n} \frac{A_i}{2}\sin\omega_i t\ \sin\omega_c t$$

$$= \frac{1}{2}m(t)\cos\omega_c t - \frac{1}{2}\hat{m}(t)\sin\omega_c t \qquad (4\text{-}2)$$

式中,$\frac{1}{2}\hat{m}(t) = \sum_{i=1}^{n} A_i \sin\omega_i t$,它是将 $m(t)$ 中所有频率成分均相移 90°后得到的结果。因此单边带信号表达式写成一般的形式有

$$s_{\mathrm{SSB}}(t) = \frac{1}{2}m(t)\ \cos\omega_c t \mp \frac{1}{2}\hat{m}(t)\ \sin\omega_c t \qquad (4\text{-}3)$$

在上式中,"$-$"号表示传输上边带,"$+$"号表示传输下边带;是调制信号 $m(t)$ 所有频率均相移 90°后得到的信号,实际上是调制信号 $m(t)$ 通过一个宽带滤波器的输出,这个宽带滤波器叫做希尔伯特滤波器,也就是是 $m(t)$ 的希尔伯特变换。希尔伯特滤波器及其传递函数如图 4-4 所示。

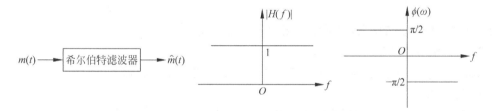

图 4-4　希尔伯特滤波器及其传递函数

另外,在式(4-3)中,等号后面有一个系数 1/2,这是考虑到单边带信号是双边带信号一半的缘故。如果把上边带信号表达式和下边带信号表达式相加,则可得到 DSB 信号的表达式。

SSB 信号的频谱可以通过下面计算得到

$$S_{\mathrm{SSB}}(\omega) = F\left\{\frac{1}{2}m(t)\ \cos\omega_c t \mp \frac{1}{2}\hat{m}(t)\ \sin\omega_c t\right\}$$

$$= \frac{1}{4}[M(\omega-\omega_c) + M(\omega+\omega_c)] \mp \frac{1}{4}[\hat{M}(\omega+\omega_c) - \hat{M}(\omega-\omega_c)]$$

$$= \frac{1}{4}[M(\omega-\omega_c) + M(\omega+\omega_c)]$$

$$\mp \frac{1}{4}[M(\omega+\omega_c)\mathrm{sgn}(\omega+\omega_c) - M(\omega-\omega_c)\mathrm{sgn}(\omega-\omega_c)]$$

$$= \frac{1}{4}\{M(\omega-\omega_c)[1\mp\mathrm{sgn}(\omega-\omega_c)] + M(\omega+\omega_c)[1\mp\mathrm{sgn}(\omega+\omega_c)]\} \qquad (4\text{-}4)$$

在式(4-4)的推导中,首先利用了调制定理,随后利用了希尔伯特滤波器的传递函数

$$H(\omega) = -\mathrm{j}\,\mathrm{sgn}\omega$$

$$\hat{F}(\omega) = -\mathrm{j}F(\omega)\mathrm{sgn}\omega$$

式中 sgnω 是符号函数,定义式为

$$\mathrm{sgn}\omega = \begin{cases} 1, & \omega > 0 \\ -1, & \omega < 0 \end{cases}$$

2. SSB 信号平均功率和频带宽度

由上可知,单边带信号产生的工作过程是将双边带调制中的一个边带完全抑制掉,所以它的发送功率和传输带宽都应该是双边带调制时的一半,即单边带发送功率

$$P_{\mathrm{SSB}} = \frac{1}{2} P_{\mathrm{DSB}} = \frac{1}{4} \overline{m^2(t)}$$

当然,SSB 信号的平均功率也可以直接按定义求出,即

$$P_{\mathrm{SSB}} = \overline{S_{\mathrm{SSB}}^2(t)} = \frac{1}{4} \overline{\left[m(t)\cos\omega_c t \mp \hat{m}(t)\sin\omega_c t \right]^2}$$

$$= \frac{1}{4} \left[\frac{1}{2} \overline{m^2(t)} + \frac{1}{2} \overline{\hat{m}^2(t)} \mp 2 \overline{m(t)\,\hat{m}(t)\,\sin\omega_c t\,\cos\omega_c t} \right]$$

$$= \frac{1}{4} \overline{m^2(t)}$$

在上式计算中,由于 $m(t)$、$\cos\omega_c t$ 与 $\hat{m}(t)$、$\sin\omega_c t$ 各自正交,故其相乘之积的平均值为零。另外,调制信号的平均功率与调制信号经过 $90°$ 相移后的信号,其功率是一样的,即

$$\frac{1}{2} \overline{\hat{m}^2(t)} = \frac{1}{2} \overline{m^2(t)}$$

对于单边带信号,顾名思义,它的频带宽度为 $B_{\mathrm{SSB}} = f_\mathrm{m}$。

3. SSB 信号的产生

SSB 信号的产生方法,归纳起来有 3 种:滤波法、相移法、混合法。

1)滤波法

滤波法就是上面介绍的用边带滤波器滤除双边带的一个边带,保留一个边带的方法,原理方框如图 4-1 所示。滤波法产生 SSB 信号的工作原理是非常简单、容易理解的,但是在实际中实现起来却相当困难。因为调制器需要一个接近理想的,频率特性非常陡峭的边带滤波器(如图 4-2 所示)。制作一个非常陡峭的边带滤波器,特别当在频率比较高时是非常难实现的。

从图 4-5(b)可知,如果单边带滤波器的频率特性 $H_{\mathrm{SSB}}(f)$ 不是理想的(见图中的实线),难免对所需的边带有些衰减,而对不需要的边带又抑制不干净,造成单边带信号的失真。一般许多基带信号(不是全部),如音乐、话音等,它的低频成分很小或没有,可以认为话音的频谱范围为 300~3000Hz,这样,经过双边带调制后,两个边带间的过渡带为 600Hz,在这样窄的过渡带内要求阻带衰减增加到 40dB 以上,才能保证有用边带振幅对无用边带振幅的有效抑制。因此,要用高 Q 滤波器才能实现。但是,Q 值相同的滤波器,由于工作频率 f_c 不同,要达到同样大小的阻带衰减,它的过渡带宽度是各不相同的。显然工作频率高的相应过渡带较宽。为了便于边带滤波器的实现,应使过渡带宽度 $2a$ 与载波工作频率 f_c 的比值不小于 0.01,即

$$\frac{2a}{f_c} \geqslant 0.01 \tag{4-5}$$

如话音信号低频成分从 300Hz 开始,即 $a=300$Hz,根据式(4-5)计算,调制时载波频率 $f_c \leqslant 2d \times 0.01 = 60$kHz。就是说,过渡带宽度若为 600Hz 时,滤波器的中心工作频率不应

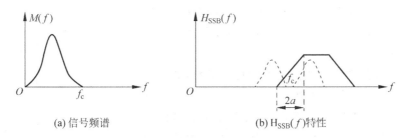

(a) 信号频谱　　　　　　　　　(b) $H_{SSB}(f)$特性

图 4-5　单边带滤波器特性

超过 60kHz,否则边带滤波器不好做。实际应用中,如高频通信工作频率在 2～30MHz 范围,如果想把话音信号直接用单边带调制方法调制到这样高的工作频率上,显然是不行的,必须经过多级单边带频谱搬移。如图 4-6 所示给出了一个二次频谱搬移的方框图和频谱搬移图,第一级经过相乘器相乘和上边带滤波器滤波后,将话音信号频谱搬移到 60kHz 上;第二级又经过相乘和上边带滤波就可得到所需的单边带信号 $S_{USB}(t)$。因第二级相乘器输出的双边带信号其两个边带之间的过渡带增为 2×60.3kHz,根据式(4-5)可以算得第二个滤波器的工作频率 $f_c \leqslant 2d0.01 = 2 \times 60.3/0.1 = 12.06$MHz,如果工作频率超过 12MHz 需要采用三次频谱搬移才能满足要求。这种多级频谱搬移的方法在单边带电台中得到广泛的应用。

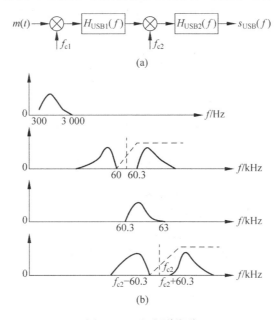

图 4-6　二级频谱搬移

多级频谱搬移的滤波法对于基带信号为话音或音乐时比较合适,因为它们频谱中的低频成分很小或没有。但是对于数字信号或图像信号,滤波法就不太适用了。因为它们的频谱低端接近零频,而且低频端的幅度也比较大,如果仍用边带滤波器滤出有用边带,抑制无用边带就更为困难,这时容易引起单边带信号本身的失真,而在多路复用时,容易产生对邻路的干扰,影响了通信质量。

2) 相移法

相移法产生单边带信号,可以不用边带滤波器。因此可以避免滤波法带来的缺点。根

据单边带信号的时域表示式(4-3),可以构成相移法产生
单边带信号原理方框图,它由希尔伯特滤波器、相乘器、
合路器组成,如图 4-7 所示。

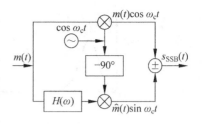

　　图中,$H(\omega)$是希尔伯特滤波器的传递函数,如果合
路器下端取"－"号可得到上边带输出,取"＋"号可得到
下边带输出。从方框图中可知,相移法产生单边带信号

图 4-7　相移法产生单边带信号

中有两个相乘器,第一个相乘器(上路)产生一般的双边
带信号;第二个相乘器(下路)的输入载波需要移相 90°,这是单个频率移相 90°,用移相网络
比较容易实现。输入基带信号是 $m(t)$ 中各个频率成分均移相 90° 的结果,希尔伯特滤波器
是一个宽带移相网络。

　　实际中,宽带移相网络也是不易实现的。特别当调制信号的范围比较宽时就更难实现。
而下面介绍的混合法可以克服以上两种方法的不足。

　　3)混合法

　　单边带信号的产生,在滤波法中存在着边带滤波器难以实现的问题,而在相移法中又存在
着 90° 宽带相移网络(希尔伯特滤波器)实现难的问题,基于此,出现了避开这两种方法的不足,
继承这两种方法的优点的混合方法。这种方法是在相移法产生单边带信号的基础上,用滤波
法代替宽带相移网络,混合法因此而得名。混合法产生单边带信号的方框图如图 4-8 所示。

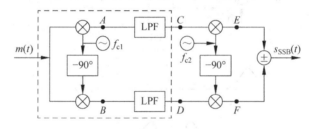

图 4-8　混合法产生单边带信号

　　混合法产生 SSB 信号的方框由 4 个相乘器、2 个 LPF 与合路器组成,图中虚线框的右
边与相移法产生单边带信号的方框图相似,C、D 两点的左边虚线方框内等效为一个宽带相
移网络,使 C、D 两点得到相移为 $-90°$ 的两路调制信号。

　　设 f_{max} 和 f_{min} 分别为基带调制信号频谱的最高频率和最低频率。通常两个载频值的选
择如下

$$f_{c1} = (f_{max} + f_{min})$$
$$f_{c2} = f_c \pm f_{c1}$$

式中,f_c 为实际的载频,"＋"号表示产生上边带信号,"－"号表示产生下边带信号。LPF 的
截止频率为基带信号最高频率与最低频率之差的二分之一。

　　用混合法产生 SSB 信号的好处是避免了用一个包括整个基带信号频谱范围的宽带相移
网络,而只是代之以两个单频相移 $-90°$ 的网络,实现起来容易。另外,方框图中也采用了边带
滤波器(即 LPF),但它的工作频率在低频范围,故滤波器的频率特性比较容易达到要求。

4.2.2　解调原理

　　单边带信号的解调一般不能用简单的包络检波法,这是因为 SSB 信号的包络没有直接

反映出基带调制信号的波形。例如,当调制信号
为单频正弦信号时,单边带信号也是一个单频正
弦信号,仅仅是频率发生了变化,而包络没有起
伏。通常 SSB 信号要用相干解调法。相干解调
法的原理如图 4-9 所示。

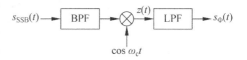

图 4-9 SSB 信号的相干解调

相干解调法的工作原理还可以用各点数学表达式清楚地说明。

以单边带信号为例

设 $s_\mathrm{m}(t) = s_{\mathrm{SSB}}(t) = \dfrac{1}{2}m(t)\cos\omega_\mathrm{c}t \pm \dfrac{1}{2}\hat{m}(t)\sin\omega_\mathrm{c}t$

与同频同相相干载波相乘后得

$$x(t) = \left[\frac{1}{2}m(t)\cos\omega_\mathrm{c}(t) \pm \frac{1}{2}\hat{m}(t)\sin\omega_\mathrm{c}t\right]\cos\omega_\mathrm{c}t$$

$$= \frac{1}{4}m(t) + \frac{1}{4}m(t)\cos\omega_\mathrm{c}t \pm \frac{1}{4}\hat{m}(t)\sin2\omega_\mathrm{c}t$$

注:$\sin\alpha\cos\beta = \dfrac{1}{2}\left[\sin(\alpha+\beta) + \sin(\alpha-\beta)\right], \cos^2\alpha = \dfrac{1}{2}(1+\cos2\alpha)$

经低通滤波器后,$s_0(t) = m_0(t) = \dfrac{1}{4}m(t)$

如果在发射单边带信号时同时加上一个大载波,此时则可以用包络检波法接收。

4.3 高频话音通信系统

高频通信系统是一种远距离的飞机与飞机之间、飞机与地面电台之间的通信系统,如
图 4-10 所示。它是利用电离层的反射现象实现电波的远距离传播。

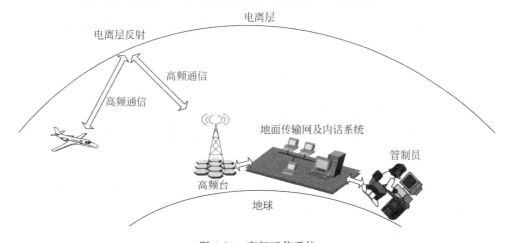

图 4-10 高频通信系统

HF 信号传输所用的频率范围 2~30MHz,从最早时候开始就是飞机通信的固有频带。
高频通信系统在此频率范围以调幅或单边带方式工作。发射机和接收机二者共用一个可选
择工作频率的频率合系统,音频输入和输出通过遥控电子组件与飞行内话系统相连接。天
线调谐耦合器用来在所选择的频率上使天线与发射机阻抗相匹配。系统控制板用于控制系

统"通—断"、选择工作方式和工作频率以及调节接收机灵敏度。

飞机上一般装有 1~2 套高频通信系统,如图 4-11 所示。系统由收发机、无线电通信板、天线调谐耦合器和天线组成。天线调谐耦合器安装在垂直安定面的下部两侧,每侧各一个。HF 天线、馈线和射频屏蔽罩位于垂直安定面内部,其中天线在垂直安定面的前缘。系统使用的电源为三相 115V、400Hz 交流电。

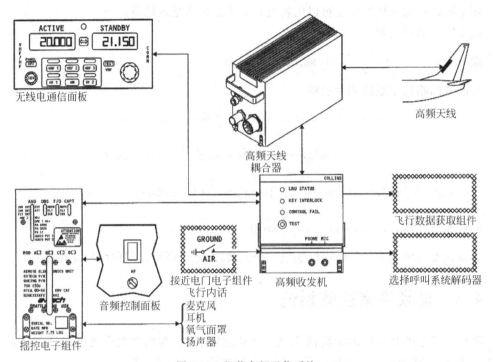

图 4-11　机载高频通信系统

HF 控制板用来选择工作频率、工作方式及调节接收灵敏度。射频灵敏度调节旋钮用来控制接收增益。

收发机用于发射和接收载有音频的射频信号。前面板上有 3 个故障灯,一个测试电门,一个话筒插孔和一个耳机插孔。

收发机使用 115V、400Hz 三相交流电源。在单边带方式中,输出峰值包络功率为 400WPEP;在调幅方式中,为平均功率 125W。频率范围为 2.000~29.999MHz,波道间隔 1kHz。

"CONTROL INPUT FAIL"灯亮表明自控制板的输入信号失效。

在收发机内,当出现＋5VDC 或者＋10VDC 电源电压消失、发射输出功率低、频率控制板故障或频率合成器失锁和机内微处理器故障时,"LRU FAIL"灯亮。

当收发机已被键控,如天线调谐耦合器中存在故障,则"KEY INTERLOCK"灯亮,此时发射被抑制。

当按下静噪/灯试验电门时,静噪抑制失效,此时耳机内可听到噪音,同时 3 个故障灯亮,可检查故障灯的好坏。发射期间,机内风扇工作,用来冷却发射机功放。

系统组成为高频控制板 2 个、高频收发机 2 部、天线调谐耦合器 2 个,安装在垂直安定面前下部两侧、高频天线 1 部,安装在垂直安定面前缘。

4.3.1 控制板

1. 高频控制板

HF 控制板用来选择工作频率、工作方式及调节接收灵敏度,如图 4-12 所示。功能选择开关可选择"OFF"(关断)位、"USB"(上边带)、"LSB"(下边带)和"AM"(调幅)。"RF SENS"(射频灵敏度)旋钮用来控制接收增益。

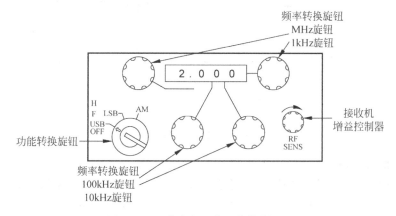

图 4-12 机载高频通信系统控制面板

2. 高频收发机控制板

收发机用于发射和接收载有音频的射频信号。操作面板如图 4-13 所示。

3 个故障灯:"CONTROL INPUT FAIL"灯亮表明来自控制板的输入信号失效,"LRU FAIL"灯亮表明收发机内部故障,"KEY INTERLOCK"灯亮表明收发机已被键控,如天线调谐耦合器中存在故障此时发射被抑制;一个测试电门,其功能是静噪/灯试验电门按下静噪抑制失效,此时耳机内可听到噪声,同时 3 个故障灯亮;一个话筒插孔,一个耳机插孔。机载高频收发机音频控制板如图 4-14 所示。

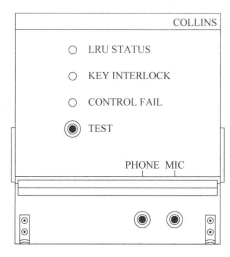

图 4-13 机载高频收发机控制板

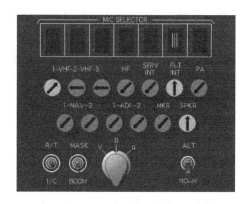

图 4-14 机载高频收发机音频控制板

4.3.2 高频发射机

高频发射机在单边带方式,产生 400W 峰值射频功率;在调幅方式,产生 25W 平均射频输出。高频发射机框图如图 4-15 所示。

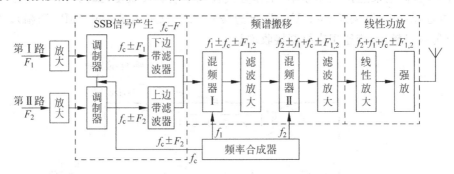

图 4-15 高频发射机框图

1. 音频输入电路

音频输入电路主要由音频选择器、低通滤波器、音频放大器和音频压缩放大器组成。从话筒输入的音频信号比较微弱,需要经过放大后才能送到调制器进行调制。语音信号的特点是强弱变化范围很宽,有的音节很强(音峰),有的音节很弱。为使发信机不过载,必须是音峰对应发信机的最大输出工作状态,这样,在音节弱时,发信机功率就会大大下降,平均输出功率也比较低。实践证明,信号的平均功率越大,收信机就越容易从噪声中听懂信号。因此,为提高单边带发信机的平均功率,必须把音频中的音峰限制在某一水平上。当语音超过这个水平时,就把超出的部分削掉,而将发信机的最大输出功率状态与此相对应。这样就相当于压低了强音节,提高了弱音节,从而提高了发信机的平均输出功率。完成上述任务的电路有两种:一种称为限幅电路,一种称为语音压缩电路。

当按下发话按钮或键控开关时,内部键控线变为逻辑"0",它使接收激励器内的 20V DC 直流接收开关不工作,并在 40ms 后使 20V 直流发射电路衔接工作。+20V DC TX 使发射电路正常工作,并经过交连电路板使功率放大器内的自动负载控制电路工作。可用话音、数据或等幅报音调调谐发射机的载波。内话音频输入有两种方式。正常情况下话筒音频输入至音频选择器,经过低通滤波器然后输出至音频压缩器;在测试时,话筒音频可由机器前面板输入,而不经过音频选择器。

数据音频可经过交连电路板内的音频选择器、低通滤波器和音频压缩电路加至发射机电路。当数据音频存在时,数据检波器自动键控发射机。

当等幅报电键按下时,进行等幅报发射。等幅报逻辑使 1237Hz 音调分频器工作。等幅报音调经过音频输入选择器然后输出至音频压缩器,同时键控发射,功率放大器的自动负载控制电路和自听音频工作。

2. 调制电路

调制器的主要作用是变换频率,即将调制信号变为上下边带信号。调制器与一般变频器的主要区别在于,调制器的输出是载波被严格抑制的双边带信号。调制电路及其原理如图 4-16 所示。实施频率变换必须利用非线性元件。晶体二极管是典型的非线性元件,因此它成了构成调制器的重要元件。为了使非线性元件表现出明显的非线性特性,应选择合适的工作点,使其工作在非线性区,或者使信号幅度足够大,从而超过管子的线性范围。前者适用于小信号情况,这时多采用幂级数多项式表示管子的非线性,用来分析调制器的工作原理。但小信号工作的调制器传输效率低,输出频谱中的寄生频率分量多,因此很少使用。对大信号工作的调制器,可采用理想情况下的开关函数近似分析其工作原理。这时调制器的传输系数(即开关函数)是个常数,它的组合频率分量仅分布在载波的基波及奇次谐波的两边,因此大信号调制器比小信号调制器的输出频谱纯净得多。为了有效地抑制载波和减少寄生频率分量,调制器电路必须采用平衡措施。

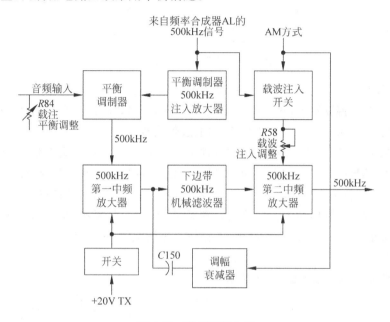

图 4-16　高频调制电路

在平衡调制器内,音频信号调制由频率合成器 AL 来的 500kHz 低载波信号,产生一个抑制载波的 500kHz 双边带信号。工作在调幅方式时,输出的 500kHz 双边带信号经过 AM 衰减器适当衰减后加至 500kHz 下边带机械滤波器。工作在单边带调幅方式时,AM 衰减器不工作,输出的 500kHz 双边带信号直接加至 500kHz 下边带机械滤波器。

3. 边带滤波器

为了确保单边带通信的正常工作,对无用边带的抑制同样是单边带通信设备的一项重要指标。实现这一指标取决于边带滤波器的性能,因此对边带滤波器的性能提出了严格的要求,如图 4-17 所示。

4. 变频电路

滤波器滤除上边带而仅让下边带通过,然后经过 500kHz 中频放大器把下边带信号加大到足以激励向上变换频率转换器的第一混频器。

当工作在下边带方式时,500kHz 下边带信号在第一混频器中与来自频率合成器的 70.3MHz 本振信号混频后输出 69.8MHz 的上边带信号,经过 69.8MHz 晶体滤波器加至第二混频器,在第二混频器中,69.8MHz 上边带信号与来自频率合成器的 71.8~99.7999MHz 本振信号进行混频,得到 2~29.999MHz 的下边带信号。

当工作在上边带方式时,500kHz 下边带信号在第一混频器中与来自频率合成器的

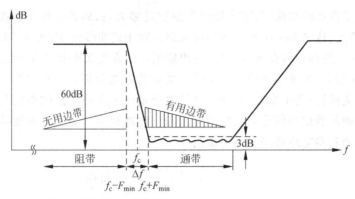

图 4-17 边带滤波器技术要求

69.3MHz 本振信号混频后输出 69.8MHz 的下边带信号,经过 69.8MHz 晶体滤波器加至第二混频器,在第二混频器中,69.8MHz 上边带信号与来自频率合成器的 71.8～99.7999MHz 本振信号进行混频,得到 2～29.999MHz 的上边带信号。

若为调幅方式,除 AM 衰减器工作外,注入开关打开,500kHz 载波信号经过注入开关电路也加至 500kHz 中频放大器,这时,加至第一混频器的是一个含有载波的 500kHz 下边带信号,与来自频率合成器的 69.3MHz 本振信号混频后输出含有载波的 69.8MHz 下边带信号,经过 69.8MHz 晶体滤波器加至第二混频器,在第二混频器 69.8MHz 上边带信号与来自频率合成器的 71.8～99.7999MHz 本振信号进行混频,得到 2～29.999MHz 含有载波的上边带信号。

变频电路及其原理图如图 4-18 所示。

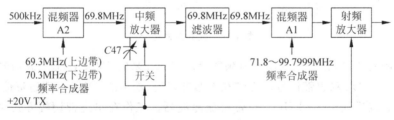

图 4-18 变频电路

5．射频驱动电路

第二混频器的输出先由低通电感电容滤波器滤波,再经过自动负载控制衰减器(ALC)加至射频驱动放大器,射频驱动放大器的输出功率为 100mW,加至功率放大器 A4 内的 4 级功率放大器,如图 4-19 所示。

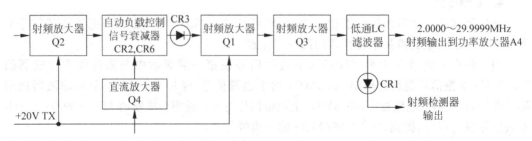

图 4-19 射频驱动电路

自动负载控制信号(ALC)反映了末级功放电路的工作情况,ALC 信号的大小取决于末级功放的功耗、平均功率、输出功率和环境温度等因素。当出现射频输出功率超过平均功率125W 或 400WPEP 额定功率,或者末级功放的功耗过大,或者反射功率过大等现象时,来自末级功放的 ALC 信号经过支流放大器加至 ALC 衰减器(ALC),对射频驱动信号进行衰减,以达到保护功放的目的。末级功放正常工作时,ALC 衰减器不对射频驱动信号进行衰减。

6. 射频功率放大电路

功率放大器把 100mW 的输入射频信号放大,SSB 方式时输出 PEP 400W 峰值包络功率,AM 方式时输出 125W 平均功率,该输出加至低通滤波器。功率放大器中设有保护电路,当功率放大器内部功耗过大时,该电路可瞬时断开功率放大器。

在低通滤波器内,射频信号经过一个共用的滤波器和一个电机驱动的波段电门来选择的滤波器传送(共有 6 个滤波器),选 6 个滤波器中的哪一个滤波器由工作频段而定,7 个固定调谐的低通滤波器覆盖了 2~29.999MHz 整个频段。

低通滤波器内的正反功率检测器对末级功放的输出功率采样产生直流模拟,此信号反映了射频输出的正向功率和反向功率的大小。这些电压用于产生自听控制信号和自动负载控制信号,并用以驱动功率放大器保护电路。继电器使接收机与天线耦合器断开并把发射机连至天线耦合器。为防止温度过高,当工作在发射方式时,内部风扇提供强力风降温。

4.3.3　高频接收机

装在飞机上的两套高频系统用于与地面电台或者与其他飞机进行远程通信。驾驶员在选择工作频率和方式之后即可发射或接收信号,高频系统的工作频率范围为 2~29.999MHz,频道间隔为 1kHz,高频通信系统的工作方式分为调幅、下边带和上边带,还可使用电报和数据通信方式。

接收机是一个二次变频的超外差接收机,具有两种工作方式。一种是兼容调幅工作方式,在此方式下,接收机接收普通调幅信号。例如,接收由地面塔台发射的选择呼叫信号。另一种是 SSB 工作方式;在这种工作方式下,它可以接收 LSB 信号或 USB 信号。这两种工作方式在电路设计上除解调电路和 AGC 电路外,其余电路相同,使整机电路简单。

高频接收机框图如图 4-20 所示。

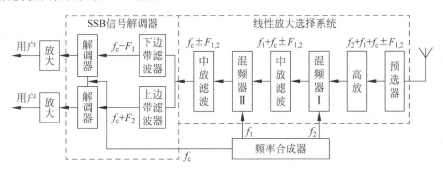

图 4-20　高频接收机框图

1. 单边带信号的接收

单边带信号的接收过程,实质上也是一个频率搬移过程,而且是发信机频率搬移的逆过程。它先将微弱的信号放大并逐步把射频单边带信号搬至中频,然后经过解调器,把中频单边带信号还原成话音信号。

高放和混频部分类似调幅收信机,也是采用超外差的接收方式。后面的解调部分则和调幅收信机的检波不同。它是通过解调器,使中频单边带信号和恢复载频相混,再由低通滤波器选出差频,即低频话音信号。当恢复载频 f_0 与中频单边带信号的被抑制的载频 f_n 准确相等时,低通滤波器选出的差频就是原调制信号。

从天线上接收有用信号的同时,还收到各种各样的干扰,收信机内部也会产生不规则的噪声,这些干扰和噪声总是与有用信号混杂在一起。因此,单边带收信机除要完成上述放大、搬频和解调任务外,还必须具有抗干扰能力和抗噪声措施。下面我们就概括地介绍组成单边带收信机的原则及其接收信号的主要过程。

2. 单边带收信机的组成原则

(1) 加强前端电路的选择性和动态范围

所谓收信机前端电路通常是指输入回路、高放和频率搬移这三部分。提高它的选择性,可以将各种外界干扰排除在收信机通带之外,有效地削弱各种干扰对接收有用信号的影响。但对于强干扰,除了提高前端电路的选择性外,还必须同时增大它的动态范围,否则,这些强干扰一旦进入放大器或混频器的非线性区域,将产生严重的非线性失真。同时这些强干扰还会使收信机灵敏度降低,甚至根本收不到信号,造成所谓"阻塞现象"。

原则上,收信机的选择性越靠近前端应该越好,它正像是第一道大门一样,可以将各种外界干扰排除在大门之外。否则,当各种干扰落入通频带内后就无法去掉了。但是,在宽波段收信机内加强前端选择性会带来许多实际困难,例如采用多连电容器来调谐,不仅体积大,而且连动机构也很复杂。过去曾出现过五连或六连电容统调(现代生产的收信机已经很少见了)。另外,在采用频率合成器的收信机内调谐回路与本振之间的统调也是比较麻烦的,如用自动调谐方案,又嫌太复杂。因此,目前出现了前端宽带输入的趋向,即采用固定调谐的低通滤波器来作为收信机的输入回路;高放回路也是宽带的,这种方案就简化了前端选择机构,使操作方便,甚至有利于实现自动化。但是,这时除了要提高对高放和第一混频器的线性要求外,还必须加强第一保护滤波器的选择性能和采用高中放方案。

(2) 合理地选择搬频次数和中频值

为了提高选择性,除了加强前端的调谐回路和改进各级的线性外,正确地选择中频也是很重要的。单边带收信机要完成与单边带发信机正好相反的任务,因此它和选择发信机搬频次数的考虑是一样的,又考虑到和单边带发信机的频率合成器以及频率关系的一致性,目前多采用三次搬频式的单边带收信机。

因为采用高中频有利于使变频器所产生的杂散频率落在中频通带之外,或使落入通带之内的杂散频率的幅度小,并能有效地抑制镜像干扰和中频干扰,提高接收质量,所以高中频方案的单边带收信机得到广泛采用。

(3) 收、发两端频率源必须保证同步

收、发两端频率源同步是解调信号不失真的保证,在载频全抑制的情况下,是靠收、发两端频率源本身的稳定度来保证的。通常要求其稳定度在 10^{-6} 以上。若采用导频制通信方式,收信机应先将发端送来的导频用窄带滤波器提取出来,送入自动频率控制系统,使收端的频率自动地调到和发端频率同步。

（4）采用边带激励的自动增益控制

一般调幅收信机内自动增益控制是利用收到的载波电平来激励的,对于载波被全抑制的单边带收信机,它的自动增益控制是靠边带信号本身的电平来激励的,称为边带激励式自动增益控制。应当注意的是,边带信号是随着调制信号的存在与否而有无,因此,在话音间隙应维持自动增益控制电压的存在,以防止干扰和噪声的突然增大,而当话音中止后,自动增益控制电压应当撤去。

（5）各级增益的分配

收信机的整机增益通常可达到 $120\sim130$dB 左右。这样高的增益不可能集中在一起,否则将引起收信机自激,或在强干扰的作用下产生阻塞。因此,必须把总增益合理地分配到收信机的各部分中去。

我们知道,整个收信机信道按照工作频率的不同大致可分为高频通道、中频通道和低频通道三大部分。如果是双重变频式收信机,则中频通道又可细分为第一中频通道和第二中频通道两部分。

收信机的增益分配原则,应该是前端增益尽量小,主要增益放在收信机的后面部分,其理由是：前端电路的频率比较高,增益太大,容易引起自激,并且频率越高,每级的平均增益越低,因此,相对的把增益集中到后面是合理的。至于在高中频方案中虽然第一中频提高了,但第二中频却要下降,因此包括第一中频通道在内的前端电路分配尽量低的增益仍是合理的。

前端电路中包括有可能产生非线性的混频器,因此,如果前端增益越大,干扰就越严重,使选择性指标下降。由此可见,增益的合理分配不仅影响收信机的灵敏度,而且也影响选择性。

例如,某机的总增益是 120dB（即 1μV 的高频信号输入,1V 的电压输出）,其前端电路（第二混频器以前）的增益是 21.5dB；第二中频的增益是 77.5dB,低频通道的增益为 21dB,因此,主要增益集中在后面各级。

3. 前端电路

接收机前端电路由输入电路、射频衰减器、高频放大器和混频器组成。它们决定着接收机的灵敏度及抗干扰能力。一般要求这部分电路线性要好,动态范围要宽。来自天线的射频信号,首先送往天线调谐耦合器,在天线调谐耦合器中,射频信号不经过调谐回路,而只是经过天线调谐耦合器中的隔离放大器后加到接收机。

1）输入回路

输入回路是一个 LC 带通滤波器,频带宽度是 $2\sim30$MHz,来自天线调谐耦合器的射频信号经过收发转换继电器被加到 LC 滤波器,LC 滤波器对 $2\sim30$MHz 以外的信号进行有效抑制。

2）射频衰减器

射频衰减器由 AGC 电压放大器、差分放大器、恒流源等组成。高频带通滤波器输出的射频信号经过分相变压器被加至射频衰减器。分相变压器输出各相位相反,大小相等的两路信号经过射频衰减器加至推挽射频放大器。射频衰减器的作用是使接收机的射频输入电路有一个较宽的动态范围。衰减量的大小可由控制板上的射频灵敏度控制旋钮来控制,衰减量为 20dB。

3）高频放大器

高频放大器是一个推挽放大器，工作在甲类放大状态。甲类放大器振幅失真小，工作效率低。采用甲类放大器首先考虑的是线性问题，而把效率放在次要位置。高频放大器的主要作用是提高接收机的输出信噪比。

4）混频级

（1）混频次数的选择

原则上讲，收信机内的搬频次数越少越好，这是因为混频器本身是个非线性器件，在选用好的混频器件和正确的工作点后，虽然可以对小信号实行线性混频，但在强干扰的情况下不可避免地会出现各种非线性失真，因此收信机内混频器件的增多会导致非线性指标下降。但单边带收信机又很少采用一次混频，这是由于目前所采用的边带滤波器的中心频率较低（通常不超过 1MHz），使收信机抗镜像干扰的能力大大降低。所以单边带收信机绝大多数采用二次或三次混频。

（2）中频频率的选择

合理地选择中频频率对减小组合干扰和副波道干扰有极为重要的意义，并对交调、互调等干扰也有一定的抑制作用。

为了避免中频直通干扰，第一中频必须选在工作波段之外。通常把低于信号频率的中频称为低中频，把高于信号频率的中频称为高中频。为了减小镜像干扰，第一中频应选高中频。

采用高中频能有效地抑制中频干扰、镜像干扰以及组合频率干扰，并对克服互调干扰也有利。采用高中频还有利于减小互调干扰。因为互调干扰是由频率间隔为 f_i 的两个干扰信号经过管子的非线性作用产生的，当中频频率选得比较高，两个干扰信号的频率就相距较远，同时通过前端电路的可能性减小。

采用高中频方案后，由于大大提高了对镜像干扰和中频干扰的抑制能力，在一定程度上起到了高频放大器的作用，因此采用高中频方案还有可能省去收信机中的高放，使设备简化。

（3）采用高中频带来的问题

采用高中频方案也带来一些新的问题。要采用高质量的高中频窄带滤波器，要求频率合成器具有很宽的频率范围，很小的频率间隔，以及符合需要的频谱纯度；随着频率的提高，频率合成器主振信号两旁的边带噪声电平跟着升高，这将使"倒易混频"干扰变得严重；要采用高质量的混频器，即要求第一混频器具有低噪声、大动态的性能，否则收信机的噪声系数达不到要求。

由此可见，虽然原则上中频愈高愈好，但因受到以上限制，目前的高中频都在 100MHz 以下，比波段最高频率高出 2～3 倍。

在第一混频器中，高频放大器输出的 2～29.999MHz 信号与频率合成器输出的 71.8～99.7999MHz 的第一本振信号进行混频。第一混频器的输出信号经过晶体滤波器滤波后加至第二混频器。晶体滤波器滤波的中心频率为 69.8MHz，带宽为 34kHz，只能通过 69.8MHz 的信号。如接收的射频信号是下边带，则第一混频器的输出为上边带；反之，如接收的射频信号是上边带，则第一混频器的输出为下边带。

在 LSB 工作方式下，在第二混频器内，69.8MHz 信号与频率合成器输出的固定的

70.3MHz 信号进行混频,输出 500kHz LSB 差频信号。

在 USB/AM 工作方式下,在第二混频器内,69.8MHz 信号与频率合成器输出的固定的 69.3MHz 信号进行混频,输出 500kHz LSB 和频信号。

第二混频器的输出为 500kHz 下边带信号,分为两路输出:一路至 SSB 第二中放;另一路至 AM 第二中放。使用两组分开的中频放大器是为了当工作于 SSB 方式时,接受标准调幅的选呼信号。

从接收机输入电路到第二混频器的输出,SSB 信号和 AM 信号的处理过程相同。从第二混频器的输出到音频放大器的输出,SSB 信号和 AM 信号的处理过程不相同。下面讨论第二中频、音频和 AGC 电路。

4. 中频放大电路

1) AM 中放和解调电路

AM 中频放大级由一个 500kHz 机械滤波器和四级放大器组成,带通滤波器保证接收机的选择性,放大器提供 100dB 的增益。前三个中放的增益由自动增益控制电压控制,自动增益控制电压是由检波器产生的直流分量,经过低通滤波器、自动增益控制放大器加至中放的前三级中放进行增益控制。混频器输出的 500kHz AM 信号经过中频放大器放大后加至 AM 包络检波器。

2) SSB 中放和解调电路

(1) 第二 SSB 中频电路

第二 SSB 中频放大级由一个下边带 500kHz 机械滤波器和三级中频放大器组成,滤波器保证了接收机的选择性。

(2) 解调电路

在单边带工作方式下,第二混频器输出的 500kHz 下边带信号加至下边带 500kHz 机械滤波器,滤波器的输出经过中频放大器放大后加至乘积检波器。在乘积检波器中,下边带信号与频率合成器输出的 500kHz 本地载波信号相乘,产生音频输出加至音频放大器放大,音频放大器的输出加至末级音频放大器,产生 100mW 的输出加至外部音频系统。第一音频放大器的输出用于产生中频放大器的自动增益控制电压。中频自动增益控制电压还被用来产生去控制射频衰减器输入的射频负载控制电压。

为了获得一定的通话质量,在单边带收信机中,如何保证恢复载频和被抑制的载频同步是一个重要的课题。目前恢复载频产生的方法有两种:第一是用高稳定度的晶体振荡器产生恢复载频;第二是采用锁相环路,使恢复载频被锁定在导频频率上。

用高稳定度的晶体振荡器产生恢复载频这种方案的特点是,收信机的恢复载频和两次变频用的本振频率均由频率合成器提供,频率合成器的标准频率源是一个高稳定度的晶体振荡器。

利用高稳定度晶体振荡器及频率合成技术的方法产生恢复载频的优点是,解调设备简单且工作可靠,因此在定点干线通信中,这种方案被广泛采用。

恢复载频与中频单边带信号中被抑制的载频不同步所引起的失真称为频率失真。不同步对通信质量的影响,由声学理论可知,人的语言信号是十分复杂的随机信号。就是说,声音并不是单频的,除最低的共振频率外,还有泛音频率。组成语音的音节通常又由元音和辅音拼和而成,再加上声调的不同,使得语言信号的频率结构变得十分复杂。

当恢复载频不同步,使得解调后的语言信号频谱沿频率轴发生平移,这样就破坏了原来语言中各元音和辅音、基音和泛音之间的频率组合关系,造成语言失真。

试验发现,在单边带传输时,当不同步为几Hz时,就会产生上述的不谐和现象,从而大大影响了音乐的艺术性。所以,对于优质的无线电广播,容许的不同步值应小于$1.5\sim2$Hz。在传送语言时,不谐和情况不如传送音乐时那么明显。当不同步为$\pm1\sim15$Hz时,人耳往往感觉不出;当不同步大于20Hz时,开始察觉到语言的失真。

根据实验规定,为了保证单边带话音有一定的清晰度,要求整个通信系统不同步的极限值为±100Hz。由于收、发信机各自独立工作,此值应平均分配给收、发信机。当进一步考虑到多路音频电报复用时,要求的不同步为$\pm30\sim40$Hz(调频报)或$\pm1\sim2$Hz(调相报)。

5. 自动增益控制

在高频通信中,由于发射功率的强弱,通信距离的远近,电波传播的衰落等,使得到达收信机输入端的信号电平变化很大(0.1μV$\sim$几十 mV)。

在收信机输入端信号电平变化很大的情况下,收信机内设有良好的增益控制系统,可减小解调器的解调失真及线性失真,可使收信机的输出保持平稳,以保证终端设备正常工作。

自动增益控制是指当收信机输入信号电压改变时,能使收信机增益自动改变,以维持输出电压基本稳定的系统。国际电联规定,当输入信号在灵敏度以上变化 80dB 时(即10^4倍),收信机输出端的信号电平变化应小于$4\sim6$dB。由此可见,对 AGC 电路的要求是很严格的,具体的讲有以下 3 点。

(1)控制特性要接近理想:AGC 的控制特性是指收信机的输入信号u_i与输出信号u_o之间的依赖关系,如图 4-21 所示。图中曲线①代表没有 AGC 电路的情况,u_o和u_i成正比关系(这里假定收信机是线性的);曲线②代表理想的 AGC 电路,在输入信号不大时,AGC 电路不起作用,但当输入信号达到并超过给定值时,输出信号保持不变,因此,这是理想的 AGC 控制特性;曲线③代表简单的 AGC 电路,无论输入信号强弱都起控制作用,这样对弱信号输入非常不

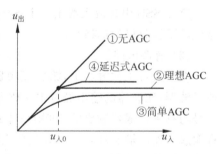

图 4-21　AGC 控制特性曲线

利;曲线④是改进的 AGC 电路,它在弱信号输入时不起控制作用,当信号强度超过给定值后才起作用,这种电路称为延迟式 AGC 电路,它在实际上比较接近理想 AGC 的特性曲线。

(2)控制作用不能引起音频信号的失真和导致收信机的工作不稳定。从这点要求出发,一般不直接控制末级中放的工作点,因为末级中放的信号较大,改变工作点可能引起信号失真。也不宜控制变频级,因为变频级的工作点改变也极易产生组合频率干扰和变频干扰,尤其是不宜控制变频和振荡合在一起的变频级,因为,这样将引起振荡器工作的不稳定。通常控制的是高放和第一级中放。

(3)控制的速度要快,要能跟上输入信号强弱变化的速度。

为实现自动增益控制,首先必须获得一个随外来信号强度变化的电流或电压作为控制信号,然后用此控制信号去改变收信机的增益。因此自动增益控制系统组成主要包括受控电路和控制电路两部分。

在调幅制通信中,由于调幅信号载波的大小能反应信号的强弱,且检波输出的直流电压

又正比于输入电压的载波幅度,所以可直接用检波输出电压,经过 RC 低通滤波,取其直流作为 AGC 控制电压。

6. 音频电路

音频输出电路由音频压缩放大器、静噪电路、有源滤波器和低频功率放大器组成。有两个其他输入,当外部天线耦合器正在调谐时,放大调谐音调振荡器的 1000Hz 信号。另一个输入是在发射方式中产生的自听信号。

4.3.4 天线调谐耦合器

功率放大器输出的射频信号经过正反定向功率耦合器和收/发继电器加至外部天线调谐耦合器。天线调谐耦合器的主要目的是使天线与高频电缆匹配,即天线与末级功放匹配。

当接通收/发机电源或选择新的频率后,收/发机输出一个重调脉冲送到天线调谐耦合器,或非门输出逻辑"1",加至调谐控制单元,天线调谐耦合器开始归零过程,元件被驱动到归零位(此时调谐回路在 2MHz 位置),使射频信号呈现最小衰减。天线调谐耦合器归零过程中,"归零状态(HOME)"信号为逻辑"1",开关断开,断开键控内锁信号,抑制发射;开关闭合,天线调谐耦合器不能调谐。归零过程必须在 15s 内完成,否则产生一个天线调谐耦合器故障信号,收发机前面板上的 KEY INTERLOCK 灯亮。归零过程完成后,归零状态(HOME)信号变为逻辑"0",系统就自动进入接收/等待状态。

当调谐元件达到相应的归零位后,系统就自动进入接收/等待状态。在这种状态下,系统按所选择的频率接收信号,而且可以随时键控调谐。当对高频系统键控发射时,一个按压发话(PTT)逻辑"0"信号送到天线调谐耦合器,或非门输出逻辑"1"使开关接通并自锁,"地信号"经过开关加至调谐控制单元,调谐回路开始调谐。同时,"地信号"作为信号送到收发机,如收发机的工作方式为 SSB 方式,微处理器就将收发机的工作方式转换为 AM 方式,为天线调谐耦合器提供一个未调制的载波信号作为调谐信号;功放输出电路中的射频衰减器被接入电路,将功放输出的平均功率从 125W 衰减到 75W 后加至天调;1kHz 音频振荡器工作,耳机内可以听到一个 1kHz 的单音信号,表明调谐正在进行。

耦合器内的相位鉴别器鉴别射频电压和电流之间的相位,同相时表明调谐回路谐振,负载呈电阻性。调谐回路谐振后开始调整调谐元件,使负载阻抗接近 50 并保持谐振。进一步调节调谐元件,使得加载射频功率产生的电压驻波比小于 1.3∶1(射频反射功率小于 2W)。

整个调谐过程必须在 15s 内完成,否则产生一个天调故障信号,收发机前面板上的"KEY INTERLOCK"灯亮。

调谐完成后,"工作状态(OPERATE)"信号变为逻辑"1",或非门输出逻辑"0",使开关断开并开锁,"TIP 非"变为"1",调谐射频信号消失,音调停止,发射机恢复正常工作。

调谐过程完成之后,系统进入工作状态。系统可以接收或发射(当键控时)。在全功率发射时,电压驻波比不超过 1.3∶1。

为使天线与收发机的阻抗匹配,高频无线电天线调谐耦合器用来在 2～30MHz 频率范围内调谐,通常它能在 2～15s 内自动地使天线阻抗与传输特性阻抗为 50 Ω 的高频电缆相匹配,电压驻波比(VSWR)不超过 1.3∶1。高频通信机载天线如图 4-22 所示。

在无线电传输中常会遇到负载阻抗与信号源输出阻抗不相等的情况,如果把它们连在一起就得不到最大输出功率,为此设计了一个网络连接在负载和信号源之间,把实际负载阻

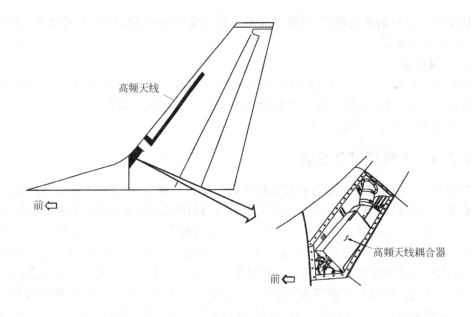

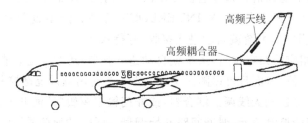

图 4-22 高频通信机载天线

抗转换为信号源所需负载,以便得到最大功率。

天线是发射机的终端,天线的输入阻抗随工作频率变化而变化,由于高频通信系统工作频段覆盖面大,所以天线阻抗变化也大,为使发射机阻抗与天线输入阻抗匹配,发射机输出功率尽可能大地供给天线,必须采用天调。

天线调谐耦合器的 4 种工作方式分别是:归零(HOME)、接收/等待(RCV/STBY)、调谐过程、工作过程。

4.3.5 数字频率合成器

对航空高频单边带发射机和接收机的频率稳定度和准确度的要求远比对常规调幅发射机和接收机高。传送语言消息的原型单边带,为了保证有较高的清晰度,要求整个通信系统的频率误差不能大于 $\pm 100\text{Hz}$,这就要求发射机的频率稳定度在 10^{-7} 以上。因此对现代单边带发射机,为了在整个高频波段内获得高稳定的载波频率,频率源都采用了频率合成技术,所以频率源通常也称频率合成器。高频单边带通信设备的频率合成器是指利用一块晶体或少量晶体来产生收发机所需要的具有很高频率稳定度和准确度的各种插入频率的频率源。

1. 频率控制电路

工作频率是由控制盒上的频率旋钮来选择的,控制盒提供一个按照 ARINC-429 串行字格式以低速送往频率控制单元内 ARINC-429 接收电路的串行字。包含频率和工作方式信息的串行字是一个 32bit 控制字,但如果频率间隔为 100Hz 或等幅报工作时,串行字是 2 个 32bit 的双字。ARINC-429 接收电路将双极归零码的 ARINC-429 串行字转换为 TTL 电平的串行字,经过串并转换电路后,以并行方式送到微处理器。同时,ARINC-429 接收电路输出的位同步信息也送到微处理器,微处理器每次读取 1 个字节,连续读 4 次为一个 32bit 控制字,译码后送出 BCD 频率信息、波段信息和工作方式信息。BCD 频率信息被送到频率合成器。

处理器还具有故障检测功能,它检查控制盒送来的串行字的内容,若有错误,会使收发机前面板上的"CONTROL INPUT"故障灯亮,同时抑制发射机工作。

2. 频率合成器电路

频率合成器主要由 500kHz 锁相环、锁相环和双环锁相环等电路组成,产生 500kHz、69.3MHz/70.3MHz、71.8~99.7999MHz 和 19.8kHz 四个工作频率。

1)500kHz 锁相环电路

由标准频率源产生 9.9MHz 的信号经过 11 分频后得到 900kHz 基准频率加至鉴相器,VCO 振荡器产生的 9MHz 的信号,一路经过 10 分频后得到 900kHz 信号也加至鉴相器与基准频率进行比相,另一路经过 18 分频后得到 500kHz 信号作为输出信号,分别加至平衡调制器、乘积检波器和载波注入电路等。

2)69.3MHz/70.3MHz 锁相环电路

由标准频率源产生 9.9MHz 的信号经过 99 分频后得到 100kHz 基准频率加至鉴相器,在 USB/AM 工作方式时,69.3MHz VCO 振荡器工作产生的 69.3MHz 的信号,一路经过 693 分频后得到 100kHz 信号也加至鉴相器与基准频率进行比相,另一路输出信号加至接收电路中的第二混频器(这个混频器是发射电路中的第一混频器)。在 LSB 工作方式时,70.3MHz VCO 振荡器工作产生的 70.3MHz 的信号,一路经过 703 分频后得到 100kHz 信号也加至鉴相器。

3)71.8~99.7999MHz 锁相环电路

71.8~99.7999MHz 锁相环电路是一个双环锁相环电路,产生 71.8~99.7999MHz 信号。由标准频率源产生 9.9MHz 的信号经过 1000 分频后得到 9.9kHz 信号作为高环路的基准频率 f_{r1};标准频率源产生 9.9MHz 的信号经过 990 分频后得到 10kHz 信号作为低环路的基准频率 f_{r2}。

4)19.8kHz 信号

由标准频率源产生 9.9MHz 的信号经过 500 分频后得到 19.8kHz 信号,加至电源电路、发射机音频输入电路和频率控制电路。在电源电路中作为 +5V 直流开关稳压电路的开关控制信号。发射机音频输入电路中 19.8kHz 信号经过音调分频器 16 分频后得到 1237Hz 信号作为等幅报音调信号。在频率控制电路中加至微处理器监控电路。

4.4 高频话音通信系统技术指标

为了保证尽可能可靠的通信需要,航空高频通信系统需要满足相应的技术指标。除了广泛使用的 VHF/UHF 数据链以外,在远距离飞行时,需要通过 HF 数据链完成地面—飞机或者飞机—飞机的数据传输,用于增强导航、监视和通信性能。在民用航空通信领域,国际民航组织于 1999 年将 HF 数据链应用于飞机通信寻址和报告系统(ACARS),ITU 也在 1998 年 7 月提供了 HF 数据链的相关频带服务。

4.4.1 发射机指标测试

在发射机,话音信号通过卡尔松环路或直接滤波方法来产生上边带信号。在工程实现中,考虑到话音信号的能量主要集中于 300～2700Hz 频带,且为实现对带外杂波辐射的抑制,话音信号在进行单边带调制时,需要首先通过一个带通滤波器,使话音信号的频谱限制在 300～2700Hz。此外,按照国际电信联盟附件 S.27 制订的频率分配方案,高频航空无线电发射机的频率调整间隔为 1kHz。

为保障高频终端共信道与邻信道辐射的技术指标,需要合理设置前置滤波器、载波滤波器与射频滤波器的传输特性使射频辐射信号频谱特性满足技术规范的要求。高频航空移动航路业务使用 J3E、J7B 与 J9B 工作模式,如果读者需要更加详细地了解高频通信系统发射机原理,请参考 ITU-R 的相关规定。

按照国际民航组织的标准与建议措施(SARPs)以及国际电信联盟附件 S.27 的相关规定,机载高频无线电发射机的峰包功率为 26dBW(400W),在某些特殊情况下,机载高频无线电高频发射机最大峰包功率可达 600W,高频地面发射机的最大峰包功率为 27.78dBW(6kW)。

为防止高频发射机载波频率偏移造成邻信道干扰,要求机载发射机的频率稳定度为 20Hz,地面发射机的频率稳定度为 10Hz。按照目前半导体晶体振荡器的制造技术水平,发射机频率稳定度的技术指标非常容易实现。

4.4.2 接收机指标测试

高频接收机通过卡尔松环路实现单边带信号的解调功能。按照国际民航组织标准与建议措施(SARPs)的相关要求,接收机载波频率稳定度优于 45Hz。标准与建议措施对接收机频率稳定度要求低于对发射机频率稳定度要求,出现以上情况的原因是在高频接收机中,接收机解调时存在捕获效应,即当接收机载波频率与接收信号频率存在一定的频率偏移时,捕获效应仍可保证接收机锁定在接收信号的载波频率上,从而实现可靠的解调。对于 J3E 接收模式,当 $S/(S+N)$ 比值为 6dB 时,接收机接收灵敏度为 $2\mu V/m$。

4.4.3 测试项目和方法

1. 发信输出电平测试

收发信机的输出就是指高频信号的输出。输出信号的单位用“dB”或“dBm”表示,即电压电平或功率电平。收发信机高频信号输出端子分为高频电缆的“芯”和高频电缆的“地(即屏蔽层)”。测试输出电平时,用选频电平表的“∞”挡,测试挡位要放的大些(防止撞表针),测试线加在高频电缆的“芯”和高频电缆的“地”上,选频表频率选在收发信机的工作频率上。然后启动发信,读选频表的指针读数,所读的选频表读数为电压电平。

高频收发信机的输出阻抗为 75Ω,因此,若要将所读的电压电平换算为功率电平,则应按下列公式换算:

$$p_g = p_u + 10\log\frac{600}{75} = p_u + 9(dBm)$$

式中，P_u 为电压电平，P_g 为功率电平。

2. 收信灵敏电平测试

收信灵敏电平也称为收信启动电平，即能使收信回路正常工作的最小电平。

正确的测试方法如图 4-23 所示接线。

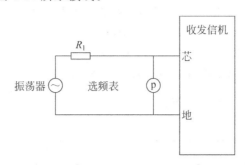

图 4-23　高频收发信机收信启动电平测试接线图

（注：图中：R1＝75Ω）

振荡器输出阻抗选择"0"Ω，选频表输入阻抗选择"∞"，振荡器及选频表的频率均选择为收发信机的工作频率。由于收发信机具有远方启动功能，因此，测试启动电平时，应设法将远方启动功能解除。然后逐步增加振荡器的输出电平，监视收发信机面板上"收信启动"灯，灯亮时，读选频电平表的指示读数，该读数即是收发信机的"收信启动"电平（电压电平）。按下面的公式换算为功率电平：

$$p_g = p_u + 10\log\frac{600}{75} = p_u + 9(\text{dBm})$$

收发信机的收信启动电平一般为 ＋4～＋5dBm 。

3. 通道两侧对试

（1）通道总衰耗测试

收发信机选择插头放置"本机—通道"，选频电平表测试线接高频电缆的"芯"和"地"，选频表输入阻抗选择"∞"。两侧轮流发信，记录本侧的发信电平和接收电平（对侧），并询问对侧的发信电平和接收电平，然后计算高频通道总衰耗。计算公式为

$$b＝本侧发信电平－对侧收信电平$$

或

$$b＝对侧发信电平－本侧收信电平$$

（2）3dB 告警整定

根据接收电平，在收信插件上整定衰耗器。一般的要求，收信回路的输入电平不宜过高，只要满足收信回路的需要就可以，这也是为了延长装置的使用寿命。收信入口电平一般在 20dBm 左右，如果收信电平过高，可以在收信插件上加入衰耗器使收信回路的输入电平在 20dBm 左右。加入衰耗器后，再次检查收信时插件面板上的收信指使灯，按照指示灯所指示的电平数值整定 3dB 告警。收信插件板上的整定插头整定在相应的位置上。

4. 电压电平与功率电平换算

测试绝对电平：以 600Ω 电阻上消耗 1mW 的功率定为零电平。测试时，选频表置∞挡，表头指示即为电压电平。若要换算为功率电平，则要根据被测点的阻抗大小计算，计算公式为

$$P_g = P_u + 10\log\frac{600}{Z_x}$$

式中，Z_x 为被测点的阻抗。

5. 通道对调

通道对调时主要要测通道的传输衰耗，即本侧发信对侧测试收信电平和对侧发信本侧测试收信电平。本侧发信电平和对侧收信电平的差值即为传输衰耗，其与估算值的误差应该在正负 3dB 内，若超出则应该检查是否存在问题。

相地耦合方式的通道总传输衰耗的估算经验公式：

$$b_{\sum} = kl\sqrt{f} + 0.9 + \beta(I_M + I_N)$$

式中，k 为线型系数；

35kV 线路	110kV 线路	220kV 线路	500kV 线路
1.4×10^{-3}	1.0×10^{-3}	0.75×10^{-3}	0.83×10^{-3}

f 为高频保护的工作频率(kHz)；

l 为输电线路的实际长度(km)；

I_M、I_N 为两端分别铺设的高频电缆长度(km)；

β 为高频电缆的每公里衰耗，SVY-75-7 型的公里衰耗计算可采用 50～200kHz 为 0.38N(3.3dB)，200～500kHz 为 0.5N(4.343dB)，其中 1N=8.686dB。

干扰电平的测量，两端均不发信，用选平表的宽频挡测量，测得的是频带范围内各次波的均方根值 $\sqrt{P_1^2 + P_2^2 + P_3^2 + \cdots + P_N^2}$。

4.4.4 高频信道的可用性

在高频通信系统中，高频电波传播受地球昼夜变化、太阳黑子活动、太阳耀斑爆发、电波传播的距离及电波传播模式的影响，因此在使用高频进行通信前，应首先判断高频信道是否处于开放状态。在通信的过程中，高频通信链路可能由于电波传播特性的变化而出现链路中断的情况，此时用户需要使用其他高频链路再次进行呼叫以建立高频通信链路。

国际民航组织依据地理位置的不同，将全球划分为 14 个"世界主要航路区(MWARAs)"，典型世界主要航路区包括北大西洋、加勒比海、北太平洋、东南亚、南美、印度洋等，读者可参考国际民航附件 10 的相关内容来了解世界主要航路区的划分。为方便提供高频通信服务，国际民航组织在每个航路区均设置高频通信地面站。各个地面站均分配一定数量的高频信道，高频信道分配的原则：保证相邻世界主要航路区高频信号干扰的最小化，同时使各世界主要航路区拥有尽可能多的信道资源，以保证任何时间，每个世界主要航路区均存在一定数量的开放信道，以保证高频通信的正常进行。

例如，北大西洋区在高频频段有 24 个信道，在一些国土与领海面积较大、人口数量较少的国家(例如南非、巴西、澳大利亚)，建设及维护一个庞大的甚高频地空通信系统是非常不经济的，因此这些国家部署高频地空通信系统更加适宜。

高频通信系统的应急工作频率分配以地区或全球为单位，例如，在美国高频应急通信频率为 3303kHz，全球搜索与救援工作频率为 3023、5650 与 5680kHz。此外高频频段还为一些特殊的业务保留了工作频率,例如航天飞机应急救援频率5180与5190kHz,航天飞机在着陆阶段的飞行与普通飞行器完全相同,因此航天飞机的应急救援工作频率应包含在航空移动航路业务的频段范围内,全球范围内协调飞行试验通信频率为5451与5469kHz,远距离航空气象广播服务,例如在北大西洋气压广播服务频率为2905、3485、6604、8870、10 051、13 270与13 276kHz。

4.4.5 系统工作模式

高频航空无线电通信系统通过以下两种方式使用高频信道。

开放信道模式是指系统以单工方式工作,多个高频终端以广播方式共享信道;选择呼叫信道模式是指机载高频终端与地面终端以半双工方式工作,机载终端与地面终端通过唯一标识码来相互识别。

为实现机载终端与地面终端及其他机载终端的选择呼叫功能,每个高频终端均分配唯一标识呼叫码,目前全球范围内共有16 300个标识呼叫码。发射机采用双音多频方式来发送标识呼叫码,而在现代程控交换机中也广泛使用双音多频来传输信令。

与甚高频通信系统相比,由于高频传输距离较远,因此系统的传输迟延较大,假设高频通信链路的距离为9000km,则电波传播迟延为30ms,需要说明的是,高频通信系统的传播迟延小于卫星通信系统。

4.4.6 高频数据链系统

随着科学技术的进步及甚高频数据链在民用航空中的广泛应用,出现了利用高频通信系统实现飞行器与地面站间数据传输及信息交换的需求。与甚高频频段ACARS系统不同,高频ACARS系统的设计与实现必须遵循国际民航组织标准化要求。1998年7月国际电信联盟批准了高频数据链通信服务,1999年高频飞机通信寻址与报告系统被写入国际民航组织附件10(第74修订稿)。

美国航空无线电设备公司的635-2标准详细给出了高频数据链通信系统的技术规范,高频数据链调制方式为BPSK,比特传输速率为1800bps。

全球范围内绝大多数世界主要航路区均建设有高频数据链地面站,美国航空无线电设备公司利用这些地面站为南纬70°以北地区提供高频数据链通信服务,而在南纬70°以南,除了澳洲飞往南美的航线以外基本不存在民航航线。高频飞机通信寻址与报告系统使用的工作频率包括664、3007、6712、8942、8977、10 084、11 384、13 339、15 025与1799kHz。

4.5 民航高频通信技术

4.5.1 调制方式选择

1978年召开世界无线电大会(WRC)明确了高频航空无线电通信的频率分配方案,在无线电管理中,1978年制定的高频频率分配方案被简称为附件27,随后到80年代,附件27所确立频率分配方案基本没有发生太大的变化,在80年代后期,为进一步提高高频通信容量并减小高频发射机的带外辐射,业界达成共识,在高频无线电通信系统中,逐渐减少使用 DSB-AM 工作模式,而采用频谱效率更高的单边带调制方式(上边带调制),以上调整措施可使高频频段的通信容量提高一倍,1995 年在国际电信联盟组织下,再次对高频频段的信道结构进行调整,此次的频率分配方案简称为无线电管理附件 S.27。

4.5.2 自适应频率管理

在高频通信网络中,自适应的频率管理目标是消除所有链路之间的干扰,同时将链路自适应选频探测引起的附加干扰降低到最小。因此,系统必须有一个频率分配预置数据库,在动态网络建立的过程中从数据库中选取可用的频率。

高频通信网络自适应频率管理系统应该具有以下 3 个功能。

(1)频率预置功能。将网络中各条链路能够同时使用的频率预置到网络频率数据库中,这些频率之间应该是无同频、邻频和互调干扰的,同时具有较高的频率利用率。网络中的频率分配可以使用循环移动频道排序法,可以得到多个频率组,分组之间无同频干扰,组内无邻频和互调干扰,且保证组内两个频点之间保持最小频率间隔,这样,可以最充分地利用频谱。

(2)预报选频功能。实现频率预报要使用两种技术:一是电离层传播模型预报技术,涉及到的参数是电离层临界频率或太阳黑子数,关键技术是能在时空中进行推演;二是实时信道估计技术,能够详细地描述某个链路的信道特性,但不具有推演能力。网络中的频谱管理则需要这两种技术结合,提供适合于当前环境的电离层通信模型,完成频率的预报功能。第一种技术可以计算出具体的通信窗口,在窗口中选择无噪声的备用通信频道,然后采用第二种技术对信道进行实时评估、排序,确定最佳通信频率。

(3)链路交互功能。通过自动选择呼叫和预置信道扫描来完成链路的使用频率交互。

4.5.3 高频链路实时频率选择

当前高频链路频率实时选择主要是通过自适应选频来完成,通常是通过实时信道探测方式进行选频,分为被动选频系统和主动选频。被动选频系统是通过感知环境的方法计算出链路可通信频段,在可通信频段内测量出无噪声通信频率;主动选频系统则是通过发射探测信号来完成自适应选频。

主动选频系统主要有 4 种探测方式的自适应选频分别为脉冲探测的自适应选频、Chirp 探测的自适位选频、8FSK 体制自适应选频、多音连续波体制。自适应选频下面对 4 种探测选频的原理进行介绍。

1. 脉冲探测体制

脉冲探测体制是早期探测的主要方法,探测原理是在一组离散的频率上发射窄脉冲来测量高频信道的时延特性和衰耗特性。当电离层多径效应较强时,发射一个脉冲信号,接收端会出现多个脉冲,根据脉冲测量的间隔和幅度可以得到时延和多径信号的能 S 等信道参数。

实现过程中,采用时间和频率同步传输和接收脉冲探测系统。发送端采用高功率的脉冲发射机,在高频的整个或部分频段上发送窄脉冲探测信号。发送端和接收端都需要被校准在标准时间上达到同步。

2. Chirp 探测体制

Chirp 探测系统的探测信号采用连续调频波,出现于 20 世纪 70 年代以后,当探测接收机收到探测信号时会在耳机中出现啁啾声。探测的基本原理是发射机发射线性扫频连续信号,接收机同时开始扫频并精确跟踪发射信号。由于发射机到接收机的传输存在延迟,因此接收机的频率需要调谐得略高于到达的发射信号频率,接收机将此差频信号放大并转换为音频信号,0Hz 表示无延迟,频率的增加说明电离层反射信号的延迟在增加。接收机基带的音频信号频率与延迟成正比,因此用一个音频分析仪就能分析电离层的多径延迟信号产生的多音频信号,从而可以确定传播模式的数量、传播模式的差分时延,进而得到电离图。

Chirp 探测体制确定最佳工作频率的方法有如下 3 种:

(1) 选择接近最高观测频率处的频段,电离图的轨迹在该频段处基本上是连续的。

(2) 选择接收信号功率电平较强的频段。

(3) 选择多径延迟最小的频段,即选择单模式传输。

3. 8FSK 探测体制

8FSK 探测体制是利用 FSK 信号中两个代表不同符号的频率之间的模糊区来测量电离层的时延散布,这种方法广泛应用于自适应高频通信系统。例如第二代机载高频通信系统的设计。

4. 多音连续波探测体制

多音连续波探测体制中最常见的是双音实包络法。其原理是发送端发射两个等幅单音,接收端收到两个单音包络,计算时延散布如下

$$M = \frac{1}{\pi aF} \sqrt{\frac{E\{[e_f + F(t) - e_f(t)]^2\}}{E\{e_f^2(t)\}}}$$

式中,$e_f + F(t)$ 与 $e_f(t)$ 分别是频率为 $f+F$ 与 f 的两个连续波的接收包络;F 为两个连续波信号的间隔;a 为带宽转换系数;$E\{e_f^2(t)\}$ 表示时间平均。多音连续探测体制在测量频率的占用时间比较长。

以上 4 种探测体制的性能比较在表 4-1 中列出。

表 4-1　4 种探测体制性能比较

项目 体制	发射功率	信号带宽	抗干扰性	隐蔽性	探测时间	探测参数	干扰	复杂性
脉冲体制	大	宽	差	差	短	D,De	严重	中
Chirp	小	窄	强	好	中等	D,De	弱	复杂
8FSK	中	中	中	差	较长	P,De,BER	严重	易
多音连续	小	窄	强	差	长	P,D,De	中等	易
备注	P-能量;D-多普勒散布;De-时延散布;BER-误码率							

比较表中数据发现,Chirp 探测体制具有消耗功率小、抗干扰性强、隐蔽性好、易于组网等优点,更加适合未来机载高频网络发展的应用。

为实现机载终端与地面终端及其他机载终端的选择呼叫功能,每个高频终端均分配唯一标识呼叫码,目前全球范围内共有 16 300 个标识呼叫码。发射机采用双音多频方式来发

送标识呼叫码,而在现代程控交换机中也广泛使用双音多频来传输信令。

　　与甚高频通信系统相比,由于高频传输距离较远,因此系统的传输迟延较大,假设高频通信链路的距离为 9000km,则电波传播迟延为 30ms,需要说明的是,高频通信系统的传播迟延小于卫星通信系统。

习题

　　4-1　简述甚高频通信系统、高频通信系统各自的优缺点。

　　4-2　简述机载 HF 通信收发机的静噪电路的作用。

　　4-3　简述高频通信系统的发射机调制时为何要使用多个中频。

　　4-4　HF 频率合成器都产生什么样的频率,分别用来做什么?

　　4-5　HF 接收机如果接收信号是以 8MHz 为载波,调制信号为 1200Hz 的上边带信号,描述它的变频过程,写出每步频率变化情况。

参考文献

[1]　刘连生. 飞机通信系统[M]. 北京:兵器工业出版社,2005.

[2]　樊昌信,张甫翔,徐炳祥,等. 通信原理(第 5 版)[M]. 北京:国防工业出版社,2002.

[3]　Dale Stacey. Aeronautical Radio Communication Systems and Networks [M]. England:John Wiley&Sons,2008.

[4]　魏光兴. 通信导航监视设施[M]. 成都:西南交通大学出版社,2004:49-53.

[5]　Richard Womersley, Carolyn Tournadre, Philip Hodder. Investigation of interference source and mechanisms for Eurocontrols Final Report[J],1997.

[6]　Dale Stacey 著. 吴仁彪,刘海涛,马俞昭等译. 航空无线电通信系统与网络[M]. 北京:电子工业出版社,2011.

第 5 章

飞机通信寻址与报告系统

5.1 概述

5.1.1 ACARS 系统简介

飞机通信寻址与报告系统(ACARS)是最早的甚高频数据链通信系统,也是目前世界范围内使用最普遍的、面向字符传输的地空数据通信系统。ACARS 系统主要由机载设备系统,地面应用系统和地空数据通信服务提供商三部分组成,用于飞机与地面系统之间的双向数据传输。ACARS 系统的机载系统能够收集机载传感器提供的各类信息,按照规定的格式装配成 ACARS 报文,将报文作为传输单元通过地空数据链路(包括 VHF、SATCOM 和 HF 数据链)发送到地面(下行);也可以将地面系统发送的控制命令和数据等信息装配成 ACARS 数据报文,通过相同的地空数据链路发送到飞机(上行)。

ACARS 系统具有自动报告功能,报文可以由系统自动发送,也可以根据需要由人工发送,报文中含有许多重要的数据和信息,如飞机当前位置、发动机数据、气象信息、管制指令等。可见,ACARS 系统将飞机与地面的人员和自动化系统有效地联系在一起,从而使航空公司、空管部门等用户对飞机的运行管理与控制、状态监控与故障远程在线诊断等一系列功能的实现方便、快捷,可有效降低航班运行费用、提高航班运行效率。

相对于传统的地空话音通信系统,ACARS 系统具有以下优点。

(1) 提高了数据传输的准确性和快速性。

频繁使用话音通信容易使人产生误解和错误,ACARS 数据传输可以自动进行,减少了飞行人员所需的话音通信,降低了人工干预所造成的误差,提高了地空通信的准确性。另外,使用 ACARS 系统可避免话音通信存在的 VHF 频道拥挤和阻塞以及 HF 系统通信质量差等问题。

(2) 改善信息的实时性,增加信息量。

ACARS 系统能够传送一些飞行员没有觉察而系统自动探测出来的故障信息到地面,这种实时确认信息的能力减少工作负荷,增加机组效能,提高签派和维修效率,从而降低了航空公司的维修成本。

（3）资料和数据易于共享。

话音信息很难分配到航空公司的各个部门，而 ACARS 系统按照标准的报文进行信息交流，提供的信息是基于字符的完整、准确的数据信息，易于分析和保存，可随时翻阅和供事后查询，也可经由地面网络实时传送给其他相关部门。

5.1.2　ACARS 系统发展历程

ACARS 系统由美国航空无线电公司（ARINC）在 20 世纪 70 年代初开发，该系统于1978 年引入民航，并在全球投入使用，是最早的甚高频地空数据链通信系统。随后又出现了多种类似的数据链系统，典型的有加拿大航空公司（AirCanada）1982 年开始首先在一架波音 767-200 上安装了具有数据通信能力的航空电子设备，随后在本国交通繁忙地区自主开发了 VHF 地空数据通信系统。国际航空电信协会（Society International de Telecommunications Aeronautique，SITA）于 1984 年开始运营一个与 ACARS 类似的系统，称为 AIRCOM，其主要服务区是欧洲和远东，随后又向中东和非洲扩展其业务，西欧已基本上全部覆盖，在澳洲和东南亚也建立了许多远端地面站。日本在 1989 年建立了AVICOMJAPAN 公司，可在其海岸线 370km 以内提供 AIRCOM/ACARS 方式的航务管理和航空行政管理数据通信。所有这些系统的功能和采用的技术大同小异，且都发源于ACARS 系统。

面向字符传输的 ACARS 数据链功能最初是为航空公司进行航务管理通信（AOC）而建立。典型的应用是传送 OOOI（推出登机门—Out of the gate；离地—Off the ground；着陆—On the ground；停靠登机门—Into the Gate，简称 OOOI）信息，即在主要飞行阶段变化时由飞行人员向航空公司签派部门报告的信息。随着签派部门与飞机维护和机组管理部门之间联系的加强，ACARS 系统传送的数据类型和内容不断增加，系统功能也得到一定扩展。

随着国际航空业的迅猛发展，国际民航组织（ICAO）于 1988 年正式提出建立新的通信、导航、监视（CNS）和空中交通管理（ATM）系统（CNS/ATM），其运作的基础是建立一个新型的航空电信网（ATN），以保证飞行安全，实现全球范围的空中交通管理。ATN 的典型应用，如自动相关监视（ADS）和管制员飞行员数据链通信（CPDLC），要求传输面向比特的数据信息，无法直接利用面向字符的 ACARS 系统实现地空数据传输。1995 年 Boeing 公司与Honeywell 公司对已有的 ACARS 系统进行更新，开发了新的 FANS-1 系统，而 Airbus 也开发出与之类似的系统 FANS-A，二者总称为 FANS-1/A 系统。FANS-1/A 系统根据ARINC 622 规范将二进制数据信息封装到面向字符的 ACARS 数据帧传输，实现空中交通管制（Air Traffic Control，ATC）业务信息的地空交互。至此，ACARS 系统的应用扩展到数字数据的传输。目前，ACARS 数据链路业务覆盖了全球大多数的海洋空域和陆地空域。这些业务主要是装配有 FANS-1/A 系统的飞机承载。全球每年有超过千架的商用和军用飞机装配有 FANS-1/A 系统，特别是美国与欧洲区域。作为向 ATN 过渡的数据链系统，FANS-1/A 在航空领域的应用得到了飞速的发展。

在不同国家和地区，ACARS 数据链网络的运行由不同的数据链服务提供商（Datalink Service Provide，DSP）管理与控制。国际上主要的数据链服务提供商有美国的 ARINC、欧洲的 SITA、中国的 ADCC(Aviation Data Communications Corperation)、日本的 AVICOM、加拿大的 ACN 以及泰国的 AEROTHAI 等。ARINC 和 SITA 是全球两个最主要的数据链服务提供者。在美国本土,数据链地面信息传输由 ARINC 控制,SITA 网络覆盖欧洲、亚洲和澳洲等地区。中国民航拥有仅次于美国、欧洲的世界第三大航空数据通信专用网络 ADCC 网络,并与美国 ARINC 及欧洲的 SITA 网络相关联。另外,ADCC、ARINC 与 AEROTHAI 联合,形成 GLOBALINK 组织,共同向地空数据链用户提供全球范围内的地空数据通信服务。

5.1.3　中国 ACARS 数据链的建设

中国民航于 1995 年开始着手建设 VHF 地空数据链网络系统,计划包括一个网络管理数据处理系统(Network Management & Data Process System,NMDPS)和 120 个远端地面站(Remote Ground Station,RGS)。1996 年,民航数据通信公司 ADCC 开始探索适合中国民航的数据链网络建设模式。ADCC 引进美国 ARINC 公司的数据链技术,并配合国内开发的配套网关和应用软件系统,组成适应中国航空用户使用需求的数据链网络。中国民航 VHF 地空数据网络建设随之全面展开,1996 年当年就完成 NMDPS 和 25 个 RGS 站的建设,可以覆盖交通繁忙的华东地区,同时处理 500 架飞机的电报,并与 ACARS/AIRCOM 系统兼容,填补了国内航空数据通信网络建设的空白。1998 年,中国航空数据链服务正式开通,并与美国 ARINC 公司和泰国 AEROTHAI 公司成立 GLOBALink/Asia 服务体系,为飞越中国和东南亚上空的飞机提供全球 VHF 地空数据通信服务,到 2000 年全国数据链网络基本建成。特别是 2000 年年底,中国民航开通世界上第一条陆上新航行系统航路—L888 航路,标志着中国航空数据链的应用开始走向成熟;2002 年,中国航空地空数据链基本实现全中国境内的高空航路覆盖。

从 1996 年启动一期工程到 2005 年,ADCC 通过三期工程,建成了包括香港、澳门以及西沙在内的共 87 个远端地面站和位于民航局空管局的网控中心,从此,中国民航拥有了仅次于美国、欧洲的世界第三大航空数据通信专用网络。根据中国民航总局(Civil Aviation Administration of China,CAAC)121 部第 121.346 条规定"合格证持有人投入运行的旅客座位数大于 99 座的飞机,应当在 2005 年 12 月 31 日前按照本规则安装满足要求的空地双向数据通信系统"。截止到 2005 年 5 月,国内加装 ACARS 系统的飞机突破 500 架,目前几乎所有的大型民航客机都加装 ACARS 系统机载设备。2011 年,数据链地面站总数达到 120 座,中国航空地空数据链网络成为世界航空专用数据通信网络中的重要组成部分。

中国航空 VHF 数据链的使用者,不仅包括了初期设想的空中交通管制部门、航空公司用户,还包括了机场当局、民航行政管理部门。现在已有多个国外航空公司和几乎所有国内航空公司都在使用中国民航甚高频地空数据网。VHF 数据链应用系统的迅猛发展,为国内外航空公司、空中交通管理、民航行政管理等应用提供了数据通信保障能力,带来了巨大的社会和经济效益。

5.1.4　ACARS 系统发展趋势

自从 20 世纪 80 年代后期美国开始使用 ARINC 公司的 ACARS 系统以来,世界各国民用航空普遍利用地空数据链进行通信。目前全球建有 1100 多个 VHF 地面站,平均每月有超过 17 000 架次的飞机使用 ACARS 数据链路。但是随着民航业的快速发展,尤其是飞机数量与飞行量的不断增加,地空数据通信量也迅速增加,当前国外部分区域的 ACARS 系统已达到饱和状态。此外,ACARS 系统具有以下固有的缺陷。

(1) ACARS 报文采用明文传输,在信息传输过程中敏感信息容易泄露,保密性差;不具备对航空安全通信的保证和优先等级。

(2) ACARS 系统链路传输迟延大,传输效率低。

(3) ACARS 系统频谱利用效率低。

(4) ACARS 系统不支持数字语音和数据流文件传输,如气象云图等。

(5) 与预定用于航空电信网的开放系统互连(OSI)体系不完全兼容。

尽管经过改善数据传输的完整性,当前 ACARS 系统可同时支持 AOC 和 ATC 应用,但是,ACARS 作为一个从以面向字符为基础,向以面向比特为基础发展的过渡数据通信系统,无法适应未来新航行系统地空通信的需求。为了更好地解决地空数据日益增长带来的问题,国际上在 VHF 地空数据通信中先后出现了 VDL 模式 2(VDL2)、VDL 模式 3(VDL3)、VDL 模式 4(VDL4)等技术,对现有的 ACARS 进行优化,这 3 种工作模式均是以 ACARS 为基础,在功能上扩展和增强,主要体现在传输速率的提高以及使用频率、编码方式和通信方式的不同,从而使地空数据通信效率大大提高。随着航班数量的增加以及民航对实时数据的需求不断增加,使用数据传输速率更大的地空数据链工作模式势在必行。但是,目前大多数飞机都装备有 ACARS 数据链设备,特别是 FANS-1/A 系统仍将长期使用。ICAO 的专家预计未来较长的一段时间内将出现多种工作模式并存的局面。在中国,VDL2 远端地面站等网络工程的建设刚刚开始,因此 ACARS 近期内仍是最主要的航空地空数据链通信方式。

5.2 ACARS 系统组成

ACARS 系统是一个综合地空通信系统,从数据传输的角度可将 ACARS 系统分为机载子系统和地面子系统,其组成框图如图 5-1 所示。

由于 VHF 频段只能实现信号的视距传输,当飞机飞行在海洋上空或边远地区上空的空域时,由于没有视距范围内地面站的支持,VHF 数据链无法使用,与地面的数据通信可采用卫星数据通信链路 SATCOM 和 HF 数据链路,特别是在两极地区,HF 数据链路已成为主要的地空数据通信方式。ACARS 系统的地空数据传输可以通过 VHF 数据链、SATCOM 和 HF 数据链路,满足超视距航空通信的需求。目前,ACARS 系统主要是基于 VHF 链路实现数据传输,本章重点介绍 VHF ACARS 系统,对基于卫星数据链和高频数据链的 ACARS 系统不做介绍。

ACARS 机载设备可以与 VHF 地面站、HF 地面站和卫星地面站进行空地数据交换。ACARS 数据链服务商管理地面远程无线电台,将接收到的来自机载子系统的 ACARS 数据报文送到网络管理与数据处理系统,经过处理后的数据按照不同分类通过地面数据通信网进一步传送到航空公司、空中交通管理等各个 ACARS 数据地面终端用户。反之,来自地面用户的需求、命令、数据等信息经过网络管理与数据处理系统处理,再通过远端地面站发送到机载 ACARS 子系统。

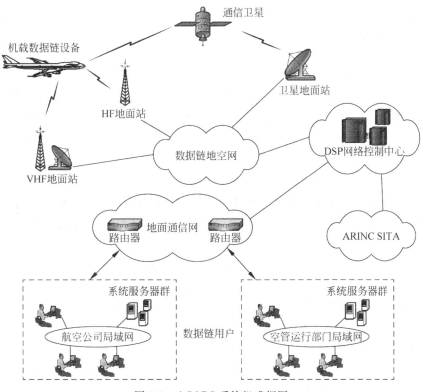

图 5-1　ACARS 系统组成框图

5.2.1　机载子系统

ACARS 机载子系统由 ACARS 管理单元（MU）（针对老 ACARS 机载系统）或通信管理单元（CMU）（针对新 ACARS 机载系统）、甚高频收发器、多功能控制显示单元（CDU/MCDU）以及打印机等设备组成，其结构如图 5-2 所示。机载子系统可看作是整个 ACARS

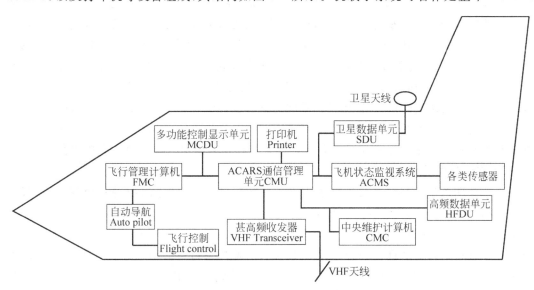

图 5-2　ACARS 机载系统组成框图

系统的空中节点,完成数据采集、报文形成、调制解调、模式转换、话音/数据信道切换以及VHF 频率管理等功能。

1. 通信管理单元

通信管理单元(CMU)是最重要的 ACARS 系统机载设备,它与标准机载 VHF 收发器、HF 数据单元、卫星数据单元、多功能控制显示单元、机载打印机等许多机载设备单元相连,生成下行的 ACARS 数据链报文,同时接收从地面站发送的上行 ACARS 数据链报文。CMU 具有多项控制功能,如控制 ACARS 系统工作方式可分为:请求、接收或等待、话音或数据通信,也控制数据信息发送的优先权顺序等。

多功能控制显示单元为飞行人员同 ACARS 系统交互界面,CMU 接收到地面站发送的数据报文后可在机载多功能显示单元显示,飞行人员可以保存信息,也可以打印输出。飞行人员也可以通过多功能控制显示单元向 ACARS 数据链系统请求地面上传所需要的信息,以及向地面发送各种类型报告。

从 20 世纪 90 年代初开始,随着数字电路和数字总线技术的发展和应用,ACARS 系统增加了支持其他机载设备的新接口。CMU 一方面与标准机载设备相连,另一方面通过ARINC429 通用数据总线接口实现与其他机载数字数据终端设备,如飞行管理计算机、中央维护计算机系统、飞机状态监视系统的信息交互。

2. 飞机状态监视系统

飞机状态监视系统(Aircraft Condition Monitor System,ACMS)是先进的数据采集与处理系统,它通过数字飞行数据采集组件(Digital Flight Data Acquisition Unit,DFDAU)实时收集各种飞行数据,包括飞行中发动机工作参数、飞行性能数据等。ACMS 收集的原始数据经过ACARS 甚高频地空数据链发射到地面基站,并最终发送给航空公司运行控制终端;也可以通过快速存取记录器(Quick Access Recorder,QAR)和数字式飞行数据记录器(Digital Flight Data Reorder,DFDR)保存记录,飞行结束后提供给飞行员、航务和机务人员使用,同时也可以使用多功能控制显示单元、机载打印机等直接获得该数据,为飞行员提供帮助。

如前所述,ACARS 系统最初的应用是自动检测和报告飞机在主要飞行阶段(OOOI)的变化。这些 OOOI 事件是由 CMU 通过 ACMS 系统获取飞机上各种传感器(例如舱门、停留刹车和起落架上的开关传感器)的输出信号来确认,并将信号转换成 ACARS 系统可用的数据形式,在每一飞行阶段的开始时刻将对应报文发送到地面,其中包括飞行阶段名称、发生时刻,以及始发地和目的地等信息。ACMS 系统还能够识别出不正常的飞行状态,并自动向航空公司发送实时报文,详细的引擎状态报告也能经 ACARS 发送到地面,航空公司据此来监控引擎性能并规划维修活动。ACARS 系统 CMU 同 ACMS 之间接口出现,使飞机的日常监控和维护非常方便,ACARS 数据链系统在航空公司的应用随之不断扩展。

3. 飞行管理系统

飞行管理系统(FMS)是飞机数字化电子系统的核心,它通过组织、协调和综合机载多个电子和机电子系统的功能与作用,生成飞行计划,并在整个飞行进程中保证该飞行计划的实施,实现飞行任务的自动控制。飞行管理系统中的飞行管理计算机(FMC)保存有关于飞机性能和航路的大量信息,并从传感器系统接收和监控飞行中的动态数据信息,计算处理后在多功能显示单元显示,并发出指令到飞行控制系统中去执行。ACARS 系统 CMU 和FMC 直接连接后,就可将飞机动态数据实时发送到地面系统。反之,地面发送的飞行计划和气象等信息也可利用 ACARS 数据链转发到飞行管理计算机。这样,在飞行过程中航空公司就可以更新飞行管理计算机中的数据,使飞行人员评估新的气象条件,或者变更飞行计划。飞行人员也可以通过 ACARS 网络,将更改后的飞行计划、预测的气象数据、实时检测的航行数据和告警信息等飞行管理系统相关数据发送到地面相关部门。

4. 其他子系统

从 20 世纪 90 年代开始,工业领域开始升级机载中央维护计算机(CMC),使它可以通过 ACARS 数据链实时传送飞机的维护信息。航空公司维修人员通过这些信息和 ACMS 数据,甚至在飞行过程中就可以规划相关的维修活动。

ACARS 系统除支持 VHF 地空数据链路外,还支持卫星数据链路和 HF 数据链路。所以,机载设备中 ACARS CMU 与卫星数据单元(Satellite Data Unit,SDU)以及高频数据单元(HF Data Unit,HFDU)相连。下行链路报文可通过卫星飞机地球站(Aeronautical Earth Station,AES)的 SATCOM 发送机从飞机发送到卫星地面网络,或者通过 HF 链路将数据发送到 HF 地面站。通过卫星数据链路和 HF 数据链路上行的报文发送过程及路径正好与之相反。

ACARS 机载子系统与传统的机载 VHF 话音系统共存,ACARS 系统使用专用的 VHF 收发器(通常是第三套 VHF 收发器)发送和接收数据。在有些机载设备组件中,安装有话音/数据开关,使得 ACARS 系统使用的 VHF 信道像其他传统的 VHF 话音通信系统一样适用于话音通信。ACARS CMU 负责控制 VHF 话音通信方式和数据通信方式间的切换。

5.2.2 地面子系统

ACARS 地面系统(如图 5-1 所示)主要由 VHF 远端地面站(RGS)、地面数据通信网络、网络管理与数据处理系统(NMDPS)以及 ACARS 用户子系统组成。

1. 远端地面站

ACARS 地面系统的 RGS 是 VHF 数据链系统的地面节点,用于飞机与地面数据网的连接,负责接收来自机载 ACARS 设备发送的下行数据链报文,并通过专用的地面数据网络发送至网络管理与数据处理系统。同时也负责接收来自网络管理与数据处理系统的上行数据链报文,并通过地空数据链发送至机载 ACARS 设备。

典型的 RGS 结构如图 5-3 所示,包括 VHF 收发信机、单板计算机、对空数据调制解调器、集成控制单元、与地面网相连的路由器和调制解调器、GPS 授时单元以及天线、UPS 电

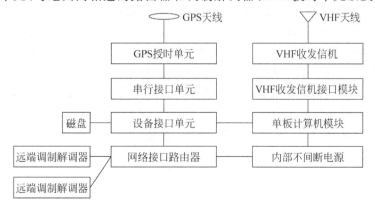

图 5-3　RGS 站系统的组成框图

源单元和相应的系统软件。RGS 站采用半双工工作方式,使用同一频率点进行对空接收和发送数据,传输速率为 2.4Kbps。

下面以地面用户上传数据信息到飞机(上行)为例说明 RGS 的信息处理流程。RGS 对飞机下传到地面的数据处理流程与之相反。某地面用户主机产生数据,经地面通信网络发送到网络管理与数据处理系统处理,处理后的数据通过广域网传送到 RGS 站接口路由器,路由器再经过以太网将数据转发到接口单元进行一定的格式转换,并送入单板计算机中进一步处理。单板计算机中的数据信号处理器采用最小频移监控(MSK)方式对数据进行调制,产生的调制信号经过 VHF 收发信机接口模块最终输出到 VHF 收发信机。收发信机进行幅度调制(AM)后,通过 VHF 天线将信号送入无线信道。

RGS 与地面网之间的通信需要通过路由器完成网络协议之间的相互转换。例如,我国地面通信网采用 X.25,路由器实现 X.25 和 TCP/IP 协议的转换;这种转换的结果,一路通过 X.25 分组网数据传输,另一路则通过调制解调器进入 PSTN 网进行传输。通常 RGS 对收发数据提供一定的缓存能力。

由于 VHF 信号是直线传播,限定了其发送和接收均在视距范围之内,为了保证一定飞行高度的飞机能与地面站进行可靠通信,需要在航路上建立多个 RGS,以保证 VHF 信号在高空的连续覆盖。为了保证飞机在机场能够安全进行数据通信,在机场也必须建立 RGS 站。在不同的高度层 RGS 具有不同的覆盖区域,如在 3000 米高度层时其覆盖范围为 240 公里,6000 米高度层时其覆盖范围为 330 公里,9000 米高度层时其覆盖范围为 400 公里。由于 VHF 地面站架设位置处可能有建筑物等设施的遮挡,一个 RGS 的实际覆盖范围与理想覆盖范围存在一些差异,通常认为 RGS 的覆盖范围为 370 公里左右。

如果 ACARS 系统使用卫星数据链和 HF 数据链,则地面系统相应的地面站还包括卫星地面站(GES)和 HF 地面站,同 VHF 远端地面站一样,共同互连到网络管理与数据处理系统。

2. 网络管理与数据处理系统

在数据链系统中,通常多个用户要利用同一个 RGS 以共享资源,一个 RGS 可以同时与多架飞机进行通信,一个航班也将连通多个 RGS。为了实现多用户通信,所有 RGS 要与一个中央处理交换系统相连,即所有用户子系统与其飞机的数据通信都要通过一个中心数据处理系统,即网络管理与数据处理系统。在我国,ACARS 数据链系统的中心处理系统位于民航数据网络公司(ADCC)的数据链网控中心。

网络管理与数据处理系统是 ACARS 地面子系统的核心部分,它由高性能的服务器和一定数量的计算机组成,采用以太网局域网结构和 TCP/IP 网络协议,是一个专用的、具有开放结构的计算机网络系统。该子网与外部网络的通信采用 X.25 协议,并与全国范围内的 RGS 站局域网构成一个广域网络,实现多个飞机和多个 RGS 基站的通信,地面用户系统之间的资源共享,以及地空终端间的自动数据通信。网络管理与数据处理系统主要由国际路由器(ICR)、后端处理器(BEP)、数据链管理系统(DLMS)、计费系统(JPS)、数据记录系统(DRS)、通信管理系统(CMS)、边缘网关(BGS)系统以及核心网关(AGS)系统等组成,如图 5-4 所示。其主要功能有

(1) RGS 站状态监控与管理。

(2) 上行、下行数据报文采集与处理。

(3) 上行、下行报文寻址与路由选择。

（4）RF 信道分配。

（5）系统管理,包括定期报告和警告、日志和记账、系统定时、系统配置参数的设定等。

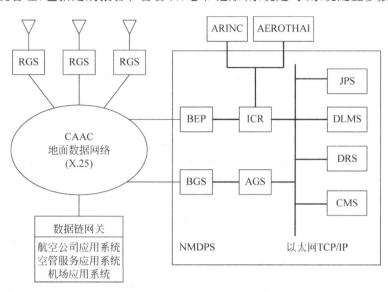

图 5-4 中国民航地空数据通信网络结构

除完成上述功能外,由于网络管理与数据处理系统具有开放式的系统结构,所以可以灵活地根据管理者的需求增加许多功能,包括航空公司的各种管理应用、空中交通管理的应用、航空运行保障管理的应用和该子系统自身管理的完善等。同时,它也是一个具有高可靠性的多处理器结构的子系统,在任何时候都分配一个专用处理器,实施对 DLMS 和 JPS 的热备份。一旦 DLMS 或 JPS 中有一部分发生故障,该专用处理器自动接替故障机,恢复全部信息,并承担故障设备的任务。

3. 地面数据通信网络

地面数据通信网是 ACARS 系统地面数据传输及交换的核心网络。它提供光纤、微波、电缆等多种类型的地面数据通信线路,连通 RGS、网络管理与数据处理系统以及 ACARS 用户子系统,可准确、快速地实现 RGS 与网络管理和数据处理系统之间,以及网络管理与数据处理系统和用户系统之间任意数据报文的传输与交换。地面数据通信网应满足一定的网络协议和接口标准,以求达到开放系统互联的要求。目前,中国民航 VHF 数据链系统的地面数据网络采用民航地面数据通信 X.25 分组交换网、帧中继和 DDN,并与美国的 ARINC 及 SITA 的 AIRCOM 网络相连。

5.2.3 用户子系统

ACARS 用户子系统按照应用对象,可分为面向航空公司的飞行监控与服务系统、空中交通服务系统、机场运行保障系统以及其他应用系统。其中,飞行监控与服务系统实现飞机动态监控与服务、双向地空数据通信、飞机发动机状态监控、飞机远程在线诊断、地面服务与支持等功能;空中交通服务系统实现飞机起飞前放行（PDC）、数字式自动化终端区信息服务（D-ATIS）、航路气象信息服务（D-VOLMET）、管制员飞行员数据链通信（CPDLC）、合同式自动相关监视（ADS-C）等功能;机场运行保障系统完成航班运行监视,飞机到港和预计到港情况等信息发布功能；其他应用系统可实现类似于航路气象服务(D-VOLMET)，航空器气象数据下传(AMDAR)等服务。

5.2.4 ACARS 系统规范

ACARS 系统管理单元所执行的处理过程以及基本的硬件需求都是由 ARINC 规范定义。ARINC 是一个由航空公司、飞机制造厂及运输业者所组成的公司，该公司成立的目的就是标准化飞机上的各子系统。航空电子工程师委员会(Airlines Electronic Engineering Committee, AEEC)是 ARINC 的一个工业活动组织，发布一系列航空工业规范，这些规范又分为 ARINC 性能规范(ARINC Characteristics)、ARINC 标准规范(ARINC Specification)以及 ARINC 报告(ARINC Reports)。ARINC 性能规范详细地说明了航空电子设备的构成、装配和功能。AEEC 制定两个系列的性能规范：ARINC-700 系列(针对数字航空电子设备)和 ARINC-500 系列(针对模拟航空电子设备)。ARINC 标准规范用于定义航空电子设备的物理包装和装配、数字通信标准以及计算机高级语言等；ARINC 报告提供工业标准惯例、设计指南以及综合信息，许多报告还包含了对航空电子设备维护和支持的推荐惯例。ARINC 标准规范和 ARINC 报告有 400 系列、600 系列和 800 系列。

表 5-1 列出涉及 ACARS 系统的部分主要 ARINC 标准规范。ACARS 系统使用的典型规范及协议关系如图 5-5 所示。其中，ARINC 618(Air/Ground Character-Oriented Protocol Specification)规范描述 ACARS 系统面向字符的地空数据传输基本规则，也是本书介绍的重点；ARINC 620(Data Link Ground System Standard and Interface Specification)给出数据链服务提供商与数据链用户之间进行数据交互时需要满足的地地字符数据接口标准。

表 5-1 ACARS 系统的部分 ARINC 规范

ARINC 607	航空电子设备设计导引。包括 ARINC 758 CMU 安装所需的飞机个性化模块的定义
ARINC 429	ARINC 429 广播数据规范
ARINC 618	面向字符传输的 ACARS 其高频地空通信的协议。同时定义 ACARS 报文格式。此格式称为 A 型报文，这些特性会升级到 VDL 2 型 AOA 中
ARINC 619	ACARS 同其他机载终端系统的文件传输规范，覆盖了 ACARS 同 FMS、FDAMS、驾驶舱终端、维护计算机、卫星通信系统及高频收音机系统的文件传输协议
ARINC 620	地地通信协议，包括地面站之间的报文格式和路由。该规范给出数据链服务提供商与数据链用户之间进行数据交互时需要满足的字符数据接口规范
ARINC 622	定义了通过 ACARS 数据链发送空中交通服务(ATS)的应用报文规范(包括 ARINC 623 ATC 报文)
ARINC 623	定义了通过 ACARS 系统生成和接收 ATS 报文的特性(不包括由 FMS 系统处理的 FANS-1 或 FANS-A 报文)
ARINC 724B	ACARS 管理单元与 ARINC 724B 连接线的规范。ARINC 597、724、724B 定义机载设备相关系统的功能
ARINC 739	多功能驾驶舱显示器(MCDU)规范
ARINC 740	驾驶舱打印机规范
ARINC 758	采用 ARINC 758 连接线时的 ACARS 通信管理单元(CMU)规范。此规范为 CMU 将来可能的扩展定义了不同等级的功能

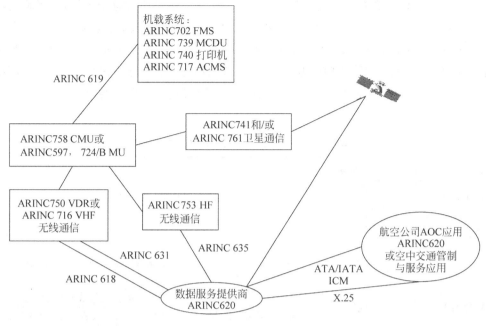

图 5-5　ACARS 系统规范

CMU 能够与飞机上其他机载子系统共同提供基于 VHF、卫星和 HF 的地空移动通信能力,相关的通信子网在以下 AEEC 的标准中进行了说明。

(1) VHF 数据无线传输(VHF data radio,VDR)规范:ARINC 750。

(2) VDL-M2 地空数据通信规范:ARINC 631A。

(3) 航空通信卫星系统传输规范:ARINC 761 与 ARINC 741 第一部分与第二部分。

(4) HF 数据链规范:ARINC 753。

(5) HF 数据链规范:ARINC 635。

地面用户与地空数据通信服务提供商网络间需要满足的协议在国际航空运输协会(International Air Transport Association,ATA /IATA)的通信手册(Interline Communications Manual,ICM)中进行了说明。

5.3　ACARS 系统通信技术

5.3.1　ACARS 系统协议体系结构

为了保证地空数据链系统的开放性,ICAO 对其高频数据链系统的网络通信体系结构进行标准化,按照开放系统互连(OSI)参考模型的 7 层体系结构定义了甚高频数据通信设计标准。从 5.2 节对于 ACARS 机载子系统、地面网络控制中心与用户系统的功能及规范的介绍可知,ACARS 系统地空数据传输满足 ARINC 618 规范,地-地数据传输满足 ARINC 620 规范,它并不能与 OSI 开放 7 层协议体系结构完全对应,不满足 ICAO 定义的数据链路协议体系标准,其数据链路的链接模式、数据报文的格式、寻址方式等均与面向比特的数据链不同。但是,ACARS 系统又是当前广泛使用的事实上的地空数据链系统,为了将其与标准的分层协议体系结构相统一,表 5-2 给出 ACARS 系统数据传输功能与 OSI 标准参考模型层次间的对应关系,ACARS 系统协议体系结构如图 5-6 所示。这里仅给出 ACARS 系统通过 VHF 链路和卫星链路实现的地空通信,没有显示通过 HF 链路的情形。关于 ACARS 系统通过 HF 链路和卫星链路实现地空通信的具体协议这里不做说明,相关内容可参阅其他文献。

表 5-2   ACARS 数据传输与标准协议体系比较

提供服务	OSI 标准体系		
应用服务	应用层	ARACS 数据链	
	表示层		
传输服务	会话层		
	传输层		
网络服务	网络层	满足 ARINC 620 规范	地地数据报文格式与传输规则
	链路层	满足 ARINC 618 规范	地空数据报文格式与传输规则
			通信连接模式 CAT-A 和 CAT-B
			介质访问控制(CSMA)
	物理层	频率控制、数据编码/解码、调制/解调等	

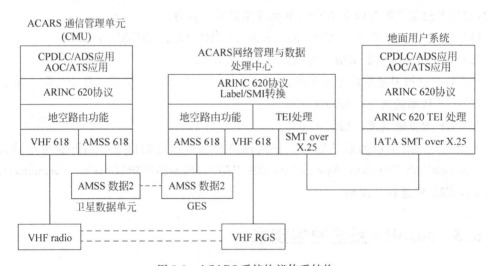

图 5-6   ACARS 系统协议体系结构

ACARS 地面用户与地面网络之间传输数据遵照 ARINC 620 规范,其报文格式称为标准报文格式 SMT(Standard Message Text)。该格式使用标准的报文标识码 SMI(Standard Message Identifiers)和各正文单元标识码 TEI(Text Element Identifiers)。ACARS 网络管理与数据处理系统负责将所接收的下行 ACARS 报文转化为 SMT 格式报文,并最终发送到目的用户。同样,它将地面用户发送的 SMT 格式报文转化成 ARINC 618 地空传输报文格式,然后发送到机载 ACARS 用户。

5.3.2 ACARS 数据链报文类型及结构

1. ACARS 报文的种类

从传输方向分,ACARS 报文可分为上行链路报文和下行链路报文。从应用角度 ACARS 报文大致可分为 3 种类型:面向航空公司应用的航空运营与控制(AOC)报文、面向空中交通管制与服务的空中交通服务(Air Traffic Service,ATS)报文和航空行政管理控制(Airline Administrative Control,AAC)报文。

AOC 报文主要有 OOOI(OUT、OFF、ON、IN)报、故障报(CFD)、发动机(DFD)报和位置报等。其中,下传的 CFD 报文按时间分为实时故障报、实时警告报、航后报;下传的 DFD 报文按飞行阶段划分有十余种,其中起飞报、巡航报和爬升报 3 种报文最为重要。

ATS 报文主要包括起飞前放行报(PDC)、自动化终端区信息服务报(ATIS)、自动相关监视报(ADS)、管制员-飞行员数据链通信报(CPDLC)等。

AOC 及 AAC 报文用于飞机和航空公司之间通信,这些报文主要按照 ARINC 618/633 规范定义。随着 ACARS 系统应用的扩展,报文类型愈来愈多。有些航空公司为了某些特定的应用,自行定义报文格式与特定的地面计算机进行信息交互,在自己的班机上安装了特有的 ACARS 应用系统,且不同机型同种报文的格式也不尽相同。目前使用的 ACARS 报文约有 110 多种。

2. ACARS 报文的基本结构

ACARS 报文格式基于航空无线电技术委员会(RTGA)的建议设计。ACARS 系统采用面向字符的通信协议,飞机和地面用户生成的信息按照 ICAO 附件 10 定义的 7 比特 ISO-5 字符集(见附录 1)编码,再增加 1 位比特奇校验位,形成 8 比特字符,而后按照标准的格式装配成数据报文传输。本节以 VHF ACARS 系统为例,介绍 ACARS 系统通信报文格式以及各字段含义,重点为基于 ARINC 618 的报文格式。使用 HF 和卫星链路的 ACARS 系统报文结构可查阅其他文献。

由于 VHF ACARS 系统地空通信报文格式(ARINC 618)和地地通信的报文格式(ARINC 620)不同,相应的处理程序也不同,所以在实际的 ACARS 通信过程中必须由数据链服务提供商进行报文格式转换,如图 5-7 所示。

图 5-7 ACARS 数据链信息传输路径

1) 基于 ARINC 618 规范定义报文结构

ACARS 地空数据通信上、下行报文的基本结构如图 5-8 所示,图中给出报文各字段名称缩写、长度以及部分字段的示例。

(1) 起始标志符(SOH):1 字节

报文起始标志符以 ISO-5 字符集中的控制字符"SOH"表示。

Name	SOH	Mode	Address	TAK	Label	DBI	STX	MSN	Flight ID	Text	Suffix	BCS	BCS Suffix
Size	1	1	7	1	2	1	1	4	6	0-210	1	2	1
Example	<SOH>	2	..N3872		5Z	2	<STX>	M01A	XX0000		<ETX>		<DEL>

(a) 下行报文的一般格式

Name	SOH	Mode	Address	TAK	Label	UBI	STX	Text	Suffix	BCS	BCS suffix
Size	1	1	7	1	2	1	1	0-220	1	2	1
Example	<SOH>	2	.9X032A		5Z	2	<STX>	UPLINK	<ETX>		<DEL>

(b) 上行报文的一般格式

图 5-8　地空数据链上、下行报文的一般格式

（2）模式（Mode）：1 字节

模式字段用于区分 ACARS 系统所支持的两类（A 类和 B 类）网络运行模式。对于 A 类模式（CAT-A），模式字段为字符"2"，下行报文会被默认广播至 VHF 覆盖范围内所有数据链路服务提供商（DSP）的地面站。对于 B 类模式（CAT-B），下行报文模式字段选择字符为"@"至"]"区间中的某一个字符，具体由 CMU 根据地面系统发送的上行报文模式字段中的字符确定；上行报文中的模式字段字符为"\"至"}"区间中的某一个字符，具体取决于地面站的地址（SITE），该地址由数据链路服务提供商确定。

（3）地址（Address）：7 字节

地址字段也称为飞机注册码（Aircraft Registration Number）字段，用于标识正在与地面系统通信的飞机，占用 7 个字符长度。在下行报文中，该地址为 CMU 提供的飞机注册码（由"A"～"Z"，"0"～"9"，"－"和"."组成）；如果飞机注册号码少于 7 个字符，则在注册码最左侧添加前导引号符号"."，使地址字段保持 7 个字符长度。对于上行报文，机载 CMU 认为有效的地址信息除飞机注册码外，还有飞行标识码和定时报（squitter message）地址（7 个"NUL"字符）。机载 CMU 通过比较上行报文地址字段的信息与飞机地址是否一致来确定是否应该接收此报文。如果地址信息不一致，则不再处理该报文。上行报文中的飞行标识地址码由三部分组成：1 个字符"."，2 个字符的航空公司代码以及 4 个字符的航班号码，后两部分合称飞行标识（Flight ID）。地址字段示例如图 5-8 所示。

（4）技术确认（Technical Acknowledgement）：1 字节

技术确认字段包含"肯定"确认或"否定"确认信息。对于下行报文，该字段由字符"A"～"Z"或"a"～"z"中的一个单字符，或由控制字符"NAK"组成；对于上行报文，该字段由字符"0"～"9"中的一个单字符，或由控制字符"NAK"组成。

（5）报文标签（Label）：2 字节

报文标签表明报文的类型和内容，报文标签也可用于路由和寻址，地面站和机载 CMU 通过识别报文的标签内容来确定如何进一步转发或处理该报文。在 ARINC620 中定义 ACARS 系统使用的报文标签。

（6）上下行链路块标识（UBI/DBI）：1 字节

上下行链路块标识（UBI/DBI）是某个具体的上行或下行报文的身份标志，以区别于其他的上行或下行报文。其中，下行报文中该字段（DBI）由字符"0"～"9"中的一个单字符组成；上行报文中该字段（UBI）由字符"A"～"Z"或"a"～"z"中的一个单字符，或由控制字符"NUL"组成。

(7) 前导结束标志符：1 字节

前导结束标志符由控制字符"STX"充当,只有报文中含有正文信息时才有该字符。"STX"也可看作是正文开始的标记字符。如果没有正文(如:确认报文),则用控制字符(见下文)"ETX"作为报文结束的标志符。

(8) 正文

ACARS 报文的正文必须由 ISO-5 字符集中的非控制字符构成,长度最大为 220 个字符。通常,正文的前几个(依传输信息类别而定)字符用来传递某类信息传输时所必须报告的固定参数,余下的字符用来进行自由通信。如果正文长度超出 220 个字符,信息将被分成多块报(Multi-block-Message)进行传递,但是最多不超过 16 个分块报文。因此,每个分块下行传输的报文正文中都包含一个报文序列号 MSN(Message Sequence Number)和飞行标识。其中,飞行标识由 2 个字符的航空公司代码和 4 个字符的航班号码组成,报文序列号长度为 4 个字符,供地面站对分块报文重组使用。一些下行报文中还包括子标签和地址,其主要用于寻址。MSN 结构如表 5-3 所示,其中包含的机载子系统代码如表 5-4 所示。

表 5-3 报文序列号(MSN)定义

字 符 序 号	功 能 定 义	范 围
1	产生下行报文的机载子系统代码	见表 5~3
2~3	报文序号(数字)	00~99
4	块序号字符	A~Z

表 5-4 机载子系统代码

机载子系统名称	代 码	机载子系统名称	代 码
CFDIU	C	Cabin Terminal 3	3
DFDAU	D	Cabin Terminal 4	4
FMC1(Left Side)	F	User Terminal	5
FMC2(Right Side)	F	User Terminal	6
FMC3(Center)	F	User Terminal	7
CMU(ATS Function)	L	User Terminal	8
CMU(AOC Application)	M	User Defined	U
System Control	S	EICAS/ECAM/EFIS	E
OAT	O	SDU	Q
Cabin Terminal 1	1	ATSU/ADSU	J
Cabin Terminal 2	2	HF Data Radio	T

各分块报文的 MSN 中报文序号一致,块序号不同。通常,第 1 块报文以大写字符"A"表示,第 2 块以字符"B"表示,以此类推。例如:MSN 为 M06C,表示由 CMU(面向 AOC 应用)产生的第 6 个报文的第 3 段数据块。

(9) 正文结束符：1 字节

对于单块报,用控制字符"ETX"(End of Text)表示；对于多块报,用中间各块报文以控制字符"ETB"(End of Block)结束,最后一个数据块对应的报文以"ETX"结束。

（10）块校验序列：2 字节

块校验序列（Block Check Sequence，BCS）按照循环冗余校验原理，利用 CCITT 的生成多项式 $P(x)=x^{16}+x^{12}+x^5+1$ 生成该校验码，以保证报文的准确性和完整性。BCS 校验的对象是从报头的"SOH"字符到报尾的"ETX"字符，包括"ETX"或"ETB"字符，但不包括"SOH"字符，BCS 的计算基于各字段完整的信息，包括奇偶校验比特。BCS 码字段本身不按照 ISO-5 符号集编码，而以十六进制形式表示。

（11）块校验结束：1 字节

按照 ACARS 系统的调制方案，为了保证 BCS 字段的最后一个比特可以被解码，必须增加 1 字节的 BCS 结束标志字符。ARINC618 规定由 ISO-5 字符集中的控制字符"DEL"充当 BCS 结束字符。

2）基于 ARINC 620 规范定义报文结构

（1）一般格式

地地传输的报文格式由 ATA/IATA ICM 制定，其一般格式及具体字段内容如表 5-5 所示。

表 5-5　地地传输报文的一般格式

行	内　容	举　例
1	优先权/目标方地址	QU　ADRDPAL
2	发送方地址/发送时间	.DSPXXXX　121212
3	标准报文标识码 SMI	AGM
4～m	报文正文	FI　XX0001/AN　N123XX
m～n	自由文本	-UPLINK　OR　DOWNLINK

第 1 行：优先权/目标方地址，即目标地址行。具体内容包含指示地面报文优先权的字符组以及报文接收者的地址列表。其中，报文优先权标识符由 2 个字符组成，目前只使用一种优先权标识符"QU"，目标地址列表通常由 7 个字符组成，最多能列 16 个目的地址。优先权字符与目标地址之间用空格（SPACE）分开。

第 2 行：发送方地址/发送时间。该行以句号符号"."开始，之后便是发送者的地址和发送时间。发送时间的格式是：日/时/分（ddhhmm）。在发送时间之后，可以根据具体需要附加其他签名信息。

第 3 行：标准报文标识码（Standard Message Identifier，SMI），长度为 3 个字符。该字段是报文类型标识，可由下行 ACARS 报文标签（Label）字段的具体内容对应得到。在 ARINC 620 标准中定义了 ACARS 报文标签与标准报文标识码的转换关系。

第 4 行：报文正文部分，它包含一系列的报文正文单元。每个正文单元由 3 部分组成：标识符（Text Element Identifier，TEI）、数据以及结束符（Text Element Terminator，TET），其具体的格式如表 5-6 所示。

在报文正文部分，通常第一个正文单元是飞行标识（2 个字符的航空公司标识符和 4 个字符的航班号码组成）单元，随后是飞机注册码单元以及其他一些随正文标识符不同而不同的正文单元。

表 5-6　报文正文单元的具体格式

字　　段	字符长度	符 号 表 示
正文单元标识符 TEI	2	字母"A"～"Z"/数字"0"～"9"
正文分隔符	1	空格＜space＞
正文内容	可变(取决于 TEI)	
正文结束符	1	"/"表示后面还有正文,或者＜CR/LF＞表示整个正文的结束

第 5 行:自由文本部分。该部分的内容属于可选择项,不是所有报文结构的必须组成部分。如果一个报文含有自由文本,则必须以唯一的标识符"-SPACE"(破折号字符"-"加"空格"字符)开始,在间隔一个空格后才是真正的自由文本信息。

(2)下行地地传输报文格式

DSP 通过地面站接收飞机发送的下行 ACARS 报文,该下行报文符合 ARINC 618 规范,需要 DSP 转换为 ARINC 620 规范所规定的地地传输报文格式,然后通过地面通信网络发送给相应的用户。

当 DSP 从地面站接收到来自机载 ACARS 系统报文后,根据其中的报文标签(Label)字符决定是否将其转换为下行地地传输报文格式,并发送给特定的地面用户。下行地地传输报文格式如表 5-7 所示。

表 5-7　下行地地传输报文结构

行	内　容	举　例
1	优先权/目标方地址	QU　ADRDPAL
2	发送方地址/发送时间	.DSPXXXX　121212
3	标准报文标识码 SMI	AGM
4	报文正文	FI　XX0001/AN　N123XX
5	通信服务行	DT　DSP　RGS　121212 M01A
6～n	自由文本	─ DOWNLINK

表 5-7 中第 1、2、3、4 行和第 6～n 行的结构与表 5-5 中相对应的行相同。其中,第 1 行中包含的目的用户地址由 DSP 决定。DSP 根据下行 ACARS 报文的 Label、飞机注册码或者飞行标识决定将报文发送到哪一个地面用户,实现报文的正确路由;第 2 行表示 DSP 的 IATA 地址以及 DSP 向地面网络发送该报文的时间;第 5 行是通信服务行,该行包含文本标识符"DT"以及最后一段正文信息。该信息由 4 个部分组成:①DSP 标识码,表示提供服务的 DSP 身份;②接收 ACARS 下行报文的地面站标识,若使用 ARINC 618 规范,则表示接收第一块下行数据的地面站标识;③接收下行 ACARS 报文的 UTC 时间;④ACARS 下行报文序列号(包含第一块下行数据)。

(3)上行地地传输报文格式

上行地地传输报文结构与一般地地传输报文的结构(见表 5-5)基本相同,如表 5-8 所示。表 5-9 描述的是上行地地传输报文中第 4 部分(报文正文)所包含的内容。

表 5-8　上行地地传输报文结构

行	内　　容	实　　例
1	优先权/DSP 地址	QU　CTYDPAL
2	发送方地址/发送时间	.QXSXMXS　ddhhmm
3	标准报文标识码 SMI	AGM
4	报文正文	AN　N12345/MA　123A
5～n	自由文本	— UPLINK

表 5-9　上行地地传输报文正文第 4 部分

TEI	描　　述	文本结构（长度）
FI	Flight　Identifier	字母数字组合（2）＋数字（1～4）
AN	Aircraft　Identifier	字母数字组合（1～7）
GL	Ground　Station	字母（3～4）
AP	Airport　Station	字母（3～4）
TP	Transmission　Path	字母（3）
MA	Message　Assurance	数字（3）＋字母（1）

　　地面用户将要上行传输到飞机的报文发送给 DSP,在满足下列条件时 DSP 将其转换成 ACARS 上行数据报文,再通过地面站将其发送给指定飞机:①发送报文的时间标记表明该报文在有效的时间内;②SMI 标识有效,并且要得到 ACARS 用户的认可;③SMT 中包含飞机注册码(TEI 为 AN)字段或者飞行标识(TEI 为 FI)字段,且有效。

　　对于确定已知的飞机地址,如果 DSP 没有跟踪记录的话,在满足上述条件的基础上还必须满足下列条件:①如果报文中有该飞机大概的地理位置(TEI 为 GL)或机场位置(TEI 为 AP)以及 DSP 能够识别的机场或者城市,则 DSP 将会依据该信息决定通过哪个地面站向飞机发送数据;②在报文的第一行(目的地地址行)中必须包含接收报文的 DSP 地址。如果地面用户发送的上行信息不能满足上面的条件,则 DSP 会中止发送数据,然后加上中止发送的原因,将其反馈给用户。

　　DSP 通过 FI 或者 AN 即可获知,上行报文是要发送给哪架飞机。而当报文正文中包含 TP 时,则说明地面用户已经指定了上行报文的传输路径。而当飞机不处于飞行状态的时候,DSP 也可以通过 GL 或者 AP 的内容,获知具体是通过哪个地面站或者机场将信息发送给指定的飞机。当上行报文中包含 MA 部分内容的时候,则说明用户要求 DSP 在将报文发送给飞机的同时也要求飞机发送相应的反馈报文。

　　由以上报文各字段的定义可以看出,在报文中实现了逻辑的路由和寻址功能;下行报文中实现了报文在地面的重组;保证了报文的准确性、实时性和完整性;为 NMDPS 对报文进行处理、分发打下了良好的基础。需要说明的是,在各类的 ACARS 报文中,除按照 ARINC618、ARINC620 协议要求采用标准的报头、报尾外,同一类型的报文、报文正文部分采用的格式也各不相同。通常是不同航空公司、不同机型对应不同的报文类型,需要预先定义各种报文格式,之后接收到该种类型的报文就可按照定义进行分解。

　　3)报文前导码

　　在发送 VHF ACARS 数据报文之前,需要增加报文前导码(Preamble)。报文前导码依次由前导数据序列、比特同步和字符同步三部分组成。

前导数据序列全部为二进制数据"1",一般为 16 字节,不使用奇偶校验规则。在发送前导数据序列期间,发射机达到功率稳定,接收机实现自动增益控制。前导数据序列发送时间受发送机与接收机性能影响。

比特同步字符长度为 2 字节,尾随前导数据序列,由加号字符"+"与星号字符"*"组成,其主要功能是实现比特模糊分辨。

字符同步部分占用 2 字节,由 2 个连续同步字符"SYNSYN"表示,实现字符同步功能,为后续发送正式的 ACARS 数据报文做准备。

5.3.3 ACARS 系统物理层通信技术

ACARS 数据链作为面向字符的数据链系统,其通信协议不满足 ISO 的 OSI 7 层体系结构,但是其物理层通信原理与其他通信系统基本一致。考虑到在我国主要使用 VHF ACARS 系统,本节只介绍 VHF ACARS 系统相关物理层通信协议。

ACARS 系统使用国际航空专用的 VHF 通信频段,VHF 地空通信系统的技术特性在国际民航公约附件 10 第 I 卷中做了详细规定,频率范围为 117.975~137MHz,信道间隔为 25kHz(中心频率为 1XX.X00、1XX.X25、1XX.X50、1XX.X75 MHz),总信道为 760 个,半双工工作方式。输入 ACARS 系统的信号有两种类型:一种是离散的数字信号,另一种是话音模拟信号。对于两种源信号,ACARS 予以不同的调制方式,最终均借助 VHF 收发器发送出去。ACARS 系统地空通信的数据传输速率为 2.4Kbps,地地通信的数据速率为 9.6Kbps。

1. ACARS 系统射频频率分配

当需要与地面进行信息传输时,VHF 通信收发机频率是由机载系统 CMU 自动控制,具体频率依地区而定。国际上主要的数据链服务提供商(DSP)都有各自不同的数据链覆盖服务区,在每个独立的区域内都设有一组 VHF 频率,分为基频和信频。基频是飞机与地面网络建立连接时使用的频率。在通信负载较低的情况下,飞机在服务提供商所提供的覆盖区域内以基频通信;通信负载较大时,为了避免信道拥塞,飞机可选择可替换的其他频率(信频)通信。每个航空公司可以选择不同的 ACARS 数据链服务提供商为自己提供服务。国际上普遍使用的 VHF ACARS 工作基频如下:

① 中国地区(含香港、澳门)使用的 VHF 数据通信基频频率为 131.45MHz。

② 中国台湾地区、韩国使用的 VHF 数据通信基频频率为 131.725MHz。

③ 日本地区(不含塞班岛、关岛)使用的 VHF 数据通信基频频率为 131.45MHz。

④ 塞班岛、关岛地区使用的 VHF 数据通信基频频率为 131.55MHz。

⑤ 东南亚地区(含泰国、新加坡、马来西亚、菲律宾、蒙古)使用的 VHF 数据通信基频频率为 131.45MHz。

⑥ 印度使用的 VHF 数据通信基频频率为 131.825MHz。

⑦ 澳大利亚使用的 VHF 数据通信基频频率为 131.45MHz。

⑧ 北美地区(美国、加拿大、墨西哥)使用的 VHF 数据通信基频频率 131.55MHz。

⑨ 南美地区使用的 VHF 数据通信基频频率为 131.55MHz。

⑩ 欧洲和中东地区使用的 VHF 数据通信基频频率为 131.825MHz。

为了及时告知飞机已进入某数据链服务提供商提供的服务区域,方便飞机获取基频,地面数据处理中心会产生特定的断续报文(Squitter Message),通过所在区域边缘的地面站,利用基频周期性向飞机广播。

当飞机飞越不同的覆盖服务区时,需要通过国际网关进行信息的传递。而在海洋上空或边远地区上空的空域时,需要采用卫星数据链或高频数据链通信,要求飞机装有支持高频(HF)数据链和卫星数据链通信的机载电子设备,系统工作频率相应为卫星波段和高频波段的频率。目前中国民航数据通信只使用基于 VHF 的 ACARS 系统。

2. ACARS 系统频率管理

数据链服务提供商通过对基频分配及其某分布区域的控制,实现对其基频和信频的有效管理,确保频谱资源的合理利用,保证数据传输性能维持在较高水平。频率管理也是 ACARS 机载子系统的主要功能之一,通过与地面网络协调,机载子系统选择可用的频率与地面系统建立数据通信链路。

标准的 ACARS 数据链基频保存在机载 CMU 的频率搜索表中。基频管理可通过人工基频管理和自动基频管理两种方式实现。人工基频管理是指 CMU 支持机组人员通过机载 CDU/MCDU 改变 VHF 数据通信频率;自动基频管理是指机载设备子系统能够在需要的时候由原基频自动切换到新基频,该功能的实现需要经历 3 个状态:捕获状态、建立状态和保持状态。

1) 基频捕获状态

当系统初始上电或者先前基频上的通信断接后需要重新进入基频捕获状态。CMU 中存有预先设计好优先级和搜寻格式的基频频率表,该表中预置有多个可用于数据通信的频率。CMU 自动扫描频率表,选择某基频后需要进一步确认其能够用于数据通信。为此,CMU 监听地面站发送的断续上行报文(报文标签"SQ"),并通过校验码验证报文的有效性。在负载较轻时,地面站每 2 分钟至少发送 1 次断续上行报文,而负载较重时每 10 分钟发送 1 次。一旦确认所选择的基频有效,CMU 就获得发送许可,可以与地面站建立逻辑连接。

如果在机载扫描计时器设定的时间范围内没有监听到有效的上行信息,则 CMU 会自动更换到下一个频率点,重复以上捕获过程。

2) 基频建立状态

当基频捕获成功后机载子系统已获得发送下行数据许可,在信道空闲条件下利用该基频向地面系统发送测试报文并等待地面系统回复(ACK)。如果收到地面系统确认信息,表明基频建立成功,可以进入基频保持状态;否则,需要转入基频捕获状态,重新寻找基频。

3) 基频保持状态

在基频保持状态,CMU 维持该基频通信,在一些特定情况下,例如有新的基频从基频建立状态转入基频保持状态,或者人为命令需要更改基频等,机载子系统会离开基频保持状态,进入基频建立状态。

如前所述,除基频外,数据链服务提供商通常还提供多个可替换的频率供机载子系统选择使用,从而分流基频上的通信流量,缓解高交通流量区域出现的频率拥挤。ACARS 系统能够选择可替换其他频率(信频)的功能称为自动换频(Autotune)功能。数据链服务提供商的地面控制中心生成特定格式的自动换频命令报文,其中包含可替换的频率列表,在需要换频时上行发送到机载系统。CMU 收到该命令报文之后,首先利用原有工作频率向地面系统下行发送一个确认报文,之后根据自身飞行的不同阶段(航路、终端区或地面)选择相应的替换频率,并利用新的频率发送测试报文或者正常的下行数据报文。

在自动换频过程中以及换频之后的正常工作期间,如果机载系统与地面系统无法实现有效地通信,比如无法收到对方的确认信息,则 CMU 会重新选择换频之前的基频,进入基频建立状态。如图 5-9 所示为基频管理功能和自动换频功能示意图。

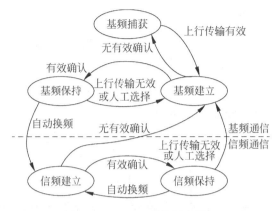

图 5-9　ACARS 系统频率管理

3. ACARS 系统调制机制

尽管数字信号在传输过程中具有抗干扰性较强、误码率低、数字式设备易于集成化、微型化等优点,但鉴于模拟信号比数字信号频带窄,所以在 ACARS 系统内,话音信号仍采用模拟信号幅度调制方式。在地面站发送的启动 ACARS 系统的上行链报文中约定了话音通信所用的载波频率。对于输入系统的离散数字信号,先对各码元进行最小移频键控(MSK)调制(见 ARINC 618 规范),再用一个固定分配的频率(如:我国基频为 131.45MHz)作为载波进行调幅,最后将该二次调制波经过 VHF 天线发送出去。ACARS 系统调制、解调过程如图 5-10 所示。

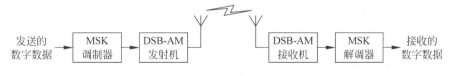

图 5-10　ACARS 系统信号的发送与接收

1) MSK 信号特点

MSK 是一种特殊的 2FSK 信号,又称快速移频键控(Fast Frequency Shift Keying,FFSK)。由于 2FSK 信号通常是由两个独立的振荡源产生的,在频率转换处相位不连续,因此会使功率谱产生很大的旁瓣分量,若通过带限系统后,会产生信号包络的起伏变化。为了克服上述缺点,需要控制频率转换处的相位变化使其保持连续,这种形式的数字频率调制称为相位连续的频移键控(Continuous-Phase Frequency Shift Keying,CPFSK)。MSK 属于CPFSK,但因其调制指数最小,在每个码元持续时间 T_s 内,频移恰好引起 90°相移变化,所以称这种调制方式为最小频移键控 MSK。

MSK 信号可以表示为

$$S_{\text{MSK}} = \cos\left(\omega_0 t + \frac{\pi a_k}{2T_s}t + \varphi_k\right), \quad kT_s \leqslant t \leqslant (k+1)T_s \tag{5-1}$$

式中，$\omega_0 = 2\pi f_c$ 表示载波角频率，$\dfrac{\pi a_k}{2T_s}$ 表示频偏，T_s 为码元宽度，φ_k 表示第 k 个码元的起始相位，其作用是保证在 $t = kT_s$ 时刻信号相位连续；数字信号 $a_k = \pm 1$，当输入码元为"0"时，$a_k = -1$，输入码元为"1"时，$a_k = +1$。

令 $\phi_k(t) = \omega_0 t + \dfrac{\pi a_k}{2T_s}t + \varphi_k$，则有

$$\frac{\mathrm{d}\phi_k(t)}{\mathrm{d}t} = \omega_0 + \frac{\pi a_k}{2T_s} = \begin{cases} \omega_0 + \dfrac{\pi}{2T_s}, & a_k = 1 \\[2mm] \omega_0 - \dfrac{\pi}{2T_s}, & a_k = -1 \end{cases} \tag{5-2}$$

由 5-2 式可知，MSK 信号的两个频率为

$$f_1 = f_c - \frac{1}{4T_s}, \quad f_2 = f_c + \frac{1}{4T_s}$$
$$f_c = \frac{n}{4T_s}, \quad n = 1, 2, \cdots \tag{5-3}$$

其中 f_c 为中心频率。该式表明 MSK 信号在每一个码元周期内必须包含 1/4 载波周期的整数倍，由此可得到频率间隔为

$$\Delta f = f_1 - f_2 = \frac{1}{2T_s} \tag{5-4}$$

MSK 信号的调制指数为 $h = \Delta f T_s = \dfrac{1}{2}$

通过以上分析，可以看出，MSK 信号具有以下特点：

(1) MSK 信号是恒定包络信号。

(2) 在码元转换时刻，信号的相位是连续的，以载波相位为基准的信号相位在一个码元内线性地变换 $\pm\dfrac{\pi}{2}$。

(3) 在一个码元期间，信号应包括 1/4 载波周期的整数倍，信号的频率偏移等于 $\dfrac{1}{4T_s}$，相应的调制指数 $h = 0.5$。

2) MSK 信号调制原理

由 MSK 信号的一般表达式(5-1)，并考虑到 $a_k = \pm 1$，有下式

$$
\begin{aligned}
S_{\mathrm{MSK}} &= \cos\left(\omega_0 t + \frac{\pi a_k}{2T_s}t + \varphi_k\right) = \cos\omega_0 t \cos\left(\frac{\pi a_k}{2T_s}t + \varphi_k\right) - \sin\omega_0 t \sin\left(\frac{\pi a_k}{2T_s}t + \varphi_k\right) \\
&= \cos\varphi_k \cos\frac{\pi a_k}{2T_s}t\cos\omega_0 t - \cos\varphi_k \sin\frac{\pi a_k}{2T_s}t\sin\omega_0 t \\
&= \cos\varphi_k \cos\frac{\pi}{2T_s}t\cos\omega_0 t - a_k\cos\varphi_k \sin\frac{\pi}{2T_s}t\sin\omega_0 t \\
&= I_k(t)\cos\frac{\pi}{2T_s}t\cos\omega_0 t - Q_k(t)\sin\frac{\pi}{2T_s}t\sin\omega_0 t
\end{aligned}
\tag{5-5}
$$

式(5-5)即为 MSK 信号的正交表示形式。MSK 信号可以表示为同相分量 $I_k(t)$ 和正交分量 $Q_k(t)$ 两部分。I 分量的载波为 $\cos\omega_0 t$，$I_k(t)$ 包含输入码元信息；Q 分量的载波为 $\sin\omega_0 t$，$Q_k(t)$ 中包含输入码元的信息。$\cos\dfrac{\pi}{2T_s}t$ 和 $\sin\dfrac{\pi}{2T_s}t$ 为加权函数。由上式可画出

MSK 信号的调制原理图,如图 5-11 所示。图中输入的二进制数据序列经过差分编码和串并变换后,I 支路信号经过加权调制和同相载波 $\cos\omega_0 t$ 相乘后,输出同相分量;Q 支路信号先延迟 T_s,再经过加权调制和正交载波 $\sin\omega_0 t$ 相乘后输出正交分量,同相分量和正交分量相减即可得到已调 MSK 信号。

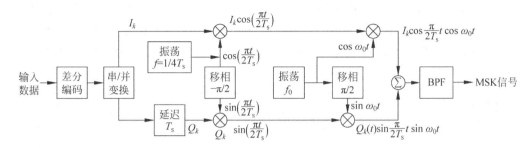

图 5-11　MSK 信号的调制原理图

3) MSK 信号解调原理

MSK 信号通常采用相干解调,将接收到的 MSK 信号分解为上下两路 2FSK 信号分别进行解调,然后判决。MSK 信号经过带通滤波器消除带外噪声,然后借助正交的相干载波 f_I 和 f_Q 与输入信号相乘,将 I_k 和 Q_k 两路信号区别开,再经过积分后输出,分别为 aI_k 和 aQ_k(a 为比例常数)。同相支路在 $2kT_s$ 时刻抽样,正交支路在 $(2k+1)T_s$ 时刻抽样,判决器根据抽样后的信号极性进行判决,判决规则与调制规则相对应,调制时若规定"1"对应载波频率 f_1,则接收时上支路的样值较大,应判为"1",反之判为"0",经过并/串转换,变为串行数据,与调制器相对应。因在发送端经过差分编码,故接收端输出需经过差分译码,恢复原始数据。图 5-12 为相干解调原理框图。

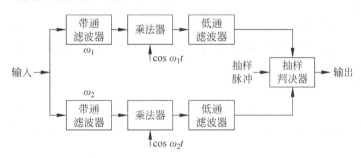

图 5-12　MSK 信号的解调原理图

4. ACARS 数字信号的 MSK 调制

ACARS 数字信号使用两种子载波,频率分别为 2400Hz 和 1200Hz。通过该两种频率的不同组合,表示二进制信号"0"和"1",如图 5-13 所示。对于子载波频率 2400Hz,一个周期的波形代表一个二进制位。当在一个码元周期内起始相位为 0 时,代表"1";起始相位为

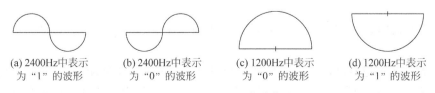

(a) 2400Hz中表示　　(b) 2400Hz中表示　　(c) 1200Hz中表示　　(d) 1200Hz中表示
为"1"的波形　　　　 为"0"的波形　　　　 为"0"的波形　　　　 为"1"的波形

图 5-13　ACARS 子载波信号

π时,代表"0"。对于子载波频率1200Hz,半个周期的波形代表一个二进制比特。在一个码元周期内起始相位为0时,代表"0";在一个码元周期内起始相位为π时代表"1"。

对于以上两种子载波信号波形,也满足如下规则:当一个周期的波形结束,其波形走势为正斜率时,表示二进制信号"1",负斜率时表示二进制信号"0"。可见,ACARS信号是通过载波频率与相位的不同组合实现编码。图5-14为ACARC系统MSK调制波形示例。可以看出,1200Hz的载波信号所表示二进制比特与其前面的二进制比特不同,即出现比特翻转,而2400Hz的载波信号所表示二进制比特与其前面的二进制比特相同,这使得信号的解调过程非常简单。

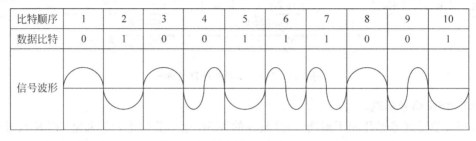

图5-14 ACARS调制信号波形

5.3.4 ACARS系统链路控制技术

1. ACARS系统媒体访问控制

ACARS属于多用户访问网络,机载CMU和VHF地面站必须按照一定的媒体访问算法检测信道状态,获得物理链路的使用权。为了保证在有效的频率上发送数据,CMU在发送报文之前必须获得下行发送数据的许可。飞行人员人工命令、一些用户定义的命令或逻辑、通过频率管理或数据链服务提供商的自动换频命令可使CMU获得发送下行数据的许可。在获得下行发送数据许可之后需要执行下面的媒体访问控制算法,从而最终确定是否可以占用信道发送数据。

1)信道感知

如果在ACARS系统VHF收发器模拟接口检测到有MSK调制的载波频率(1200Hz或2400Hz)信号存在,则认为射频信道被占用,如果两种频率的信号都没有检测到,则认为信道空闲。

2)多路访问控制

ACARS系统地空双向无线信道中进行数据通信时采用"非坚持-载波侦听多路访问(CSMA)"通信协议,具体执行步骤如下:

(1)如果信道空闲,则立即发送数据。

(2)如果信道被占用,CMU等待一段随机的时间,该等待时间在30~300ms之间均匀分布。

(3)等待时间到后,返回到第一步,CMU重新检测信道状态,直到信道空闲,然后发送数据。

一旦检测到信道空闲,CMU会立即键控机载VHF收发器启动发送,与此同时输出前导数据序列、比特同步字符与同步字符"SYNSYN",随后发送ACARS报文数据。一旦报文发送结束,CMU 会立即键控机载 VHF 收发器停止发送。

ACARS 系统没有提供避免访问冲突的机制,当负载较重时冲突会加剧,整个系统工作性能会降低。

2. 数据链路控制协议

ACARS 系统使用"停-等"方式的链路控制机制,即每份报文发出后,必须在收到其确认报文后才能将下一份报文发出。如图 5-15 所示。序号为"0"的数据 DATA(0)发送后,只有收到其相应的确认 ACK(1)报文之后,才可以发送新的数据报文。如果数据报文丢失或者确认报文丢失,在规定的时间内(机载重发计时器设置的时间)报文发送方无法收到预期的确认,则会自动重传已经发送报文,直到收到正确的确认报文,或者重发次数超过规定的次数(机载重发计数器设置的时间)后,系统认为当前链路不可靠,重新建立通信链路。使用"停-等"方式可以有效地实现链路流量的控制。

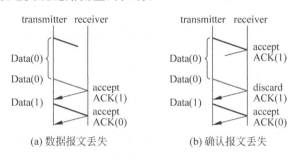

图 5-15　"停-等"方式链路控制机制

每个 ACARS 报文最大可以支持 220 个字节。对于长数据块,由 ACARS 通信处理器将其分成数段,按照报文格式要求,每个数据段编成一份报文并依次通过无线链路发出。

3. ACARS 系统逻辑信道管理

ACARS 机载子系统在发送数据之前,需要通过 CMU 与指定地面站之间建立逻辑连接。此后,机载 VHF 发送器再发送数据。只有已经与机载 ACARS 子系统建立了逻辑信道的地面站才可以接收、处理下行链数据,而其他站对此信息不做任何处理。

通常,CMU 对通信逻辑信道的管理体现在 CMU 控制下的基频获取、逻辑信道建立、信道维持 3 个方面,如图 5-16 所示。基频获取成功后(基频获取过程参见前 5.2 节),ACARS 机载子系统会通过确定的基频,按照 CSMA 机制检测信道占用情况。一旦信道空闲,则建立逻辑信道,发送数据报文,同时需要维持信道保证报文正常通信。

VHF ACARS 系统支持两类网络运行模式:A 类模式(CAT-A)和 B 类模式(CAT-B)。所有的数据链服务提供商(DSP)都支持 A 类运行模式,B 类运行模式只限于部分型号的 CMU。当 B 类模式不能继续维持时,可以转换到 A 类模式运行。

1)A 类模式下的信道管理

在 A 类模式下,下行报文会被默认广播到机载 VHF 覆盖范围内所有 DSP 的地面站。所有的地面站都会接收 A 类下行报文并将其转发到网络管理与数据处理系统 NMDPS,而 NMDPS 只将信号质量最好的一份报文转发到地面用户,并记录接收该下行报文的地面站地址。该地面站将被指定为由地面向飞机上行发送数据报文和确认报文时的地面站。

如图 5-16 所示,机载子系统根据接收到地面上传数据的质量来确定最合适的地面站,

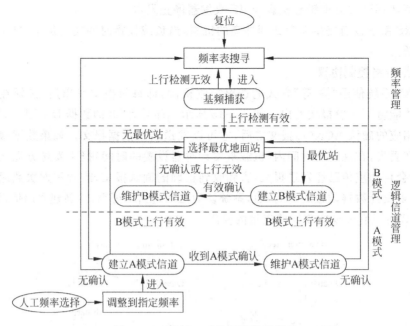

图 5-16　ACARS 系统逻辑信道管理

并与之建立连接(B 类模式),如果没有最合适的地面站,则会启动 A 类模式下的逻辑信道建立过程。

　　A 类模式下机载系统发送模式字段(Mode)字符为"2"的下行报文(报文队列中等待发送的报文或者测试报文),并等待地面系统确认。如果收到模式字段字符为"2"的确认报文(ACK),则表明 CMU 与 DSP 地面站已建立 A 类模式逻辑信道,可以进行正常的 A 类模式通信,同时进入逻辑信道维持阶段;如果在确认计时器规定的时间内不能收到确认报文,则机载系统再次发送下行报文,重复发送达到规定的次数后仍不能收到地面系统的确认报文时,CMU 会自动更换频率,重新进入频率捕获状态,寻找新的基频,而后再进行逻辑信道的建立过程。同理,在正常的 A 类模式通信过程中(逻辑信道维持阶段),如果机载系统重复发送报文的次数达到规定的次数后仍不能收到地面系统的有效确认,则 CMU 会自动更换频率,重新进入频率管理阶段。

　　ACARS 系统支持人工分配工作频率,在该方式下,机载子系统不经过第 2 节所述的频率管理过程,在所分配的工作频率上直接进行 A 类模式下的逻辑信道建立过程,如图 5-17 下部所示。

　　在 A 类模式下的逻辑信道建立阶段与维持阶段,如果检测到有 B 类模式的上行报文,则均会转入最佳地面站的选择,进入 B 类模式下的信道管理。

　　2) B 类模式下的信道管理

　　对于 B 类模式,DSP 为每个地面站分配一个站地址(SITE 地址),并将该地址置于上行数据报文和断续报文的模式字段,提供给机载子系统,CMU 将全部地面站的 SITE 地址保存到一张地址表中。该地址表与工作频率相对应,一旦工作频率改变,该地址表就需要重新建立。

　　当与地面系统建立连接时,CMU 将从地址表中选择一个最佳站地址并置于下行报文

（报文队列中等待发送的报文或者测试报文）的地址字段，通过发送该报文以取得与最佳地面站的通信联系。在机载 VHF 覆盖范围内，只有对应的单个地面站能接收该下行报文，并送到 NMDPS 处理后转发地面用户。地面用户的确认报文经过 NMDPS 转发后，通过相同的地面站上行发送到机载系统。此时，CMU 与 DSP 地面站之间的逻辑信道就建立起来，CMU 与所建立联系的地面站已具备通信条件，随之进入 B 类模式下的信道维持阶段。

在逻辑信道的建立过程中，如果在确认计时器规定的时间内不能收到所选择地面站发回的确认报文，则机载系统再次发送下行报文，重复发送达到规定的次数后仍不能收到该地面站的确认报文的话，CMU 会从地址表中重新选择一个地址码进行测试，如图 5-16 所示。

只有与飞机建立逻辑信道的地面站才能接收 B 类运行模式下的下行数据报文，同样，只有与飞机建立逻辑信道的地面站才能发送地面用户的上行数据报文。同上所述，在 B 类正常运行模式下，如果重复发送达到规定的次数后仍不能收到该固定地面站的确认报文，或者在机载扫描计时器设定的时间范围内没有监听到任何来自该固定地面站的有效上行报文，则 CMU 也会重新选择新的地面站地址进行测试，直至在所确定的频率上任何一个地面站都无法与 CMU 通信，此时机载系统会启动 A 类模式下的逻辑信道建立过程。

5.3.5　ACARS 系统地空数据传输

机载 ACARS 子系统根据应用需求可产生多种类型的下行数据报，不同类型的下行报文地面处理过程不完全相同。本节介绍典型的甚高频 ACARS 系统数据传输过程。

1. 下行数据传输

ACARS 系统下行数据传输如图 5-17 所示。图中虚线及序号表示数据流动路径与顺序，大致分为 5 个阶段，前 2 个阶段依靠地空数据通信网络实现，后 3 个阶段依靠地地数据通信网络实现。

当机载 ACARS 用户终端需要发送下行数据时，首先通过机载传输系统发送给 CMU。CMU 按照 ARINC 618 规范生成相应的下行数据报文，通过地空数据链路发送到地面站。地面数据处理与控制系统在接收到该下行报文后将其按照 ARINC 620 规范重新生成下行报文，最终通过地地数据网络发送到 ACARS 地面用户终端。

1）启动下行数据报发送

没有数据信息传输时，机载系统处于等待状态，在以下情况下发生时会启动下行链路报文的传输。

（1）收到地面站通过上行链路发起的命令，要求给出响应，或者收到链路维护要求的命令。

（2）飞行人员通过人工输入指令，启动下行链路传输。

（3）预先定义的能够启动下行链数据传输的事件发生。

后两种情况不是针对地面站上行报文的响应，而是 CMU 启动的下行链路传输，要求每次发送时在下行报文的技术确认字段（TAK）中填充否定确认字符"NAK"。

2）单数据报发送

在下行数据报发送之前，CMU 首先按照媒体访问控制 CSMA 协议，确定 ACARS 信道是否空闲，只有信道可用时才能将保存在发送数据队列存储器中的下行数据报文发送。CMU 发送一条下行报文后启动相应的重发计时器，随后进入等待确认信息状态。

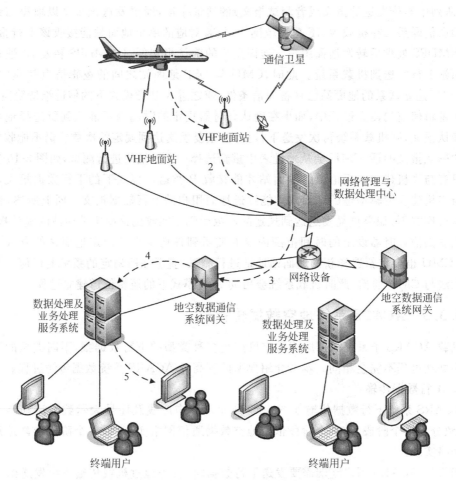

图 5-17 ACARS 系统下行数据传输示意图

地面数据处理与控制系统在接收下行报文后,首先将进行 BCS 差错校验。如果报文没有错误,地面数据处理系统将通过地面网络将此报文送到目的用户。同时,产生一个表示"肯定"(用字符"ACK"或者上行链路报文中标识字符表示)的确认报文,通过上行链路发送到飞机,或者将该"肯定"确认信息嵌入针对该飞机的其他上行数据报文。如果报文有错,不会发送表示"否定"的确认报文。单数据报文正常传输过程如图 5-18 所示。

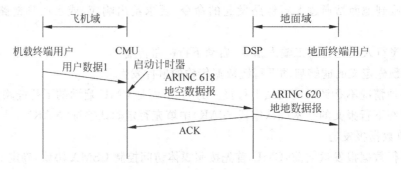

图 5-18 下行数据报正常传输

机载 CMU 一旦收到地面站发送的上行确认报文后,CMU 比较自身寄存器的下行链路块标识 DBI 值与所接收上行报文中技术确认字段(TAK)中的值是否一致,当上行报文中TAK 字段在"0"~"9"内,且与 DBI 寄存器中的值相等时,说明先前发送的下行数据报文已被地面站正确接收,ACARS 管理部件从存储器中清除已发送成功的报文,等待发送新的下行数据报文,同时 DBI 值更新(增加 1)。如果比较结果不一致,表明没有收到有效的地面确认信息,需要重新发送数据报。

3)数据报重新发送

机载 ACARS 系统设有专门的重发计时器(VAT7)和重发计数器(VAC1),用于数据报文重复发送管理。重发计时器记录下行报文从发送到接收到地面应答的时间间隔,重发计数器记录同一条报文重复发送的次数。CMU 每发送一条下行报文后启动相应的重发计时器。在规定的时间(根据服务要求确定,不超过 25s)内,CMU 通过比较 DBI 寄存器与上行报文 TAK 字段的值,如果二者相等,说明下行数据报文已被地面站正确接收,重发计时器清零;如果不相等,说明所接收的上行报文不包含对上一条下行报文的确认信息,CMU 需要重新发送先前的下行数据报文,同时重启该重发计时器。

另外,如果所接收上行报文中技术确认字段值为控制字符"NAK",则表明该报文不是确认报文,不包含对下行数据报文的确认信息,重发计时器超时后也需要重新发送下行数据报文。重新发送的下行报文中 MSN 与 DBI 值与先前发送的报文保持一致。下行数据报文重新发送过程如图 5-19 所示。

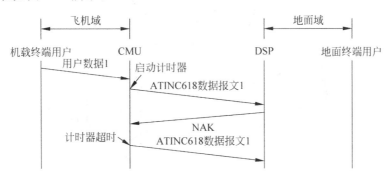

图 5-19 下行数据报文重新发送

每次重发下行数据报文后,重发计数器值更新(增加 1 次)。机载 CMU 规定了最大报文重发次数(VAC1 值最大为 8),如果超过该次数报仍没有发送成功,则认为 ACARS 数据链通信中断,CMU 链路管理进入获取链接阶段。同时,重发计数器清零,将下行发送的报文保存,并以报文的形式通知飞行人员地面站不会发送上行确认报文(NOCOMM),和地面站的通信无法实现。当飞机正在飞出地面站的有效作用范围时通常会发生上面所描述的情况。未被确认的报文保存在存储器中直到飞行人员启动另一次下行链路发送时为止;或者,此报文将一直保存到接收来自本地址的有效上行报文为止;或者飞机停靠登机门(即IN 事件产生)后,被保存的报文将丢弃。

4)分组数据报文发送

根据 ARINC 618 规范要求,如果下行报文的正文长度超过 220 个字符,应该拆分、组成多条分组数据报文发送。在分组报文格式封装过程中,用"MSN"字段区分同一分组报文的不同块,其中"报文源"和"报文编号"相同,不同块的"分组块字符"按照从"A"～"P"的顺序依次顺排。机载 ACARS 系统设有分组报文计时器(VAT10),用于记录一条分组下行报文从第一包数据块发送,到最后一包数据块成功送至地面系统之间的时间间隔。CMU 发送分组下行报文的第一包数据块时开启该计时器;在没有收到下行分组报文最后一块的有效确认信息之前,会认为当前的下行分组报文始终未发送完毕,一直等待。当下行分组报文计时器 VAT10 到期时,则从第一包开始重新发送该下行分组报文。重传的下行分组报文中"MSN"字段应与原始报文相同,但采用新的 DBI 字段值。分组报文计时器在以下两种情况下会关闭:第一种是 CMU 接收的上行报文包含对之前发送的下行分组报文最后一包数据块的有效确认;第二种情况是计时器到期,计时器到期后,重新传送该完整的分组下行报文。

2. 上行数据传输

ACARS 系统上行数据传输如图 5-20 所示,图中虚线及序号表示数据流动路径与顺序。5 个阶段中前 3 个阶段依靠地地数据通信网络实现,后 2 个阶段依靠地空数据通信网络实现。

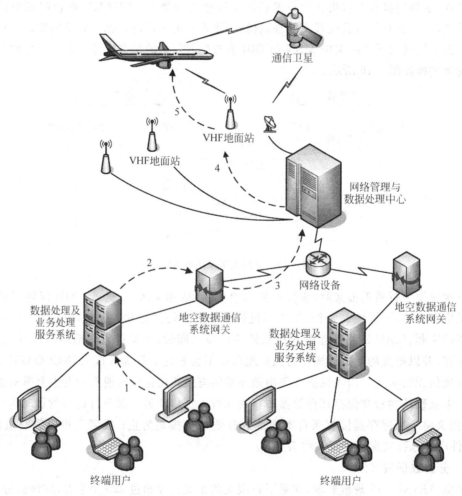

图 5-20　ACARS 系统上行数据传输示意图

当地面 ACARS 用户终端需要向飞机发送数据时,首先按照 ARINC 620 规范生成上行数据报文,通过地地传输网络发送给 ACARS 地面数据处理与控制系统。地面数据处理与控制系统按照 ARINC 618 规范重新生成相应的上行数据报文,并发送到合适的地面站,通过地空数据链路发送到飞机。最终,机载 CMU 处理报文后通过机载数据传输系统将有用信息传送到机载 ACARS 用户终端。

1) 上行数据正常发送

上行数据报文必须包含目的地址信息(飞机注册码或飞行标识)。地面终端需要指定接收其数据信息的 DSP 地址、飞机注册码或飞行标识。根据 ARINC 620 规范,用户可以根据应用需求在将数据报文发送给 DSP 时,请求飞机发送相应的确认报文(Massage Assurance,MA)。当地面用户发送的上行数据不满足发送条件(见 5.3.2 节报文格式说明)时,DSP 会终止报文发送,并将终止原因反馈到用户。上行数据报文正常传输过程如图 5-21 所示。

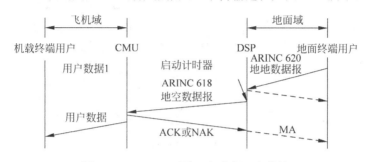

图 5-21 ACARS 系统上行数据正常传输

地面 DSP 管理上行链路数据块标识 UBI 值,使上行的数据报文按序号顺序通过上行链路发送。如果所发送的报文不是针对之前下行数据报文的响应,则该上行报文的技术确认字段中需填充否定确认字符"NAK"。

2) CMU 对上行报文的处理

对于机载 ACARS 子系统而言,CMU 只处理以本地地址(飞机地址)为目的地址的上行报文。对于接收地址有效的上行报文,再根据报文中的标签字符类型确定进一步的处理。上行链路报文的确认过程与下行报文发送基本类似。CMU 接收到上行数据报文后,按照下列规则给出"肯定"或"否定"的确认,并通过下行链路发送到指定的地面站,即发送上行报文的地面站。

(1) 接收端地址有效,且 BCS 校验正确,UBI 字符匹配,则进行"肯定"确认。

(2) 接收端地址有效,但 BCS 校验错误,则进行"否定"确认。

(3) 具有全呼叫地址(7 个"NUL")的广播报文不进行确认。

(4) 忽略接收端地址无效的报文。

CMU 模块设有专门存储 UBI 字符的数字寄存器。在成功接收到有效的上行报文后,UBI 寄存器值更新。CMU 通过比较 UBI 寄存器里保存的参考字符与上行报文中 UBI 字符是否一致确定是否对该上行报文进行确认。在"肯定"确认报文中,技术确认字段填充字符"ACK"或者所接收上行报文中的 UBI 标识字符。在"否定"确认报文中技术确认字段填充字符"NAK"。

机载系统对上行报文的确认信息可以通过通用的基本确认报文发送,或者通过正常的下行链路数据报文捎带发送。如果是前者,发送完确认报文后,机载系统返回到等待状态;

如果是后者,相当于下行数据传输,地面站收到报文后会启动新一个周期的确认过程。

3) 数据报重新发送

DSP 设有专门的重发计时器(VGT1)和重发计数器(VGC1),用于数据报文重复发送管理。发送上行报文的地面站收到 CMU 的"否定"的确认后会启动重新发送过程,重发计时器超时(典型值为 10s)后且重发计数器未达到规定次数时也会启动重新发送过程。重发的上行报文中 UBI 字符与先前发送的上行报文一致,其中也可以包含对其所接收的下行报文的确认。每次重发上行数据报文后,重发计数器值更新(增加 1 次)。DSP 规定了每个地面站最多允许重发报文的次数(VGC1 值为 3,A 模式下最高可达 14),一旦超过该次数,则认为该地面站与机载子系统的链路不可用。如图 5-22 所示为 CMU 确认报文丢失导致 DSP 重发上行数据报文的过程。

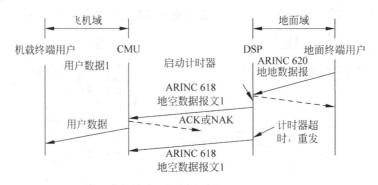

图 5-22　上行数据报文重新发送

4) CMU 对重传报文的检测

地面站在重发计时器规定的时间内没有收到飞机发送的确认报文时,将按流程重新发送上行数据报文。CMU 通过比较上行报文中的 UBI 字符与上行链路块标识寄存器的参考字符,若两个字符相同,则 CMU 认定该报文是上一条上行报文的重发报文。

CMU 设有 UBI 重置计时器(VAT8),当 CMU 收到有效的上行数据报文时该计时器启动。如果该计时器超时(设定为 10min),UBI 寄存器被设置为控制字符"NUL"。此时,CMU 将任何接收到的有效上行报文当作新报文。对于重发的上行报文,CMU 不对报文内容进行解析或做进一步处理,但需要通过下行链路来确认,告知地面站该重传的上行报文已正确接收。

3. ACARS 系统语音工作方式

机载 ACARS 设备与地面站之间信息交互有两种方式:数据方式和话音方式。数据方式为最基本的工作方式,在 VHF 覆盖范围内,ACARS 系统缺省处于数据方式,其基本工作原理如本章前面各节内容所述。

当飞行人员或地面站有话音要求时,可以通过 CMU 菜单将 ACARS 系统由数据方式切换到话音方式。如果某时刻同时存在数据发送申请和话音联络要求,CMU 首先响应数据方式。而在数据发送结束后,如果还有话音请求,通过 VHF 控制板上"数据/话音"选择开关选择话音方式,并在每次通话长于 2min 后自动返回到数据方式。

ACARS 在接收到的地面上行话音请求报文中,含有地空话音通信指定使用的频率。CMU 转换到话音方式并将 VHF 收发机自动调谐到话音通信频率。随后 CMU 向地面站发送"数据/话音方式转换"(标签字符为"5P")下行报文,表明 ACARS 已实现工作方式转换,要求地面存储它直到话音通信结束。一旦话音通信结束,CMU 又自动转换到数据方式,并向地面站发送标签字符为"Q6"的下行报文,告之地面站 ACARS 目前的方式。如果机载系统使用专用 VHF 收发机完成 ACARS 功能,CMU 还要发送一条标签字符为"F3"的下行报文,告之地面站可以连续接收数据信息。

话音方式工作于 VHF ACARS 系统 B 类网络运行模式下,在进行正式话音传递前,依据上行链话音频率选择恰当的通信逻辑信道,进行话音联络每次不超过 2 分钟,如果超出 2 分钟,还需要进行话音联络。

为了更为清楚地理解 ACARS 工作原理,附录 2 给出了模拟实现下行数据链报文发送流程。对于从地面到机载设备上行链信息的传输,系统工作原理大体相同。不同的是上行链报文中的地址码是飞机的注册号或航班号,而下行链报文的地址是地面站地址码。

5.4 ACARS 系统应用

5.4.1 ACARS 系统应用概述

ACARS 系统作为一种地空数据链系统,最初用于数据服务提供商向航空公司提供相关服务,目前已扩展到空中交通管理与服务领域。具体可提供的服务包括空中交通服务(ATS)、航务管理通信(AOC)和航空管理通信(AAC)。

在国外,发达国家早已大量使用数据链通信系统。ACARS VHF 通信网络在北美、欧洲地区建设完善,且使用多个 VHF 频率进行地空通信。航空公司、空中交通管理与服务部门将地空数据通信系统作为日常运行的必备系统,而将话音通信逐步用于紧急通信。目前 ACARS 应用较为规范与成熟,航空公司可以根据自身的运行需要加装硬件(电子)设备,调整机载设备软件,以满足其对数据链系统的应用需要。利用 ACARS 快速、自动、信息量大的特性,不仅下传飞机性能数据,而且也包括商用数据,如食品、饮料供应、乘客订票、订旅馆等。通常,在地面制作一套强大的性能数据库软件与 ACARS 报文进行直接对话,当飞机滑行至跑道头时,飞机会下发一份飞行计划报,将跑道的风向、风速、温度和飞机重量实况等信息告诉地面性能分析计算机,经过计算机的快速性能分析,可立即自动上传一份性能报告给机组,告知机组飞机起飞所用推力大小、跑道长度和爬升率,大大提高了飞行的安全性和经济性。签派员则更可利用 ACARS 通信范围远的特性,进行二次放行、油量信息监控、实时空中的气象观测,来更准确地制作计算机飞行计划。在一些飞机的客舱中,客舱乘务员可通过 ACARS 系统预先了解到航班的旅客人数、名单以及座位分布情况,也可根据旅客需要下发请求支援。在北美的机场,都建立了管制员飞行员数据链通信(CPDLC),管制员利用 ACARS 进行数字化起飞放行(D-PDC)和数字化终端区信息服务(D-ATIS),这样可以根据批次同时放行一群航班,以及自动回复飞机的推出时间、滑行路线、起飞跑道和起飞时间。改变了过去管制员用话筒只能指挥一架飞机的状况,有效提高了管制员的放行能力和机场的利用率。

在我国,从 1995 年开始建设至今,民航甚高频数据网络系统逐步成熟与完善。目前所有飞机均安装地空数据通信设备,具备进行地空数据通信能力。主要航空公司已具备根据自身运行需要修改机载软件的能力,同时配合地面应用需要,建设配套的地面应用系统。航空公司的主要应用包括飞行运行控制与服务、飞行动态监视、机务在线诊断与维修、气象服务、地面服务与支持等。我国主要依据北美、欧洲与ICAO的相关规章作为空管与服务领域应用的标准。2001年1月正式开放的L888航路,使用基于地空数据链通信的CPDLC管制方式,L888航路和极地航路的开通,为中国民航树立了新航行系统应用先锋。

尽管ACARS具体应用随航空公司或空中交通管理服务的不同而不同,但是有许多应用是所有ACARS用户普遍使用。如图5-23所示为航空公司ACARS系统在各飞行阶段可以提供的服务。如图5-24所示为空中交通管制与服务中ACARS系统在各飞行阶段可以提供的服务。

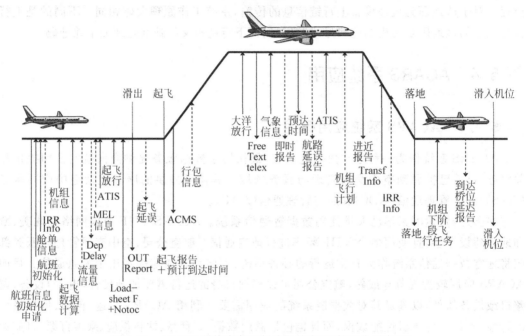

图 5-23　ACARS 系统在各飞行阶段的应用(航空公司应用)

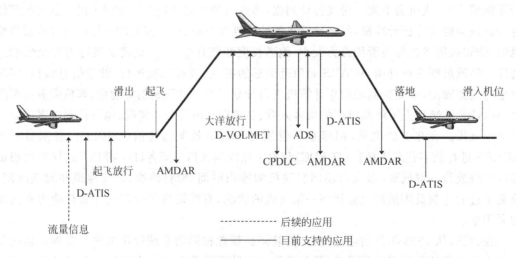

图 5-24　ACARS 系统在各飞行阶段的应用(空中交通管制与服务应用)

　　ACARS 数据链系统的使用,已经使原先一个简单的地空通信系统的意义发生了重大变化,这不仅可大大提高地面服务部门的工作效率,提升航班运营的安全、正点水平,也使民航系统在 ACARS 的使用上带来了较大的空间,最终为航空领域带来巨大的经济效益和社会效益。

5.4.2　ACARS 系统典型应用

　　本节将主要介绍甚高频 ACARS 数据链系统在空中交通管理与服务(ATM & ATS)中的典型应用,主要包括起飞前放行(PDC)服务、数字化终端区信息服务(D-ATIS)、管制员飞行员数据链通信(CPDLC)与合同式自动相关监视(ADS-C)服务、航路气象信息服务(D-VOLMET)与航空气象资料下传(AMDAR)等。

1. 起飞前放行服务

　　起飞前放行系统(Pre-Departure Clearance,PDC/DCL)是一种基于地空数据链的飞行器放行系统。该系统利用地空数据链建立飞行员与塔台管制员间的数据通信,管制员向飞行员提供飞机起飞前放行许可服务。数字起飞前放行系统的工作流程如下:

　　(1)飞行员通过机载设备发出放行请求报文给地面起飞前放行系统,放行请求报文中包括航班号、机尾号、终端区信息服务代码、机型、起飞机场、目的机场代码及停机位等信息。

　　(2)地面起飞前放行系统接到飞行员请求后,判断是否满足管制放行条件;如果满足放行条件,则塔台管制员发送放行许可报文给机载设备,放行许可报文包含飞行标志、机型、应答机编码、使用跑道、离场航线、飞行高度层等。

　　(3)飞行员接收到管制员的放行许可报文后,回复确认。

　　传统的话音放行程序与数字化起飞前放行(PDC)的比较如表 5-10 所示。

表 5-10　传统飞机起飞前放行程序与 PDC 的比较

传统话音放行程序	数字化起飞前放行程序(PDC)
• 起飞前 60 分钟:导入飞行计划 • 起飞前 30 分钟:飞行计划激活 • 起飞前 15 分钟:飞行员使用话音发出放行申请,包括机尾号,目的机场,最新 ATIS 编码等 • 管制员使用飞行计划数据终端,分配起飞时隙,向飞行员发出回复 • 飞行员重复管制员指令,确认接收到指令	• 起飞前 30 分钟:激活飞行计划 • 起飞前 15 分钟:飞行员使用 ACARS MU 发出放行请求,包含机尾号、目的机场、最新 ATIS 代码等信息 • 放行系统检查收到的放行申请与飞行计划相匹配,并向飞机发出接收或拒绝请求的回复信息 • 管制员在 PDC 终端编辑放行指令,该指令通过数据通信网络向飞机传输 • 飞行员检查并打印放行单 • 飞行员发出接收放行指令成功的确认信息

　　传统的话音放行模式使用的放行频率只有一个,同一时间只有一个管制员负责放行,在飞行流量高峰时会出现管制频率拥挤和争抢问题,且话音质量不高会导致严重的安全隐患。而 PDC 系统使用数据通信使放行程序异步化,可以减轻飞行员和管制员工作负荷,消除了由于话音通信质量差而带来的"语义误解",很大程度上减轻了起飞前放行的管制频率拥挤问题,提高放行效率。

　　按照 PDC 工作流程给出飞行员和管制员工作界面及显示终端的内容,如图 5-25～图 5-32 所示。

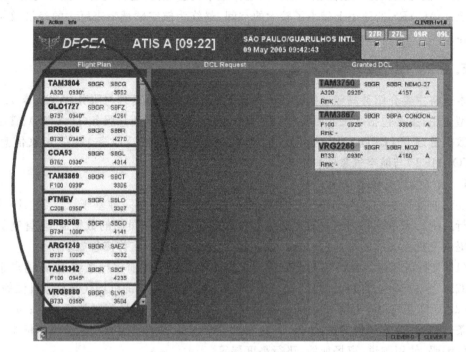

图 5-25 地面系统接收出港航班计划

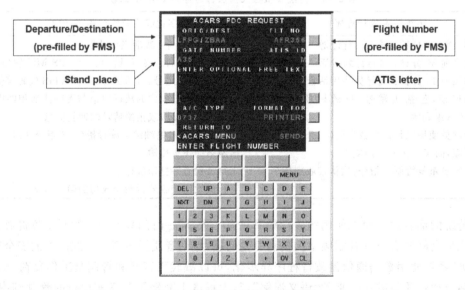

图 5-26 飞行员发送放行许可报文

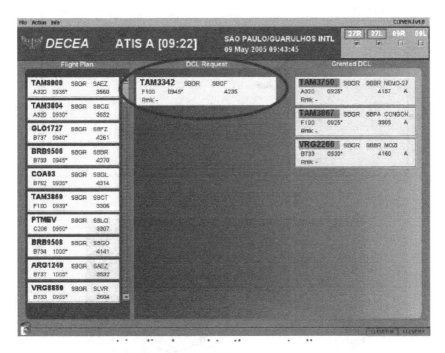

图 5-27　塔台管制员收到放行许可（显示终端）

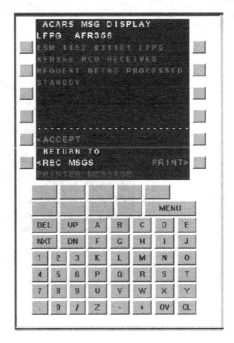

图 5-28　塔台管制员通知飞行员收到放飞许可

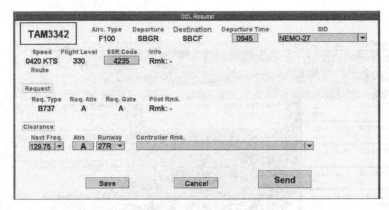

图 5-29　管制员发出放行许可

图 5-30　飞行员收到放飞许可并打印

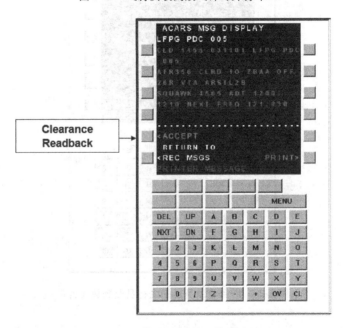

图 5-31　飞行员发送放飞许可确认

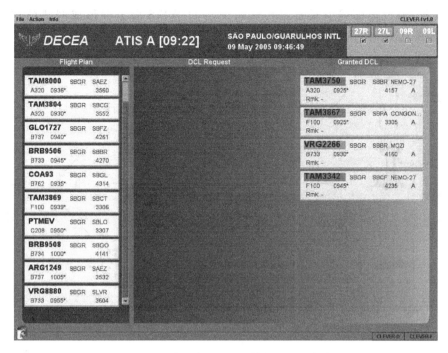

图 5-32　放飞确认显示到管制员显示终端

2. 数字化终端区信息服务

数字化终端区信息服务(Digital Automatic Terminal Information Service, D-ATIS)系统基于地空数据链通信,可为飞行员提供飞机起飞与降落所在机场相关信息,如机场的气象实况、起飞和着陆跑道的情况、跑道和滑行道的情况、通信频率以及有助于飞行机组起飞和着陆的信息。传统 ATIS 系统采用甚高频语音广播的方式实现。飞行员利用甚高频电台收听并记录 ATIS 语音广播。ATIS 信息过时或在气象状况发生显著变化时更新。话音 ATIS 系统存在以下几个方面的问题。首先,由于机场周围存在大量干扰,话音信号往往会引起误解;其次,飞行员为了得到最新的 ATIS 信息,需要一直收听并记录,工作强度大;最后,因为 VHF 的视距传播特性,覆盖范围受限,飞行员只能在机场附近才能收听到 ATIS 广播。

通过使用地空数据链传输 ATIS 信息,即 D-ATIS 技术,在塔台管制员的管制席位上安装相关设备,管制员使用很少的击键操作就可以将 D-ATIS 信息传送给飞机,从而取代了对话音频率可用性的等待。飞行员可以直接通过打印机或屏幕接收 ATIS 信息,而不用再随时监听和通过手工抄写信息,空管人员和飞行员的工作量得以大大减轻,从而可避免上述话音传输的缺点。此外,D-ATIS 通过 TTS(Text To Speech)技术完全兼容现有的自动话音通播系统,并能够通过简单文字录入的方式实现临时话音合成通播等功能。

D-ATIS 系统遵循的协议有 ARINC 620 数据链地面系统标准和接口规范以及 ARINC 622 基于 ACARS 地空网络的 ATS 数据链应用协议。D-ATIS 系统结构图如图 5-33 所示。D-ATIS 系统由机场终端、D-ATIS 服务器、甚高频电台、甚高频数据链、地面或卫星链路传输系统等部分组成。其中机场终端、甚高频电台、甚高频数据链是分散部署于机场与航路上

的终端设备,通过地面或卫星链路传输系统与 D-ATIS 服务器形成网状结构。其中,
D-ATIS 服务器为网络的核心节点。

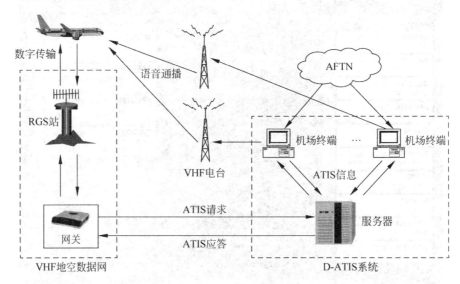

图 5-33　D-ATIS 系统结构图

D-ATIS 系统工作流程图如图 5-34、图 5-35 所示,工作流程中涉及的相关报文格式不
再详述。

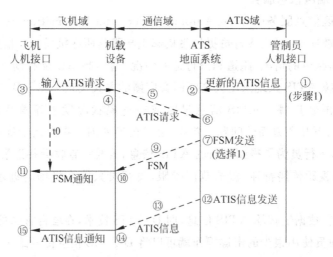

图 5-34　非自动更新 ATIS 请求时的处理流程

具体步骤如下:

(1) 各个机场 D-ATIS 终端实时将最新的 ATIS 信息发往 D-ATIS 服务器。服务器收
到各个机场终端的 ATIS 信息后发送确认报文。如果终端未收到服务器的确认报文,重发
本机场的 ATIS 信息。

(2) 飞行员根据飞机起飞还是降落,向 D-ATIS 服务器发送 ATIS 信息请求报文(起飞
时发送 D 类;降落时非自动更新 ATIS 请求发送 A 类,自动更新 ATIS 请求发送 C 类)。该
请求报文通过 ACARS 地面站及地面数据通信网络,传递到 D-ATIS 服务器。

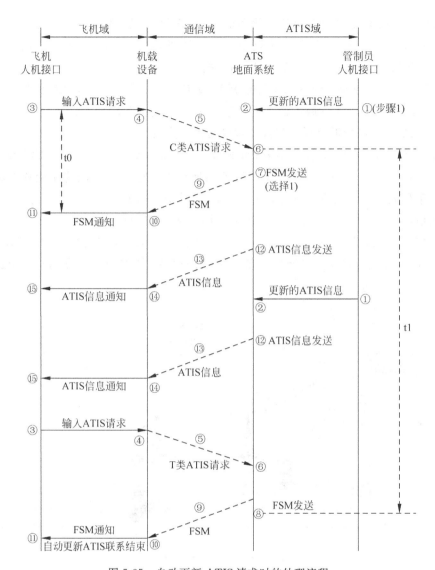

图 5-35 自动更新 ATIS 请求时的处理流程

（3）D-ATIS 服务器收到飞行员的 ATIS 请求报文后，通过 ACARS 系统向飞机发回飞行系统报文（FSM）。

（4）飞行员等待 D-ATIS 服务器发回相应的 FSM 报文。若在规定的时间内收到对应的 FSM 报文则表明链路正常，若没有收到对应的 FSM 报文则表明此次 ATIS 请求已失败，并提示重发 ATIS 请求或转向语音通播。

（5）D-ATIS 服务器收到飞行员的 ATIS 请求报文后，对报文进行校验。如果合法，则处理后发回相应的 ATIS 应答报文；如果不合法，则发回报文错误的系统报文 FSM。

（6）飞行员等待 D-ATIS 服务器发回的 ATIS 应答报文。如果是非自动更新 ATIS 请求，仅收到一份 ATIS 应答报文；如果是自动更新 ATIS 请求，则只要有新的 ATIS 信息，便会收到 ATIS 应答报文。

（7）飞机收到 ATIS 应答报文后，机载设备自动从中提取飞机尾号、报文流水号等信息并生成 MAS 确认报文,发送给 ATIS 服务器,表示 ATIS 应答报文飞行员已经收到。

(8) 如果飞行员发送的是自动更新 ATIS 请求,在飞行员想要结束该请求时,向 D-ATIS 服务器发送结束自动更新 ATIS 请求报文。

(9) D-ATIS 服务器等待飞机发回的 MAS 确认报文。如果收到,则表示本次通信成功结束;如果没收到,D-ATIS 服务器将重发相应的 ATIS 应答报文。

3. 管制员飞行员数据链通信与合同式自动相关监视

管制员飞行员数据链通信(Controller Pilot Data Link Communication,CPDLC)通过地空数据链进行管制命令/应答,提供用于 ATS 的地空数据通信,实现与空中交通管制过程相对应的一系列放行、移交、信息报文交换。CPDLC 系统结构如图 5-36 所示。其中,VHF 实现视距通信,SATCOM(INMARSAT)和 HF 用于大洋空域和偏远地区通信。在 CPDLC 应用中,机载 CPDLC 系统简称 ATCCmm,与地面的 CPDLC 应用实体(ATS 工作站)建立端到端的连接,在飞行过程中管制员与飞行员互相交换报文,实现数字化的空中交通管制服务。基本服务内容包括:

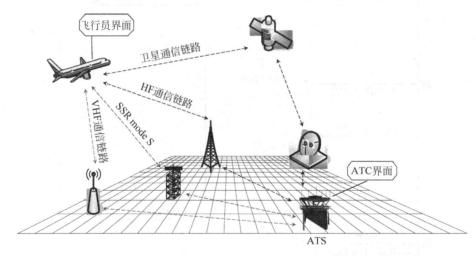

图 5-36　CPDLC 系统结构

(1) 管制员对飞行员做出的有关高度层分配、穿越限制、侧向偏移、航路变更与放行、飞行速度分配、无线电通信频率指派等管制指令。

(2) 飞行员向管制员请求改变飞行高度层、偏离原定计划、申请放行等。根据管制员的指令做出响应。

(3) 该系统为管制员和飞行员提供编写自由格式报文的功能。

CPDLC 系统具有的优点是提供更可靠的地空通信,管制命令可多次阅读,消除话音通信导致的"语义误解",减轻管制员与飞行员的工作负荷。

自动相关监视(ADS)是指机载导航系统获得飞机识别信息与位置信息后通过地空数据链自动传送到地面空中交通管制部门处理并显示,供管制人员监视飞机的运行状态。ADS 系统由导航卫星、地空数据链、地面处理和显示系统组成,如图 5-37 所示,可用于雷达无法实现覆盖的洋区、远端区域和空域,改善现有监视手段的不足。

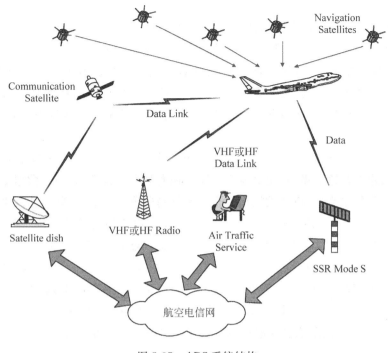

图 5-37 ADS 系统结构

合同式自动相关监视（Automatic Dependent Surveillance-Contract，ADS-C）是指飞机与地面站按照约定的合同，通过双向数据链发送与接收位置报告。通常，在启动 ADS 应用后，地面系统首先根据管制要求发送位置报告命令，称为合同，飞机接受该合同并根据合同要求向相应的地面站下发相应的信息。机载 ADS 系统支持 3 种 ADS 合同。

（1）周期合同（Periodic Contract）：按照要求以特定的周期发送特定的信息（包括正常和紧急两种模式）。

（2）事件合同（Event Contract）：按照要求在某种特定的事件或系列事件发生的时候发送特定的信息。

（3）请求合同（Demand Contract）：向飞机询问一次特定的信息。

ADS-C 最常用的实现方式有两种：基于 ACARS 的 FANS-1/A 系统实现和基于 ATN 实现。

4. 数字式航路气象服务与航空器气象资料下传服务

数字式航路气象信息服务系统（Data link-Meteorological Information for Aircraft in Flight，D-VOLMET）是一种基于地空数据链通信的飞行中气象信息服务系统。该系统通过地空数据链向飞机提供航路气象服务信息，包含航路上相应情报区内相关机场的气象实况、气象预报、重要天气报告（SIGMET）、机组重要天气情况报告（AIRMET）以及其他的重要气象资料等。相对于传统的航路气象信息服务系统，数字化航路气象信息服务（D-VOLMET）系统有以下特点：

（1）提高航路气象信息传送质量，克服了传统话音高频广播不清晰的缺点。

（2）任意时间获取航路气象信息，不受国际规定限制（每小时的 15 分、45 分，播报时间

5 分钟)。

(3) 提高飞行员工作效率,保证信息的正确性。

我国数字化航路气象信息服务系统使用申请—应答服务模式,在北京、广州建立两套独立的服务中心,互为备份,统一向飞机提供航路气象服务。具体工作流程通常是由飞行员使用机载数据链拍发航路气象服务(D-VOLMET)请求电报,地面服务系统接到请求后,验证报文的有效性,根据服务请求类型将最新的情报区气象信息报文通过数据链上传给飞机。

航空器气象资料下传(Aircraft Meteorological Data Relay,AMDAR)服务是根据预先设置的数据采集与传输逻辑,利用民航飞机实时探测高空气象数据,通过数据链下传至国家气象局参与世界气象交换,将此数据作为全球天气网监测资料的一部分,加入世界气象组织的全球电信系统(Global Telecommunication System,GTS)进行共享。从而把飞机、卫星及其他观测数据结合起来,形成一个综合观测系统,提高航空天气资料精度。AMDAR 报文中包含的气象相关数据内容为经度、纬度、数据采集时间(UTC)、飞行高度层、静温(SAT)—摄氏度、风向(0～359 度)、风速(0～999 节)、横滚角(度)、湿度(0～100)等。ICAO 在《国际民用航空公约》附件 3——《国际航空气象服务—国际标准和建议措施》的第 7 号修改篇中,提出了使用地空数据链传递航空器空中气象报告的要求。

习题

5-1　简述 ACARS 系统的特点及系统功能。

5-2　ACARS 机载子系统由哪些组成部分?阐述各组成部分的主要功能。

5-3　ACARS 系统采用哪一种物理调制技术?对于比特序列"1001011011",绘制对应的 ACARS 调制信号波形。

5-4　简述 ACARS 系统上、下行数据报文的基本结构及各字段功能。

5-5　分析 ACARS 系统逻辑信道的管理过程。

5-6　简述 ACARS 系统 CAT-A 和 CAT-B 的主要异同,试说明在报文装配时如何实现。

参考文献

[1] Arinc. Air/Ground Character-Oriented Protocol Specification. Aeronautialc Radio. Inc. Arinc Specification 618-5,2000.

[2] Arinc. Data Link Ground System Standard And Interface Specification(Dgss/Is)Aeronautialc Radio. Inc. Arinc Specification 620-4,1999.

[3] Arinc. Ats Data Link Applications Over Acars Air-Ground Network. Aeronautialc Radio. Inc. Arinc Specification 622-4,2001.

[4] ICAO. Digital Data Communication System. ICAO Annex 10 Aeronautical Telecommunications,Vol. 3,Part Ⅰ.

[5] 航空运营人使用地空数据通信系统的标准与指南. AC-121-FS-2008-16R1. 2008.2.3.

［6］ 张军.现代空中交通管理［M］.北京：北京航空航天大学出版社,2005.

［7］ 吕国祥.对新航行系统中空地通信系统的研究［J］.空中交通管理,2011(8)：12-14.

［8］ 张学军,马玉文.甚高频空地数据链系统与 ARINC618 协议［J］.航空工程与维修,2002(3)：41-43.

［9］ 刘岩.ACARS 原理分析［J］.中国民航学院学报,1993,11(3)：18-21.

［10］ 张力支.机载甚高频 ACARS 数据链系统及通信管理单元设计［J］.电讯技术,2011.51(12)：
101-104.

［11］ 朱衍波.中国民航地空数据网的建设和发展［J］.空中交通管理,2000(4)：64-66.

［12］ 何葭,陈星.空地数据链系统与 ARINC620 协议［J］.航空维修与工程,2004(1)：33-35.

［13］ 郭旭周.甚高频地空数据链 ACARS 系统的调制解调技术研究［D］.南京：南京航空航天大学,2008.

［14］ 邓曙康.论新航行系统中的甚高频空地数据链［J］.中国民航学院学报,2005(3)：23.

附录 1　ISO-5 字符编码集

ISO-5 字符编码集如表 5-11 所示。

表 5-11　ISO-5 字符编码集

BIT7 →				BIT7:0	0	0	0	1	1	1	1
BIT6 →				BIT6:0	0	1	1	0	0	1	1
BIT5 →				BIT5:0	1	0	1	0	1	0	1
BIT 4	BIT 3	BIT 2	BIT 1	Column → / Row ↓	0	1	2	3	4	5	6	7
0	0	0	0	0	NUL	DLE	SP	0	@	P		P
0	0	0	1	1	SOH	DC1	！	1	A	Q	a	q
0	0	1	0	2	SIX	DC2	"	2	B	R	b	r
0	0	1	1	3	ELX	DC3	#	3	C	S	c	s
0	1	0	0	4	EOT	DC4	S	4	D	T	d	t
0	1	0	1	5	ENQ	NAK	%	5	E	U	e	u
0	1	1	0	6	ACK	SYN	&	6	F	V	f	v
0	1	1	1	7	BEL	ETB		7	G	W	g	w
1	0	0	0	8	BS	CAN	(	8	H	X	h	x
1	0	0	1	9	HT	EM	)	9	I	Y	i	y
1	0	1	0	10	LF	SUB	≠	:	J	Z	j	z
1	0	1	1	11	VT	ESC	+	;	K	[	k	{
1	1	0	0	12	FF	FS	,	<	L	\	l	}
1	1	0	1	13	CR	GS	-	=	M	]	m	}
1	1	1	0	14	SO	RS	.	>	N	^	n	~
1	1	1	1	15	SI	US	/	?	O	—	o	DEL

附录 2　下行数据链报文发送流程示意图

下行数据链报文发送流程示意图如图 5-38 所示。

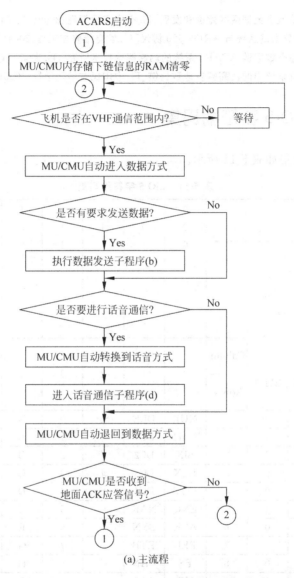

(a) 主流程

图 5-38　下行数据链报文发送模拟流程图

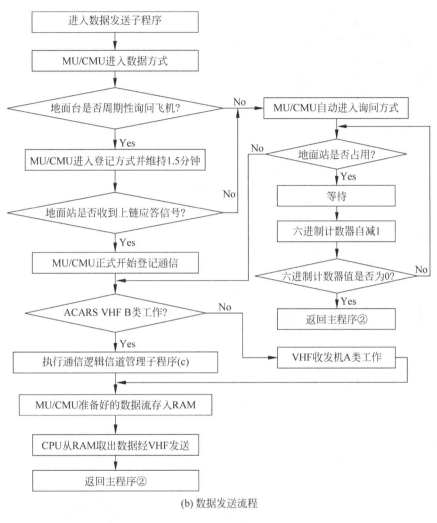

(b) 数据发送流程

图 5-38 （续）

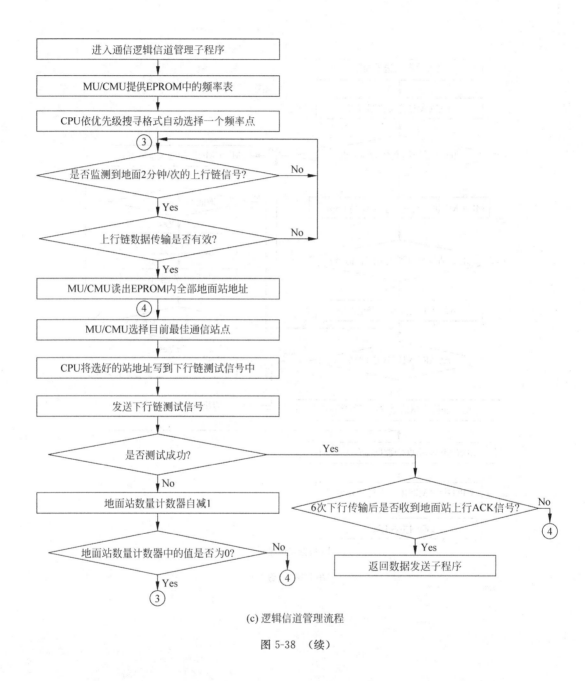

(c) 逻辑信道管理流程

图 5-38 （续）

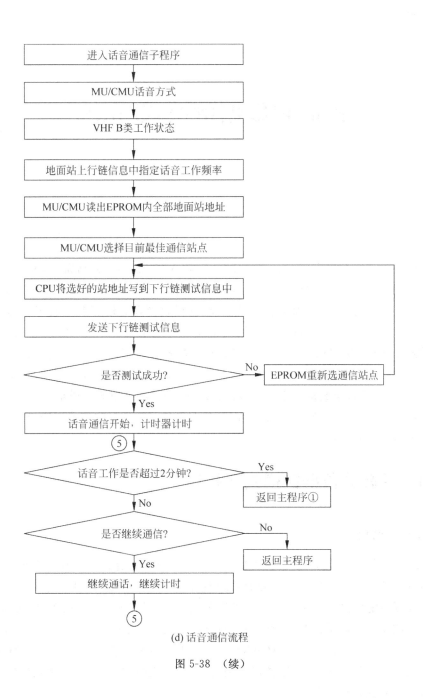

(d) 话音通信流程

图 5-38 （续）

第 6 章

甚高频数据链模式2系统

甚高频数据链系统(VDL)是民航航空电信网(ATN)的重要组成部分,利用甚高频数据链可实现飞行器位置及飞行器运行信息与管制员间的双向数据交换。利用甚高频数据链系统为民航空中交通管制服务、航务管理通信、航空行政管理通信和航空旅客通信提供服务。目前,民用航空地空数据链标准主要包括飞机通信寻址及报告系统(ACARS)、甚高频数字数据链模式 2(VDL Mode 2)、甚高频数字数据链模式 3(VDL Mode 3)、甚高频数字数据链模式 4(VDL Mode 4)。目前,全球范围内民用航空广泛使用飞机通信寻址及报告系统(ACARS)与甚高频数字数据链模式 2(VDL Mode 2)。本书第 5 章详细介绍了飞机通信寻址及报告系统(ACARS)工作原理及应用,本章重点介绍甚高频数字数据链模式 2 系统物理层及数据链路层的核心技术。

6.1　甚高频数据链模式 2 系统

6.1.1　概述

ACARS 系统是美国 ARINC 公司在 20 世纪 70 年代制定的民航地空数据链通信标准,目前该系统广泛应用于民用航空中交通管理系统,提供空中交通管制及航空公司通信服务。由于 ACARS 系统可以大大减轻飞行员工作负担,因此系统推出后,立即获得民航界的广泛认同。目前该系统已经覆盖北美、欧洲和亚洲的绝大部分地区,澳大利亚的沿海地区也已经实现了 ACARS 系统覆盖。虽然 ACARS 系统在业界获得了广泛应用,但是 ACARS 系统存在一些先天的不足。例如,系统数据传输速率低、不支持实时业务、无优先权功能、存在共信道干扰及保密性差等缺点。

为克服 ACARS 系统存在的技术缺陷,1997 年国际民航组织(ICAO)组织制定了甚高频数据链模式 2 系统技术规范。甚高频数据链模式 2 系统工作频段为民航甚高频频段(118.000～136.975MHz),传输带宽 25kHz,调制方式采用 D8PSK,码元速率为 10 500Baud,比特传输速率 31.5Kbps,采用透明面向比特传输协议,媒体访问存取采用非自适应 P 坚持载波侦听检测(p-CSMA),数据链路层采用航空甚高频链路控制协议(Aviation VHF Link

Control，AVLC)，地空链路间采用可交换虚电路连接方式，数据链可提供 ATN 子网服务，数据分组的比特差错性能达到 10^{-6}，可用性达到 99.9%。

6.1.2 甚高频数据链模式 2 系统体系结构

如图 6-1 所示为甚高频数据链模式 2 系统协体系结构。甚高频数据链模式 2 系统实现了开放系统互联(OSI)下三层的协议：物理层、

数据链路层及分组层。各层实现功能如下：

第一层(物理层)：提供发射机与接收机频率控制。在发射机中，接收高层的数据帧，然后完成物理层成帧、信道编码、交织、调制、发送脉冲成型、上变频及射频功率放大等功能；在接收机中，实现射频接收、下变频、匹配滤波、载波同步、定时同步、解调、解交织解扰及信道译码等功能。

第二层(链路层)：依据链路实体实现功能的不同，数据链路层进一步分为媒体访问控制(MAC)、数据链路服务(DLS)及链路管理实体(LME)子层。媒介访问控制(MAC)使用非自适应 P 坚持载波侦听检测方法来控制高层共享使用甚高频信道，并确保甚高频数据链模式 2 终端共享甚高频信道资源；数据链路服务(DLS)子层使用航空甚高频链路控制协议(AVLC)来完成甚高频数据链飞机与地面站数据链路实体间

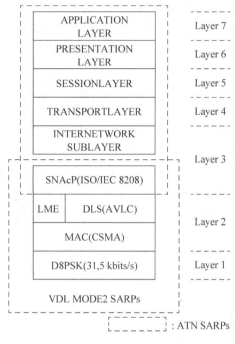

图 6-1　VDL Mode2 协议结构

的数据帧传输与差错控制；链路管理实体(LME)负责飞机与地面站数据链路实体间链路的建立及链路维护等功能。

第三层(子网层)：甚高频数据链模式 2 系统实现网络层的(SNAcP)协议，该协议实现了基于虚电路的数据帧交换、错误恢复、流控及分组拆分与组装的功能。

6.2　甚高频数据链模式 2 系统物理层

甚高频数据链模式 2 系统物理层实现以下功能：

(1) 比特填充与填充比特删除。

(2) 信道编码与信道译码。

(3) 比特交织与比特解交织。

(4) 信道扰码与解扰。

(5) D8PSK 调制与解调。

(6) 发射机上变频及射频功率放大。

(7) 射频信号接收及射频信号放大。

(8) 接收信号强度测量。

（9）信道空闲与繁忙检测。

（10）接收帧定时同步。

6.2.1 物理层帧结构

如图 6-2 所示为甚高频数据链模式 2 系统物理层及数据链路 AVLC 数据帧的映射关系。甚高频数据链模式 2 系统物理层帧由 5 个字段组成：前导字段、帧同步字段、预留字段、载荷长度指示字段、帧校验字段及载荷字段。其中，前导字段占用 4 个符号周期（12bit，约 380.96μs，甚高频数据链模式 2 符号周期为 95.24μs），发射机在前导符号传输时间内应保证发射机输出信号功率达到发射机标称功率的 90%（如图 6-3 所示）；帧同步字段占用 16 个符号周期（48bit，约 1523.8μs），帧同步字段传输的比特序列为 000 010 011 110 000 001 101 110 001 100 011 111 101 111 100 010，接收机利用帧同步字段来建立接收机与接收信号的帧定时同步；预留字段占用一个符号周期（3bit，约 95.24μs），预留字段功能暂时没有定义；载荷长度指示字段用于指明载荷字段中所承载 D8PSK 符号的个数，载荷长度指示字段可传输 17bit 的信息；帧头校验字段包含有帧头比特的校验信息，帧头校验单元可承载 5bit 信息；数据链路层 AVLC 数据帧经过比特填充处理、信道编码、比特交织、比特扰码、D8PSK 符号调制后映射到甚高频数据链物理层帧的载荷字段。

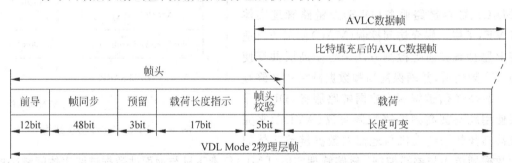

图 6-2　甚高频数据链模式 2 系统物理层帧结构

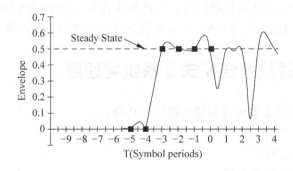

图 6-3　甚高频数据链模式 2 物理帧前导字段信号包络

6.2.2 物理层发射机与接收机

如图 6-4 所示为甚高频数据链模式 2 系统发射机原理框图。物理层从数据链路层接收一个完整的 AVLC 数据帧，然后添加帧头形成一个完整的物理层数据帧；随后对待传输的物理帧进行比特填充处理,比特填充后序列进一步通过 RS 编码器进行信道编码,信道编码输出的码字比特序列送入交织器进行交织处理,然后经过比特扰码,比特扰码处理后的比特序列进行差分编码,差分编码后的比特序列送入 D8PSK 调制器,符号调制器输出经过根升余玄滤波器进行脉冲成型,脉冲成型后同相支路 $I(t)$ 与正交支路信号 $Q(t)$ 经过 D/A 转换为模拟基带信号,模拟基带信号进一步通过正交上变频形成模拟中频信号,最后中频信号通过射频单元形成甚高频射频信号并通过天线送入信道传播。

图 6-4   VDL Mode2 系统物理层发射机原理

如图 6-5 所示为甚高频数据链模式 2 系统物理层接收机原理框图。来自接收天线的射频信号经过射频前端处理为模拟中频信号,模拟中频信号通过 A/D 转换为数字中频信号,数字中频信号通过数字下变频(DDC)形成为数字基带信号,数字基带信号通过根升余弦匹配滤波器,然后送入 D8PSK 解调器,解调器输出比特序列通过解扰与解交织器送入 RS 译码器,RS 译码器输出的比特序列在删除填充比特后得到 AVLC 数据帧,最后送入接收机数据链路层。

图 6-5   VDL Mode2 系统物理层接收机原理

6.2.3   成帧与解帧

在甚高频数据链模式 2 发射机中,物理层从数据链路层接收一个完整的 AVLC 数据帧,然后在 AVLC 数据帧前加入前导字段、帧同步字段、预留字段、载荷长度指示字段形成一个完整物理层帧。

在甚高频数据链模式 2 接收机中,RS 译码器输出的比特序列经过填充比特删除,送入解帧单元,在解帧单元中,提取一个完整的 AVLC 数据帧,并提交到数据链路层进一步处理。

6.2.4   比特填充与填充比特删除

甚高频数据链模式 2 发射机物理层从数据链路层接收一个完整的 AVLC 数据帧并映射到物理层帧中,为避免 AVLC 数据帧中的比特序列与 AVLC 数据帧帧标志位(01111110)完全相同,造成接收机 AVLC 数据帧接收错误,同时避免 AVLC 数据帧结构被破坏,在发射机中需要进行比特填充处理,同时在接收机中需要进行填充比特删除处理。

发射机比特填充的工作原理如下:在发射机中,AVLC 数据帧帧开始字段(01111110)与帧结束字段(01111110)之间的所有比特序列进行 5 个连续"1"的检查,如果发现 5 个连续的"1",则在其后插入一个比特"0",经过比特填充后,可保证在 AVLC 数据帧帧开始字段与帧结束字段之间不会出现 6 个连续的"1",也就避免数据帧中出现比特序列 01111110 的可能性。

在接收机中,为了恢复原始的比特序列,需要删除发射机插入的比特填充位,具体处理步骤如下：从 AVLC 数据帧帧头标志字段开始到帧结束字段，一旦检测到 5 个连续的"1"，则删除其后的比特"0"。

如图 6-6 所示为发射机比特填充及接收机填充比特删除的过程。图 6-6(a)代表发射机原始的比特序列，(b)代表经过比特填充后的序列，(c)代表接收机删除比特填充位后的比特序列。

(a) 0110111111111111111110010

(b) 0110111110111110111110100010

Stuffed bits

(c) 0110111111111111111110010

图 6-6　比特填充与填充比特删除

6.2.5　RS 编码器与译码器

为克服传输过程信道突发性衰落造成链路传输可靠性的下降，甚高频数据链方式 2 系统使用定长 RS(255,249)编码器进行信道编码。RS 编码器输入为 249B(1992bit)，经过 RS 编码后输出 255B(249B 信息字节＋6B 校验字节)(共 2040bit)。

249B(1992bit) ⟶ RS编码器 ⟶ 255B(2040bit)

RS(255,249)编码器的本原多项式为

$$p(x) = \prod_{i=120}^{125} (x - \alpha^i)$$

其中，α 代表 GF(256)的本原元素。RS(255,249)译码器最多可检测 24 个 bit 的突发性错误。在 RS 编码时，如果待传输的比特序列长度大于 249B，则需要对待传输的比特序列进行分组处理，分组长度为 249B(1992bit)；如果待传输的比特信息长度小于 249B，则需要将待传输的比特信息通过补"0"处理增加到 249B，然后进行 RS 编码处理。

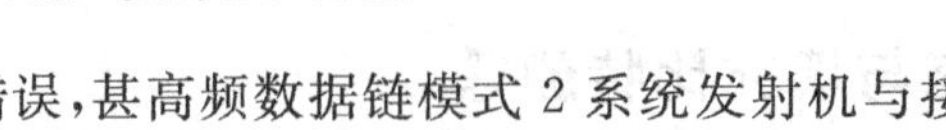

255B(2040bit) ⟶ RS译码器 ⟶ 249B(1992bit)

在接收机中，RS 译码器一次接收 255B(2040bit)，然后送入 RS 译码器，译码器输出长度为 249B(1992bit)。译码器的本原多项式与编码器完全相同。RS 译码器工作原理较复杂，读者可参阅相关书籍。

6.2.6　信道交织器与解交织器

为克服信道突发性错误，甚高频数据链模式 2 系统发射机与接收机通过使用信道交织器与解交织器将突发性错误转换为随机性错误，然后通过 RS 译码器检查并恢复传输过程中出现的错误比特。

如图 6-7 所示为甚高频数据链模式 2 系统发射机使用矩形交织器与接收机使用的解交织器。交织器由 M 行×2040 列的比特缓冲区组成，解交织器由 2040 行×M 列的比特缓冲区组成。

在发射机中，RS 编码器输出的码字比特序列(比特序列长度为 M×2040，M 为整数)，按照行增加的次序依次将 M×2040 个比特序列写入到矩形交织器，待全部码字比特写入交织器后，再按照列增加的次序依次从信道交织器读出，信道交织器输出的比特序列随后送入扰码器进行扰码处理。

在接收机中，比特扰码器输出的比特序列(比特序列长度为 2040×M)，按照列增加的

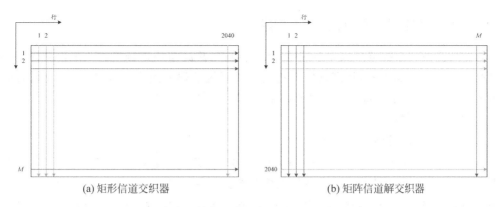

图 6-7　甚高频数据链模式 2 系统交织器与解交织器

次序依次写入解交织器,待所有 2040×M 个比特序列均写入解交织器后,再按照行增加的次序依次从解交织器读出比特序列,最后解交织器输出的比特序列按照 2040B(255bit)为单位送入 RS 译码器进行信道译码处理。

6.2.7　扰码器与解扰器

为避免交织器输出比特序列存在长连"0"或长连"1"的情况,从而造成接收机符号定时恢复困难的问题。甚高频数据链模式 2 系统发射机通过扰码器防止发送比特中出现长连"0"或长连"1"的情况,同理在接收机中利用解扰器恢复原始发送比特序列。

在发射机中,信道交织器输出的比特序列通过与一个 15 阶伪随机序列发生器输出的伪随机序列进行模 2 处理以实现比特扰码。

在接收机中,为恢复发送比特序列,接收机解调器输出的比特序列同样需要与一个 15 阶伪随机序列发生器输出的伪随机序列进行模 2 加运算,以消除发射机扰码序列的影响。发射机与接收机伪随机序列发生器的生成多项式为

$$p(X) = X^{15} + X + 1$$

如图 6-8 所示为甚高频数据链模式 2 系统发射机扰码器的原理(接收机解扰器原理相同)。图中实框内是一个 15 阶的伪随机序列发生器,伪随机序列发生器的初值设置为1101 0010 1011 001。交织器输出的比特序列通过与扰码器输出的伪随机序列进行模 2 加运算完成比特序列的扰码处理,同样在接收机中,解调器输出的比特序列与解扰器输出的伪随机序列进行模 2 加运算完成比特序列的解扰处理。

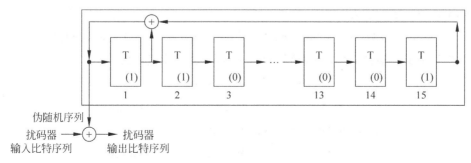

图 6-8　甚高频数据链模式 2 系统物理层扰码器

6.2.8　D8PSK 调制器与解调器

为提高甚高频数据链模式 2 系统的频带利用率,甚高频数据链模式 2 采用差分 8 相相移键控(D8PSK)调制方式,甚高频数据链模式 2 系统的码元速率 10 500Baud,比特传输速率为 31 500bps。以下详细给出 D8PSK 调制器与解调器工作原理。

1. D8PSK 调制器

第 k 个 D8PSK 符号的数学表达式为

$$s(t) = g(t) \cdot \cos(2\pi f_o t + \phi_k), \quad kT \leqslant t \leqslant (k+1)T \tag{6-1}$$

其中,T 代表 D8PSK 符号周期(甚高频数据链模式 2 系统符号周期为 95.24μs),$g(t)$ 代表基带脉冲成型函数,f_o 代表载波频率,ϕ_k 代表第 k 个 D8PSK 符号载波初相,且 $\phi_k = \phi_{k-1} + \Delta\phi_k$,$\phi_{k-1}$ 代表第 $k-1$ 符号周期 D8PSK 符号载波初相,$\Delta\phi_k$ 代表 k 个符号周期 D8PSK 信号载波初相的改变值。

假设第 k 个符号传输的信息比特为 $X_k Y_k Z_k$,则 $\Delta\phi_k$ 与 $X_k Y_k Z_k$ 的映射关系如表 6-1 所示。

表 6-1　D8PSK 载波初相的改变值

$\Delta\phi_k$ 与调制比特 $X_k Y_k Z_k$ 的映射关系

X_k	Y_k	Z_k	$\Delta\phi_k$	$\cos(\Delta\phi)_k$	$\sin(\Delta\phi)_k$
0	0	0	$0 \times \frac{\pi}{4}$	1	0
0	0	1	$1 \times \frac{\pi}{4}$	0.707	0.707
0	1	1	$2 \times \frac{\pi}{4}$	0	1
0	1	0	$3 \times \frac{\pi}{4}$	-0.707	0.707
1	1	0	$4 \times \frac{\pi}{4}$	-1	0
1	1	1	$5 \times \frac{\pi}{4}$	-0.707	-0.707
1	0	1	$6 \times \frac{\pi}{4}$	0	-1
1	0	0	$7 \times \frac{\pi}{4}$	0.707	-0.707

式(6-1)进一步表示为

$$s(t) = g(t) \cdot \cos(\phi_k) \cdot \cos(2\pi f_o t) - g(t) \cdot \sin(\phi_k) \cdot \sin(2\pi f_o t) \tag{6-2}$$

式(6-2)中引入参量 $I_k \equiv \cos(\phi_k)$ 与 $Q_k \equiv \sin(\phi_k)$ 进一步表示为

$$\begin{aligned} I_k &\equiv \cos(\phi_k) = \cos(\phi_{k-1} + \Delta\phi_k) \\ &= \cos(\phi_{k-1}) \cdot \cos(\Delta\phi_k) - \sin(\phi_{k-1}) \cdot \sin(\Delta\phi_k) \end{aligned} \tag{6-3}$$

$$\begin{aligned} Q_k &\equiv \sin(\phi_k) = \sin(\phi_{k-1} + \Delta\phi_k) \\ &= \sin(\phi_{k-1}) \cdot \cos(\Delta\phi_k) + \cos(\phi_{k-1}) \cdot \sin(\Delta\phi_k) \end{aligned}$$

考虑到 $I_{k-1} = \cos(\phi_{k-1})$ 与 $Q_{k-1} = \sin(\phi_{k-1})$,式(6-3)进一步表示为

$$I_k = I_{k-1} \cdot \cos(\triangle\phi_k) - Q_{k-1} \cdot \sin(\triangle\phi_k)$$
$$Q_k = Q_{k-1} \cdot \cos(\triangle\phi_k) + I_{k-1} \cdot \sin(\triangle\phi_k)$$

(6-4)

式(6-4)显示给出如何由 I_{k-1} 及 Q_{k-1} 及 $\triangle\phi_k$ 构造 I_k 与 Q_k。

式(6-2)进一步表示为

$$s(t) = I(t) \cdot \cos(2\pi f_o t) - Q(t) \cdot \sin(2\pi f_o t)$$

(6-5)

其中，$I(t) = I_k \cdot g(t)$ 代表 D8PSK 信号的同相分量，$Q(t) = Q_k \cdot g(t)$ 代表 D8PSK 信号的正交分量。根据式(6-5)可知图 6-9 进一步给出 D8PSK 调制器的原理框图。

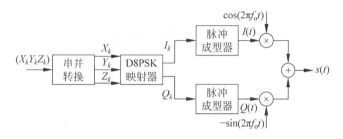

图 6-9　D8PSK 调制器原理框图

第 k 个符号周期待传输 3 个 bit 记为 $X_k Y_k Z_k$，通过 D8PSK 映射器产生参量 I_k 与 Q_k，I_k 与 Q_k 分别通过根升余弦脉冲成型器形成基带信号 $I(t)$ 与 $Q(t)$，$I(t)$ 与同相载波分量相乘，$Q(t)$ 与正交载波分量相乘，然后进行加法运算得到 D8PSK 信号 $s(t)$。

脉冲成型器用于将离散的信号转换为模拟基带信号，式(6-6)给出根升余弦脉冲成型器的冲击响应函数为

$$x(t) = \frac{\sin(\pi t/T)}{\pi t/T} \cdot \frac{\cos(\pi\beta t/T)}{1 - 4\beta^2 t^2/T^2}$$

(6-6)

其中，T 代表 D8PSK 调制符号周期，β 代表脉冲成型器的滚降因子。式(6-7)显示给出脉冲成型器的传输函数：

$$X(f) = \begin{cases} T, & \left(0 \leqslant |f| \leqslant \dfrac{1-\beta}{2T}\right) \\ \dfrac{T}{2} \cdot \left\{1 + \cos\left[\dfrac{\pi T}{\beta}\left(|f| - \dfrac{1-\beta}{2T}\right)\right]\right\}, & \left(\dfrac{1-\beta}{2T} \leqslant |f| \leqslant \dfrac{1+\beta}{2T}\right) \\ 0, & \left(|f| > \dfrac{1+\beta}{2T}\right) \end{cases}$$

(6-7)

如图 6-10 所示为根升余弦脉冲成型器冲击响应及根升余弦脉冲成型器传输函数的波形。在甚高频数据链模式 2 系统中，脉冲成型器的滚降因子取值为 0.6。

2. D8PSK 非相干解调器

如图 6-11 所示为 D8PSK 非相干解调器原理框图。$r(t)$ 代表接收机输入的 D8PSK 信号，接收机本地同相载波分量表示为 $2\cos(2\pi f_o t + \varphi)$，接收机本地正交载波分量表示为 $-2\sin(2\pi f_o t + \varphi)$，其中，$\varphi$ 代表接收机本地载波相位的偏移量。接收机同相与正交支路乘法器输出表示为

$$\cos(2\pi f_o t + \phi_k) \times 2\cos(2\pi f_o t + \varphi) = \cos(\phi_k - \varphi) + \cos(4\pi f_o t + \phi_k + \varphi)$$

(6-8)

$$\sin(2\pi f_o t + \phi_k) \times 2\sin(2\pi f_o t + \varphi) = \sin(\phi_k - \varphi) + \sin(4\pi f_o t + \phi_k + \varphi)$$

(6-9)

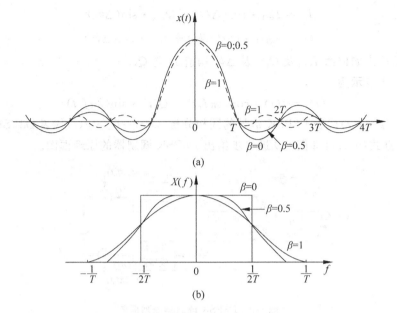

图 6-10　根升余弦脉冲成型函数及传输函数

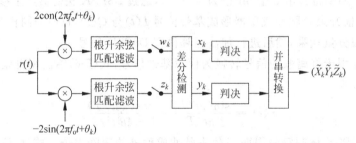

图 6-11　D8PSK 非相干解调器原理框图

同相与正交支路通过匹配滤波器（低通滤波器）后，同相与正交支路采样输出表示为

$$w_k = \cos(\phi_k - \varphi)$$
$$z_k = \sin(\phi_k - \varphi)$$

（6-10）

将采样得到的 w_k 与 z_k 进行差分检测，差分检测的方法是前后两个复符号共轭相乘，即 $(w_k + jz_k) \cdot (w_{k-1} + jz_{k-1})^*$，运算结果的实部与虚部分别表示为

$$x_k = w_k w_{k-1} + z_k z_{k-1}$$
$$y_k = z_k w_{k-1} - w_k z_{k-1}$$

（6-11）

即

$$x_k = w_k w_{k-1} + z_k z_{k-1}$$
$$= \cos(\phi_k - \varphi)\cos(\phi_{k-1} - \varphi) + \sin(\phi_k - \varphi)\sin(\phi_{k-1} - \varphi)$$
$$= \cos(\phi_k - \phi_{k-1}) = \cos(\Delta\phi_k)$$

（6-12）

$$y_k = z_k w_{k-1} - z_k w_{k-1}$$
$$= \sin(\phi_k - \varphi)\cos(\phi_{k-1} - \varphi) - \cos(\phi_k - \varphi) + \sin(\phi_{k-1} - \varphi)$$
$$= \sin(\phi_k - \phi_{k-1}) = \sin(\Delta\phi_k)$$

（6-13）

x_k 与 y_k 分别送入判决器按照以下规则进行判决为

$$\begin{cases} +0.8525 < r_k & \longrightarrow r_k = +1 \\ 0.3535 \leqslant r_k \leqslant +0.8525 & \longrightarrow r_k = +0.707 \\ -0.3535 \leqslant r_k \leqslant 0.3535 & \longrightarrow r_k = 0 \\ -0.8525 \leqslant r_k \leqslant -0.3535 & \longrightarrow r_k = -0.707 \\ r_k \leqslant -0.8525 & \longrightarrow r_k = -1 \end{cases} \quad (6-14)$$

最后根据 x_k 与 y_k 判决值,根据表 6-1 可推算得到 $\Delta \hat{\phi}_k$ 及 $\hat{X}_k$ $\hat{Y}_k$ $\hat{Z}_k$ 的取值。

6.3 甚高频数据链系统数据链路层

在甚高频数据链模式 2 系统中,数据链路层负责飞机与地面站数据链路实体间 AVLC 数据帧传输与交换。具体而言数据链路层完成以下功能。

（1）数据帧生成及解析。

（2）数据帧同步的建立。

（3）非标准帧的丢弃。

（4）错误帧的检测与控制。

（5）射频信道的选择。

（6）数据帧地址的识别。

（7）数据帧校验序列的生成与检查。

按照数据链路功能实现的不同,数据链路层的实体进一步分为 3 个部分:链路管理实体(LME)、数据链路服务(DLS)及媒体访问控制(MAC)。

如图 6-12 所示为甚高频数据链模式 2 系统数据链路层的组成。数据链路层由 3 个单元组成:媒体访问控制子层(MAC)、数据链路子层(DLS)、数据链路管理实体(LME)。链路管理实体(LME)负责飞机与地面站间数据链路的建立与链路的维护;数据链路服务(DLS)由数据链路实体(DLE)及发送队列组成,其中,数据链路实体(DLE)通过 AVLC 协议实现飞机与地面站间数据传输服务;发送队列用于保存待传输的 AVLC 数据帧;媒体访

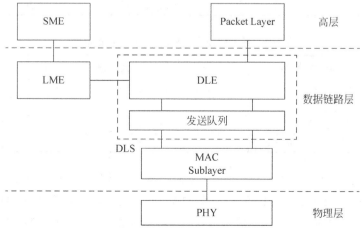

图 6-12 数据链路层组成

问控制(MAC)基于 P 坚持载波侦听检测算法实现甚高频信道的访问与使用。以下分别介绍媒体访问控制、数据链路实体及数据链路管理实体的功能。

6.3.1 媒体访问控制子层(MAC)

媒体访问控制子层是数据链路层(Data Link Layer)最低级的协议单实体,为使甚高频数据链模式 2 系统内所有飞机共享地面站甚高频信道资源,降低各个飞机发射信号碰撞的概率,提高系统数据传输的吞吐量,甚高频数据链模式 2 系统媒体访问控制子层(MAC)采用非自适应—P 坚持载波侦听检测算法来控制甚高频信道的访问与使用。

1. 非自适应—P 坚持载波侦听检测算法

非自适应—P 坚持载波侦听检测算法(P-CSMA)的工作原理是当发送队列有数据需要发送时,它向媒体访问控制子层提出信道申请,如果物理信道处于空闲状态,则媒体访问控制子层计算发送概率参数 p,如果计算结果小于坚持参数 p,则媒体访问控制子层通知发送队列即刻使用物理信道;否则媒体访问控制子层启动定时器 1 并延迟 TM1 时间(TM1 为 MAC 层参数);再次计算发送概率参数 p,这一过程重复到 p 值小于坚持参数 p,或使重复次数超过 M1 参数;当发送次数超过 M1 时,媒体访问控制子层不再计算 p 的值,而是立即通知发送队列使用物理信道;另外如果在定时器 1 启动过程中,物理信道变为繁忙,则定时器 1 被复位,当物理信道重新恢复为空闲时,定时器 1 被重新启动;为了避免物理信道长时间处于繁忙状态,使发送队列无法发送数据,媒体访问控制子层使用了定时器 2(TM2),当定时器超过 TM2 时间后,媒体访问控制认为物理信道处于拥塞状态不可使用,并将该情况通告高层实体。

媒体访问控制子层使用了两个定时器 TM1、TM2 和一个计数器 M1。表 6-2 显示给出 TM1 及 TM2 定时器启动、取消及定时时间到达后的 MAC 层需要执行的操作。如表 6-3 所示为收购数据链模式 2 系统 TM1、TM2、P 及 M1 参数的取值范围。

表 6-2 MAC 定时器开启及取消

定 时 器	启 动 条 件	取消或复位	定时时间到达后操作
TM1	访问信道失败后	信道指示改变为繁忙	重新尝试访问信道
TM2	请求发送后	成功发送后	重新寻找工作频率

表 6-3 甚高频数据链模式 2 MAC 参数取值

参 数	启 动 条 件	最 小 值	最 大 值	默 认 值	增 量
TM1	信道访问延迟	0.5ms	125ms	4.5ms	0.5ms
TM2	信道占用	6s	120s	60s	1s
P	坚持参数	1/256	1	13/326	1/256
M1	信道最大访问次数	1	65 535	135	1

如图 6-13 所示为非自适应—P 坚持载波侦听检测算法原理。当 MAC 层有数据帧需要传输时,MAC 检测到信道占用状态为空闲,MAC 尝试发送数据没有成功,MAC 启动 TM1 定时器,M1 计数器取值为 1;当定时器 TM1 计时时间达到后,MAC 再次尝试访问信道没有成功,MAC 启动 TM1 定时器,M1 计数器取值为 2;当定时器 TM1 计时时间到达后,

MAC 再次尝试访问信道没有成功,MAC 启动 TM1 定时器,M1 计数器取值为 3;随后信道占用状态改变为繁忙状态,导致 TM1 定时器被清零,当信道占用状态改变为空闲状态后,MAC 继续尝试访问信道没有成功,MAC 启动 TM1 定时器,M1 计数器取值为 4;当定时器 TM1 计时到达后,MAC 尝试访问信道成功,数据帧被发送,MAC 清除 TM2 定时器。

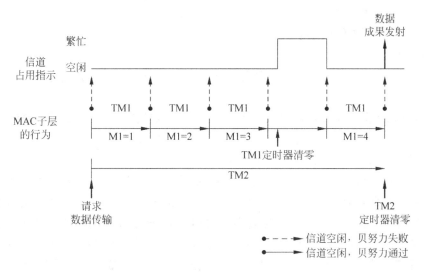

图 6-13　非自适应—P 坚持载波侦听检测算法原理

2. MAC 状态转移图

如图 6-14 所示为甚高频数据链 MAC 层的状态转移图。MAC 层有 4 个状态:空闲状态、繁忙状态、准备发送状态、等待状态。当 MAC 层处于空闲状态时,如果检测到信道被占用,则 MAC 进入繁忙状态,如果有数据需要传输,且信道没有被占用,则 MAC 进入准备发送状态;当 MAC 处于繁忙状态时,如果检测到信道没有被占用,则 MAC 状态进入空闲状态,如果有数据需要传输,则 MAC 层进入等待状态;当 MAC 处于等待状态时,如果检测到信道没有被占用,则 MAC 状态进入准备发送状态;当 MAC 处于准备发送状态时,如果数据传输完成,且信道没有被占用,则 MAC 状态进入空闲状态,如果数据传输完成,且信道被占用,则 MAC 状态进入等待状态。

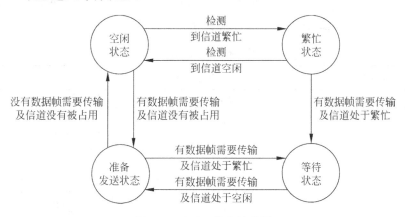

图 6-14　MAC 状态转移图

6.3.2 数据链路子层(DLE)

甚高频数据链路子层由数据链路实体(DLE)及发送队列两个部分组成。飞机(地面站)数据链路实体(DLE)与对等数据链路实体(DLE)提供了面向连接与非面向连接的数据传输服务,DLE通过内置状态机及发送队列实现了AVLC通信协议。

1. AVLC 数据链路帧结构

1) AVLC 数据帧结构

甚高频数据链模式2系统对等数据链路实体(DLE)间交换数据的基本单元为AVLC数据帧。

如图6-15所示为AVLC协议数据帧。AVLC数据帧由7个字段组成:帧标志字段、目的地址字段、源地址字段、链路控制字段、载荷字段、帧校验字段、帧结束标志字段。其中,帧标志字段用于指示AVLC数据帧的开始与结束,帧标志字段长度为8bit,帧标志字段8bit固定设置为011111110;目的地址字段占有4B共32bit,AVLC数据帧通过该字段指明AVLC数据帧接收数据链路实体的地址;源地址字段长度也为4B(32bit),其用于指明数据帧发送数据链路实体的地址;链路控制字段占用8bit,该字段主要用于对等数据链路实体间AVLC数据帧的传输与控制;信息字段用于承载待高层数据分组,通常情况下信息字段的长度是可变化的;帧校验字段由2B(16bit)组成,其用于传输数据帧的校验信息,接收链路实体通过AVLC数据帧的帧校验字段可检查数据帧传输过程中是否出现差错。

8bit	32bit	32bit	8bit	～	24bit	8bit
帧标志	目的地址	源地址	链路控制	载荷	帧校验	帧标志

图 6-15　AVLC 数据帧结构

2) 地址字段

如图6-16所示进一步详细给出AVLC数据帧的地址与源地址字段。其中,数据帧目的地址字段占有数据帧1～4字节中的27bit,图中目的地址所占有的27bit标记为da1,da2,…,da27,目的地址的27bit进一步划分为两个部分,其中d27,d26,d25称为地址类型字段,d24,d23,…,d1为接收端数据链路实体地址字段,地址类型字段说明了接收地址的类型,如表6-4所示为地址类型字段的可能取值及含义。

表 6-4　地址类型字段

da27 da26 da 25 sa27 sa26 sa 25	类型描述	注　释
000	预留	未来使用
001	飞机	24bit ICAO 地址
010	预留	未来使用
011	预留	未来使用
100	地面站	ICAO 管理的地面站地址
101	地面站	ICAO 委托管理的地面站地址
110	预留	未来使用
111	所有站(广播)	所有站

数据帧
第一个传输的比特

字节编号	8	7	6	5	4	3	2	1
帧标志	—	0	1	1	1	1	1	1	0
目的地址字段	1	da22	da23	da24	da25	da26	da27	A/G	0
	2	da15	da16	da17	da18	da19	da20	da21	0
	3	da8	da9	da10	da11	da12	da13	da14	0
	4	da1	da2	da3	da4	da5	da6	da7	0
源地址字段	5	sa22	sa23	sa24	sa25	sa26	sa27	C/R	0
	6	sa15	sa16	sa17	sa18	sa19	sa20	sa21	0
	7	sa8	sa9	sa10	sa11	sa12	sa13	sa14	0
	8	sa1	sa2	sa3	sa4	sa5	sa6	sa7	1
链路控制字段	9	链路控制字段							
信息字段	N−2	载荷信息							
校验字段	N−1	校验信息(高8位)							
	N	校验信息(低8位)							
帧标志	—	0	1	1	1	1	1	1	0

图 6-16 AVLC 数据帧目的地址与源地址字段

此外,AVLC 数据帧第 1 字节中第 2 比特作为 A/G 比特使用,A/G 比特用于标识数据帧发射端的地空属性,当 A/G 比特设置为"0"时,表明数据帧的发射端为空中飞行器;当 A/G 比特设置为"1"时,表明数据帧的发送端为地面站或地面移动站。

数据帧源地址字段占用第 5~8 字节的 27 字节,图 6-16 中源地址所占有的 27 比特标记为 sa1,sa2,…,sa27,目的地址的 27 比特进一步划分为两个部分,其中 sa27,sa26,sa25 称为地址类型字段,sa24,sa23,…,sa1 称为发送端数据链路实体地址字段,地址类型字段指明了源地址的类型,表 6-4 显示给出地址类型字段的可能取值。此外,第 5 字节第 2 比特作为 C/R 比特使用,C/R 比特指明当前 AVLC 数据帧是命令帧还是响应帧,当 C/R 比特设置为"0"时,表明数据帧为命令帧;当 C/R 比特设置为"1"时,表明数据帧为响应帧。

3)广播地址

甚高频数据链系统模式 2 系统利用 XID 帧与 UI 帧来实现地面站广播数据的传输,此时 AVLC 数据帧的目的地址必须设置为广播地址,如表 6-5 所示为广播地址的设置方法。

表 6-5 广播地址的设置方法

广播地址	地址类型字段 da27 da26 da25	地址字段 da24,da23,…,da1
所有飞机	001	全部取值为 1
某个运营商管理的所有地面站	100 或 101	全部取值为 1
ICAO 管理的所有地面站	100	全部取值为 1
所有地面站	101	全部取值为 1
所有站	111	全部取值为 1

4）链路控制字段

如图 6-17 所示为 AVLC 数据帧链路控制字段。链路控制字段占用 1 个字节（8 比特），根据链路控制字段设置的不同，AVLC 数据帧分为 3 种类型的帧：信息帧（简称 I 帧）、监控帧（简称 S 帧）、无编号帧（简称 U 帧）。

8	7	6	5	4	3	2	1	
N(R)			P/F	N(S)			0	I帧
N(R)			P/F	TYPE		0	1	S帧
TYPE			P/F	TYPE		1	1	U帧

图 6-17　AVLC 数据帧链路控制字段

在链路控制字段中，如果第 1 比特设置为"0"，则表示数据帧为信息帧（I 帧）；如果控制字段的第 1 与第 2 比特位设置为"10"，则表示数据帧为监控帧（S 帧）；如果第 1 与第 2 比特位设置"11"，则表示数据帧为无编号帧（U 帧）。

在信息帧（I 帧）中，N(S) 字段代表当前发送信息帧的编号，N(R) 代表期望接收信息帧的编号，且是对 N(R)-1 以前信息帧正确接收的确认；P/F 是查询/结束（Poll/Final）比特，当作为命令帧发送时，P/F 作为查询比特使用（P=1），当作为响应帧发送时，P/F 作为结束比特使用（F=1）。

在监控帧（S 帧）中，第 3 与第 4 两个比特为监控帧类型字段，通过该字段可进一步指明监控帧的类型，监控帧中的 N(R) 功能与信息帧 N(R) 的功能完全相同。

在无编号帧中，第 3、第 4 与第 6、第 7、第 8 比特称为无编号帧类型字段，通过该字段可进一步指明无编号帧的类型。

5）信息字段

在甚高频数据链模式 2 系统中，只有信息帧（I 帧）、XID 帧、TEST 帧及 UI 帧具有信息字段，其他类型数据帧没有信息字段。

6）校验字段

AVLC 的信息帧（I 帧）、XID 帧、TEST 帧与 UI 帧包含一个 16 比特帧校验序列，接收端数据链路实体通过帧校验比特检查数据帧传输过程中是否出现错误。帧校验字段由发送端产生，其产生的基本思想为：待传输的帧信息比特序列通过循环计算产生 16 比特的冗余码，并通过校验字段发送到接收端；在接收端通过检查 AVLC 数据帧信息比特与校验字段是否存在特定约束关系，进而可判断数据帧在传输过程中是否出现错误。AVLC 数据帧的校验字段计算如图 6-18 所示。

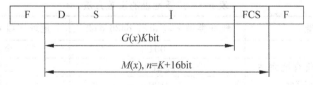

图 6-18　AVLC 数据帧的校验字段计算

在发射机中，从帧开始字段（F）之后的第 1 个比特起到帧校验字段之前的最后一个比特为止（不包含比特填充比特）作为数据多项式 $G(x)$，此外引入生成多项式 $P(X)=X^{16}+$

$X^{12}+X^5+1$，AVLC 数据帧的校验序列是以下两个余数模二和的反码：

(1) $X^K(X^{15}+X^{14}+X^{13}+\cdots+X^2+X^1+1)/P(X)$ 的余数，其中 K 为帧开始标志字段之后第 1 比特到帧校验字段之前的最后一个比特的比特序列的长度（不包含比特填充比特）。

(2) $X^{16}\cdot G(X)/P(X)$ 的余数。

在接收端，将帧开始字段与帧结束字段间的全部比特序列表示为多项式 M(X)，然后按照以下公式进行计算

$$\frac{X^{16}\cdot M(X)+X^n\cdot(X^{15}+X^{14}+X^{13}+\cdots+X^2+X^1+1)}{P(X)}$$

其中，$n=K+16$，如果传输过程中没有错误，则上式运算结果的余数为 000 111 010 000 111 1。

2. AVLC 数据帧类型

甚高频数据链模式 2 系统 AVLC 协议来源于 HDLC 协议，为适应甚高频地空电波传播特性对 HDLC 协议进行简化。AVLC 协议使用的数据帧如图 6-19 所示。

Commands	Responses
INFO [Information]	INFO
RR [Receive Ready]	RR
XID [Exchange Identity]	XID
TEST	TEST
SREJ [Selective Reject]	SREJ [Selective Reject]
FRMR [Frame Reject]	
UI [Unnumbered INFO]	UA [Unnumbered Acknowledge]
DISC [Disconnect]	DM [Disconnected mode]

图 6-19　AVLC 协议使用的数据帧

1）信息帧

信息帧（I 帧）主要用于飞机与地面站数据链路实体间信息的传输，此外，利用信息帧的链路控制字段还可传输与链路相关的流量与控制信息。在信息帧（I 帧）控制字段的 b1～b3 比特为 N(S)字段，b5～b7 比特为 N(R)字段，N(S)字段指明当前信息帧的编号，N(R)代表指明了发送端期望接收帧的编号，且是对 N(R)－1 以前信息帧正确接收的确认。N(S)与 N(R)字段占用 3 比特，AVLC 数据帧的编号取值范围为 0～7。

2）监控帧

监控帧（S 帧）用于飞机与地面站数据链路实体间流量与链路差错控制，完成信息帧的接收确认、选择拒绝等功能。虽然 HDLC 协议共定义 4 种类型的监控帧，但 AVLC 协议仅使用两种类型的监控帧，如表 6-6 所示。

表 6-6　AVLC 协议监控帧

监控帧英文缩写	中文名称	比特 b3	比特 b4	功能
RR	接收准备好	0	0	确认，准备接收下一信息帧，且对 N(R)－1 以前信息帧正确接收确认
SREJ	选择拒绝接收	1	1	选择拒绝，只否认序号为 N(R)的帧

（1）RR 帧（接收准备好）

RR 帧表示已做好接收新信息帧的准备，希望对等实体继续发送新信息帧，RR 帧的 b6～b8 比特为 N(R)字段，N(R)代表指明期望接收信息的编号，且是对 N(R)-1 以前信息帧正确接收的确认。RR 帧的作用：

① 向对等实体表明已准备好接收下一个信息帧。

② 向对等实体确认已经正确接收到编号为 N(R)－1 以前的信息帧。

③ 用 F＝1 响应帧响应已经接收到 P＝1 的命令帧。

④ 通过设置 P＝1（命令帧）探寻对方的状态。

（2）SREJ 帧

SREJ 帧表示希望对等实体重新发送编号为 N(R)的信息帧。此外，需要注意 RR 帧与 SREJ 帧可用于命令帧，也可用于响应帧。

3）无编号帧

无编号帧主要用于飞机与地面站数据链路实体间的链路管理。无编号数据帧自身不携带帧编号，可以在任何需要的时刻发出，而不影响带编号数据帧的交换顺序。XID，UI 与 TEST 数据帧可携带无编号帧的信息字段，这些信息字段主要用于对等实体间传输链路管理信息。HDLC 协议共定义 32 种不同类型的无编号帧，但 AVLC 协议仅使用 6 种类型的无编号帧。如表 6-7 所示为 AVLC 协议使用的无编号数据帧。

表 6-7　AVLC 协议使用无编号帧

帧简称	中文名称	类型		M1	M2
		命令	响应	b3 b4	b6 b7 b8
DISC	请求终止链路连接	C		00	010
DM	设置异步响应断开模式		R	11	000
UI	无编号信息	C		00	000
UA	无编号确认		R	00	110
XID	交换识别	C	R	11	101
FRMR	帧拒绝	C		10	001
TEST	环路测试	C	R		

（1）DISC 帧

如果飞机链路实体或地面站链路实体（DLE）不能继续接收数据，数据链路实体将使用 DISC 帧终止当前的链路连接，在发送该 DISC 数据帧时，链路控制字段的 P 比特须设置为"0"。

（2）DM 帧

如果飞机或地面站数据链路实体（DLE）接收到另外一个与之没有连接关系的链路实体（DLE）发送的数据帧（不包含 XID 及 TEST 帧），链路实体将发送 DM 帧用于说明与对等链路连接处于断开状态，在发送 DM 数据帧时，F 比特须设置为"0"。

（3）FRMR 帧

链路实体处于异步平衡模式（ABM）时，当链路实体收到不可接受的数据帧时，链路实体发出 FRMR 帧予以拒绝，链路实体发送 FRMR 帧后，链路实体处于帧拒绝模式，只有当链路实体进一步接收到 UA 帧（F＝1）时，链路实体状态才能重新返回到异步平衡模式

（ABM）。

（4）UA 帧

在 AVLC 协议中，UA 帧仅用于确认 FRMR 帧。

（5）UI 帧

UI 数据帧携带有信息字段，但没有帧编号，UI 数据帧仅用于飞机与地面站数据链路实体间非面向连接的信息传输。由于数据帧没有帧编号，因此在 UI 数据帧传输过程中，如果数据帧没有被正确接收，则 UI 数据帧不会被重传。

（6）TEST 帧

TEST 帧携带有信息字段，TEST 帧主要用于飞机与地面站数据链路实体间进行环路测试信息的传输，TEST 数据帧可应用于命令帧也可用于响应帧。

（7）XID 帧

XID 帧携带有无编号的信息字段，其主要用于飞机与地面站链路管理实体（LME）间交换数据链模式 2 系统所需要的信息，该数据帧可应用于命令帧也可用于响应帧。

3. AVLC 链路参数与链路变量

下面重点介绍 AVLC 协议链路常用链路参数及链路控制变量。

1）链路参数

甚高频数据链路子层 AVLC 协议的重要参数包括定时器 T1、定时器 T2、定时器 T3、计数器 N1、计数器 N2 及窗口尺寸 K。

（1）定时器 T1（数据帧接收确认超时定时器）

DLE 在发送 I 帧、RR 帧（P＝1）、SREJ 帧（P＝1）或 FRMR 数据帧后，发送链路实体将等待 T1 定时器规定的时间，以便接收对等实体发送的确认帧，如果定时器 T1 计时时间达到后，发送链路实体没有接收到确认，则导致发送链路实体重新发送数据帧。

（2）定时器 T2（确认帧最大允许发送延迟）

定时器 T2 指明接收链路实体在收到 I 帧、RR 帧（P＝1）、SREJ 帧（P＝1）或 FRMR 数据帧后，发送确认帧的最大延迟时间间隔，如果接收链路实体超过该时间间隔后不发送确认帧给发送链路实体，则将导致发送链路实体 T1 定时器超时。

（3）定时器 T3（链路初始化定时器）

飞机链路管理实体（LME）向地面链路管理实体发送 XID_CMD 命令请求建立链路链接后，将等待 T3 定时器规定的时间间隔，如果在 T3 定时器规定时间内没有收到地面站的响应，则飞机链路管理实体将重新发送链路建立请求命令。

（4）参数 N1（AVLC 数据帧最多允许传输比特数）

参数 N1 指明 AVLC 数据帧最多可承载的比特数（不包括帧标志位）。

（5）计数器 N2（数据帧重新传输的最大次数）

计数器 N2 指明 AVLC 数据帧重传的最大次数。在数据传输过程中，当新数据帧发送后，计数器 N2 被清零；当数据帧被重传一次后，N2 计数器加1；当传输数据帧被确认后，计数器 N2 被清零；当发送实体重新传输的次数达到 N2 计数器规定值时，数据链路实体（DLE）将通知链路管理实体（LME）链路中断。

（6）AVLC 滑动窗口（滑动窗口尺寸）

滑动窗口尺寸 K 指明了数据链路实体间允许发送数据帧的最大个数。

2) 链路变量

为保证飞机与地面站对等数据链路实体间信息帧(I帧)的传输与控制,对等数据链路实体定义使用以下链路变量。

(1) 发送变量 V(S)。

(2) 接收变量 V(R)。

(3) 发送次数变量。

(4) 重发计数变量。

发送变量 V(S)和接收变量 V(R)用于保持跟踪信息帧的顺序编号。变量 V(S)保持着待发送的下一个信息帧的编号,变量 V(R)保持着期待接收的下一个信息帧的编号。当发送一个信息帧时,将变量 V(S)的值填入信息帧的 N(S)字段,变量 V(R)的值填入信息帧的 N(R)字段。当飞机与地面站数据链路实体建立链路时,变量 V(S)和 V(R)的值初始化为"0",变量 V(S)和 V(R)的去找范围为 0~7(模 8 方式)。

变量 V(S)取值改变规则为

① 当数据链路实体(DLE)接收到链路建立命令后,变量 V(S)初始化为"0";

② 当数据链路实体(DLE)成功发送一个信息帧,变量 V(S)的取值自动加 1;

③ 当数据链路实体(DLE)接收到 SREJ 帧后,如果 SREJ 帧的 N(R)小于当前的 V(S)的取值,V(S)=N(R)。

变量 V(R)的改变规则为

① 当数据链路实体(DLE)接收到链路建立命令后,变量 V(R)初始化为"0";

② 当数据链路实体(DLE)接收到一个无差错的信息帧,且 V(R)=信息帧的 N(S)字段取值时,变量 V(R)的取值加"1"。

发送次数变量用于保存信息帧的最大发送次数,该变量取值是最大重发次数加"1"。

重发计数变量用于纪录数据链路实体重发次数,当数据链路实体发送一个新的信息帧时,该变量设置为"0",当数据链路实体重新发送信息帧时,发送次数变量的取值加"1"。

4. 数据链路实体(DLE)状态及状态转移

甚高频数据链模式 2 系统数据链路管理实体(DLE)使用 5 个状态:空闲状态(Idls)、异步平衡模式状态(ABM)、链路复位状态(FRM)、选择拒绝状态(RM)及链路断开状态(ADM)。

1) 数据链路实体状态

如图 6-20 所示为数据链路实体的状态及转移关系。当链路管理实体(LME)创建数据链路实体(DLE)时,数据链路实体处于初始状态(idle);当数据链路实体与对等实体建立连接后,DLE 处于异步平衡模式状态(ABM),在异步平衡模式状态下,对等链路实体间可使用信息帧传输交换数据;当链路产生致命错误时,数据链路实体处于链路复位状态(FRM),数据链路实体在该状态下可进行链路错误恢复;在数据传输过程中,如果链路实体发现数据帧丢失,则数据链路实体进入选择拒绝状态(SRM);当对等链路实体处于断开状态时,DLE 处于链路断开状态(ADM)。

2) ABM 状态及转移

如图 6-21 所示为 ABM 状态及转移关系。在 ABM 状态下,当接收到信息帧(I帧)后,并发送 RR 帧进行确认,数据链路实体状态仍处于 ABM 状态。

在 ABM 状态下,发送信息帧(I帧)后,启动定时器 T1,计数器 N2+1,数据链路实体

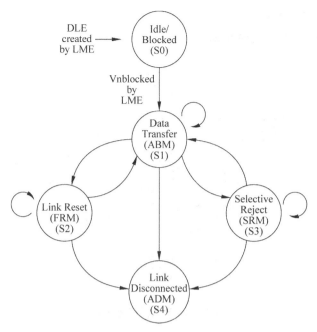

图 6-20 数据链路实体(DLE)工作状态

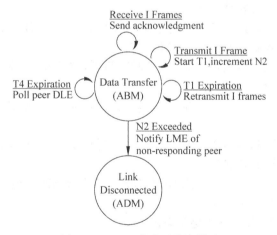

图 6-21 ABM 状态及状态转移

(DLE)状态仍然返回 ABM 状态。

　　在 ABM 状态下,定时器 T1 定时时间到,DLE 重新发送 I 帧,启动定时器 T1,计数器 N2+1,DLE 状态仍返回 ABM 状态。

　　在 ABM 状态下,定时器 T4 定时时间到达,查询对等实体,DLE 状态仍返回 ABM 状态。

　　在 ABM 状态下,定时器 T1 定时时间到达,N2 计数器超过规定值,数据链路实体(DLE)通知本地链路管理实体(LME)链路终止,DLE 状态改变至 ADM 状态。

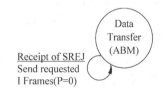

图 6-22 ABM 状态下接收到 SREJ 帧的状态转移

　　DLE 处于 ABM 状态时,当接收到 SREJ 帧后,发送 I 信息帧,DLE 状态仍然处于 ABM 状态,如图 6-22 所示。

3）选择拒绝状态（SRM）

如图 6-23 所示为 DLE 选择拒绝状态图。

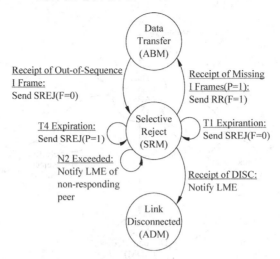

图 6-23　DLE 选择拒绝状态图

DLE 处于 ABM 状态时，当接收到错误编号信息帧（I 帧）时，DLE 向对等实体发送 SREJ 帧（F＝0），DLE 状态转移至 SRM 状态。

DLE 处于 SRM 状态时，当接收到期望编号信息帧（I 帧）时（P＝1），发送 RR 帧（F＝1）进行确认，DLE 由 SRM 状态改变至 ABM 状态。

DLE 处于 SRM 状态时，当定时器 T1 计时时间到，重新发送 SREJ 帧（F＝0），N2 计数增加 1，DLE 状态仍然处于 SRM 状态。

DLE 处于 SRM 状态时，当定时器 T4 计时时间到，重新发送 SREJ 帧（F＝1），DLE 状态仍然处于 SRM 状态。

DLE 处于 SRM 状态时，当 N2 计数值达到规定值，DLE 通知本地 LME 对等实体无响应，DLE 状态仍然处于 SRM 状态。

DLE 处于 SRM 状态时，当接收到 DISC 帧时，DLE 状态改变至 ADM 状态。

4）选择拒绝状态及转移（FRM）

如图 6-24 所示为 DLE 选择拒绝状态图。

DLE 处于 ABM 状态时，当接收到 FRMR 帧后，发送 UA 帧，然后初始化计数器，取消定时器，DLE 状态仍然处于 ABM 状态。

DLE 处于 ABM 状态时，当接收到非法数据帧后，发送 FRMR（P＝1），DLE 状态改变至 FRMR 状态。

DLE 处于 FRMR 状态时，当接收到对等实体发送 UA 帧后，然后初始化计数器，取消定时器，通知 LME 链路复位，DLE 状态改变至 ABM 状态。

DLE 处于 FRM 状态时，当定时器 T1 计时时间到，重新 FRMR 帧（P＝0），N2 计数增加 1，DLE 状态仍然处于 FRM 状态。

DLE 处于 FRM 状态时，当 N2 计数值达到规定值，DLE 通知 LME 对等实体无响应，DLE 状态转移至 ADM 状态。

DLE 处于 FRM 状态时，接收到 DISC 数据帧时，DLE 通知 LME 链路终止，DLE 状态转移至 ADM 状态。

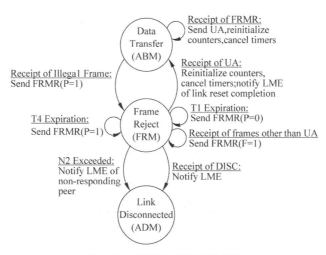

图 6-24　DLE 选择拒绝状态图

5）链路中断状态

DLE 处于任何状态时，如果接收 LME 链路终止命令时，发送 DISC 数据帧，DLE 状态转移至 ADM 状态，如图 6-25 所示。

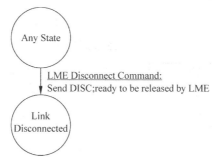

图 6-25　ADM 状态图

5. 飞机与地面站对等链路实体间数据交换

为方便理解甚高频数据链系统模式 2 系统飞机与地面站数据链路实体间基于 AVLC 协议数据交换的过程，下面通过 4 个场景来举例说明 AVLC 协议数据交换过程。

（1）I 帧与 RR 帧的数据传输。

（2）链路选择拒绝与重传。

（3）链路复位及链路恢复。

（4）地空链路链接的终止。

1）基于 I 帧与 RR 帧的数据传输

如图 6-26 所示为飞机与地面数据链路实体间通过 I 帧实现数据传输的过程。假设飞机与地面站数据链路实体已建立链接，且对等链路实体均处于异步平衡状态（ABM），飞机链路实体连续发送编号 N(S)=0 与 1 的信息帧，其中编号 N(S)=1 信息帧的帧查询比特 P 设置为 1，地面站链路实体收到该帧后，发送 RR 帧(F=1)N(R)=2 对接收到 0 与 1 帧进行确认，飞机链路实体进一步发送编号为 2、3 与 4 的信息帧，地面链路实体发送 RR 帧(F=1) N(R)=5 对 2、3 与 4 帧进行确认。

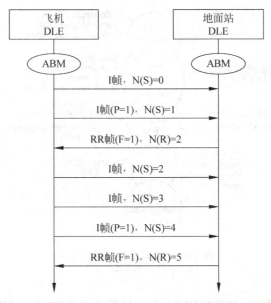

图 6-26 飞机与地面数据链路实体间通过 I 帧实现数据传输

2) 链路选择拒绝与重传

如图 6-27 所示为飞机与地面站链路实体利用 SREJ 帧进行选择重传的过程。飞机与地面站链路实体初始处于链路链接状态,且链路实体进入异步平衡模式(ABM),飞机链路

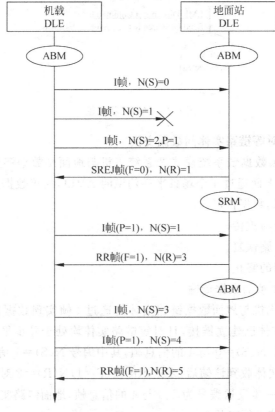

图 6-27　地面站通过 SREJ 帧实现选择重传

实体连续发送编号为0、1、2的信息帧,由于数据帧传输过程中信道衰落的影响,编号N(S)＝1的信息帧没有被接收机正确接收,此时地面站链路实体仅成功接收到编号为0、2的数据帧,地面站链路实体发送SREJ帧(F＝0)N(R)＝1通知飞机链路实体进行选择重传,同时地面站数据链路实体状态进入选择拒绝状态(SRM),机载链路实体收到SREJ帧(F＝0)N(R)＝1后,重新发送信息帧(P＝1)N(S)＝1,地面站链路实体在收到期望信息帧后,发送RR帧(F＝1)N(R)＝3,确认正确接收0、1、2的数据帧,然后地面站链路实体状态转移到异步平衡模式(ABM),飞机链路实体进一步发送编号为3、4的信息帧,地面链路实体通过RR帧(F＝1)N(R)＝5对发送编号3、4的信息帧进行确认。

3) 数据链路实体复位及链路恢复

如图6-28所示为基于FRMR帧的地空链路复位与链路恢复的过程。飞机与地面站链路实体处于链路连接状态,且对等链路实体均处于异步平衡模式(ABM),飞机数据链路实体首先发送编号为0的信息帧(I帧),随后发送了一个非法数据帧(例如I帧信息字段超过最大长度,或I帧N(R)字段无效等),此时地面站数据链路实体收到非法信息帧后,地面站数据链路实体发送FRMR帧(P＝1)请求对等链路实体进行链路复位,随后地面站数据链路实体进入链路复位模式(FRM),飞机数据链路实体在收到FRMR帧(P＝1)后,飞机数据链路实体进行复位操作(计数器清零,所有定时器取消),随后飞机数据链路实体发送UA帧(F＝1),地面站数据链路实体在收到UA帧(F＝1)后进行地面站数据链路实体的复位操作(计数器清零,所有定时器取消),然后地面站数据链路实体状态回到异步平衡模式(ABM),机载链路实体继续发送I帧(P＝1),N(S)＝1,地面链路实体进一步发送RR帧(F＝1),N(R)＝2进行确认。

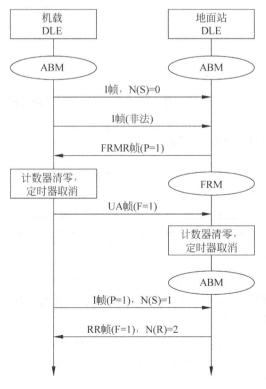

图6-28　基于FRMR帧的地空链路复位与链路恢复

4）地空数据链路的终止

如图 6-29 所示为甚高频数据链地空链路连接的终止过程。假设飞机与地面站链路管理实体(LME)处于链路连接状态，飞机与地面站数据链路实体均处于 ABM 状态，飞机数据链路实体与地面站数据链路实体通过 I 帧与 RR 帧进行地空数据传输，当飞机链路管理实体(LME)发出链路断开命令后，飞机数据链路实体(DLE)发送 DISC 帧给出地面站数据链路实体请求终止数据链路连接，随后飞机数据链路实体状态转移至 ADM 状态，地面站数据链路实体在收到 DISC 数据帧后，通知地面站链路管理实体(LME)链路处于终止状态，同时地面站数据链路实体处于 ADM 状态。

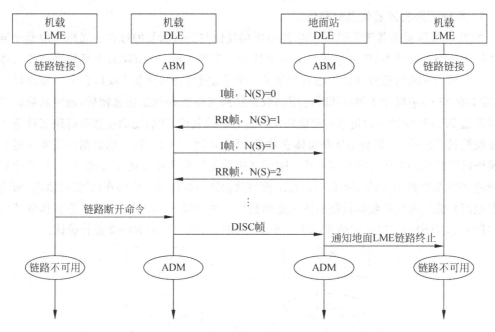

图 6-29　甚高频数据链地空链路连接的终止过程

6.3.3　链路管理实体(LME)

在甚高频数据链模式 2 系统中，飞机与地面站链路的建立与链路维护由飞机及地面站数据链路层链路管理实体(LME)负责完成。飞机与地面站链路实体的链路管理与维护主要包括以下内容：地面站信息的获取、地空链路的建立、地空链路的移动切换等。飞机与地面站链路管理实体主要依赖交换 XID 数据帧实现地空链路的管理与维护。

1. XID 数据帧格式

XID 数据帧是 AVLC 协议定义的无编号数据帧，XID 帧可携带信息字段，其主要用于飞机与地面站链路管理实体(LME)间交换甚高频数据链模式 2 系统所需要的相关信息，该数据帧可应用于命令帧也可用于响应帧。

由于 XID 帧编码方式较复杂，可参阅甚高频数据链模式 2 的计数规范，为方便叙述，以下仅介绍 XID 帧的类型，及各种类型 XID 帧传输信息的类型。

2. XID 数据帧类型

按照 XID 数据帧完成功能的不同，甚高频数据链模式 2 系统 XID 帧可分为 10 种类型，分别为 GSIF、XID_CMD_LE、XID_CMD_LCR、XID_CMD_LPM、XID_CMD_HO(P=0、P=1)、XID_RSP_LE、XID_RSP_LCR、XID_RSP_LPM、XID_RSP_HO,如表 6-8 所示。

表 6-8　XID 数据帧类型

Name	C/R	P/F	h	r	x	V	Notes
GSIF	0	0	-	-	-	-	Ground Station Identification Frame
XID_CMD_LE	0	1	0	0	×	×	Link Establishment
XID_CMD_LCR	0	0	0	1	×	×	Link Connection Refused
XID_CMD_LPM	0	1	-	-	-	-	Link Parameter Modification
XID_CMD_HO	0	1	1	0	×	×	If P=1,then Initiating Handoff
XID_CMD_HO	0	0	1	0	×	×	If broadcast and P=0,then commanding a Broadcast Handoff. If unicast and P=0,then Requesting Handoff
XID_RSP_LE	1	1	0	0	×	×	
XID_RSP_LCR	1	1	0	1	×	×	
XID_RSP_LPM	1	1	-	-	-	-	
XID_RSP_HO	1	1	1	0	×	×	

"X"=do not care case.

"-"=connection management parameter not included.

GSIF 帧用于地面站向飞机数据管理实体广播地面站参数信息;XID_CMD_LE 数据帧用于飞机向地面站链路管理实体发出链路建立请求命令,当地面站链路管理实体收到飞机发出的链路建立请求命令后,可利用 XID_RSP_LE 通知飞机允许建立连接,也可利用 XID_CMD_LCR 通知飞机链路拒绝链路建立;XID_CMD_LPM 用于飞机或地面站链路管理实体改变链路参数;XID_CMD_HO(P=1)用于飞机或地面站发出链路移动切换的请求;XID_CMD_HO(P=0)用于飞机或地面站发出广播移动切换请求。

3. 基于 XID 数据帧链路管理与维护

以下通过 4 个举例来说明飞机与地面站链路管理实体如何使用 XID 数据帧完成飞机与地面站间链路连接及链路维护的功能。

1) 地面站参数信息的获取

如图 6-30 所示为飞机通过地面站 XID GSIF 数据帧获取地面站配置及链路参数。在地面站中,链路管理实体(LME)周期性产生地面站信息帧(Ground Station Information

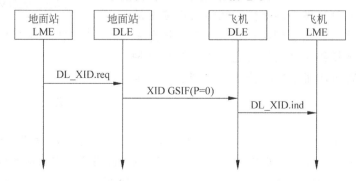

图 6-30　飞机通过地面站 XID GSIF 数据帧获取地面站配置及链路参数

Frame GSIF),并通过数据链路实体产生 XID GSIF 数据帧,最后在公共信令信道(GSC)中以广播形成发射到空中。飞机数据链路实体在接收到 XID 数据帧后,从 XID 数据帧提取地面站配置参数信息,并提交给飞机链路管理实体(LME)。

2) 飞机与地面站链路建立过程

如图 6-31 所示为飞机与地面站链路管理实体连接建立过程。飞机链路管理实体首先通过接收地面站发送的 GSIF 广播数据帧获取地面站配置信息,随后,飞机通过 XID_CMD_LE 数据帧发送链路建立请求,地面站链路管理实体收到飞机发送的链路建立请求后,通过 XID_RSP_LE 数据帧发送允许链接建立的响应,飞机链路管理实体收到地面站发送的 XID_RSP_LE 响应后,则飞机与地面站链路管理实体均进入链路连接建立状态。

如图 6-32 所示为飞机与地面站链路管理实体连接建立过程。飞机链路管理实体首先通过接收地面站发送的 GSIF 广播数据帧获取地面站配置信息,随后,飞机通过 XID_CMD_LE(P=1)数据帧发送链路建立请求,地面站链路管理实体收到飞机发送的链路建立请求后,通过 XID_RSP_LCR(F=1)数据帧发送拒绝链接建立的响应。

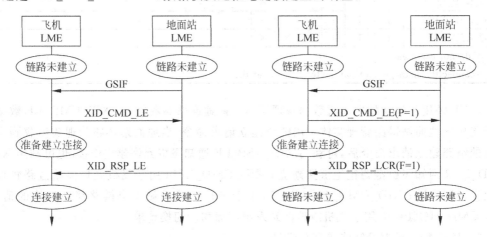

图 6-31　飞机与地面站链路建立过程　　　　图 6-32　地面站拒绝链路建立

3) 飞机与地面站链路参数修改

如图 6-33 所示为飞机与地面站链路管理实体变更链路参数的过程。假设飞机与地面站链路管理实体处于连接建立状态,地面站链路管理实体通过 XID_CMD_LPM(P=1)向飞机链路管理实体发出改变链路参数的请求,飞机链路管理实体接收到改变链路参数的请求后,飞机链路管理实体通过 XID_RSP_LPM(F=1)数据帧通知地面站链路管理实体同意改变链路参数的响应。

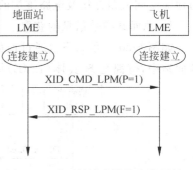

图 6-33　地面站请求链路参数更新

4) 飞机发起移动切换

如图 6-34 所示为飞机发起移动切换的过程。假设在初始阶段飞机链路管理实体(LME)与地面站 1 链路管理实体(LME)建立连接,飞机链路管理实体保持接收地面站 1 与地面站 2 链路管理实体发送广播信息(GSIF),通过比较两个链路接收信号的强度,并判断是否进行移动切换,当判定来自地面站 2 链路的接收信号强度显著高于来自地面站 1 链路,则飞机向地面站 2 链路管理实体发出移动切换请求 XID_CMD_HO(P=1),地面站 2 链路管理实体在收到来自飞机的链路管理实体移动请求切换命令后,如果地面站 2 允许飞机接入请求,则发送允许飞机接入的响应 XID_RSP_HO(F=1),飞机在收到地面站 2 链路管理实体的响应后,向地面站 1 链路管理实体发出链路终止命令(DISC)。

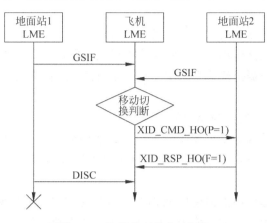

图 6-34　飞机发起的移动切换

6.4　甚高频数据链模式 2 系统的应用

1997 年,国际民航组织(ICAO)制定完成了甚高频数据链模式 2 系统的技术规范,2001 年中期,国际航空电信公司(SITA)制定计划升级甚高频数据链模式 2 系统服务,并在欧洲中部逐步将原有的 ACARS 地面站改造成为兼容 ACARS 与甚高频数据链模式 2 两种协议的地面站。到 2004 年,已有超过 200 个甚高频数据链模式 2 地面站在北美和欧洲投入使用。

航空无线电通信公司(ARINC)也在致力于发展甚高频数据链模式 2 网络,其开发的 AOA 和 ATN 网络已经投入了应用,网络覆盖北美、欧洲和日本。在欧洲,到 2003 年年底,ARINC 已建设了 12 个甚高频数据链模式 2 地面站。

在欧洲,欧洲航空安全组织(Eurocontrol)制定政策支持基于甚高频数据链模式 2 的空中交通服务与控制,在其 Link2000+战略中,Eurocontrol 向航空公司提供经费支持,鼓励其加装甚高频数据链模式 2 机载设备。根据巴黎监视站统计的数据,截至 2006 年 1 月,已经有 20 家航空公司的 155 架飞机装备了甚高频数据链模式 2 设备,甚高频数据链模式 2 系统已应用于超过 20 条航路。俄罗斯、西班牙、法国、意大利、美国、英国、奥地利、德国、卢森堡、匈牙利、丹麦、荷兰、埃及、摩洛哥、阿尔及利亚等国家已将甚高频数据链模式 2 技术投入到民航商业应用中。

2002 年,中国民航总局空管局根据国内民航通信网络的发展状况及国外 ATN 的实施状况,编制了《空管航空电信网技术政策、应用和发展白皮书》,2006 年再次进行了修订,《空管航空电信网技术政策、应用和发展白皮书》指明民航地面传输网络逐步由 AFTN 向 ATN/AMHS 网络过渡,地空传输网络建成以甚高频地空数据链为主要传输手段的地空数据通信网络,在必要的环境下以高频地空数据链为辅助传输手段,逐步由 ACARS 网络向 ATN/VDL 模式 2 过渡。目前中国民航已开始在中国境内建设甚高频数据链模式 2 地面站。

习题

6-1 试述甚高频数据链模式 2 系统发射机组成及原理。

6-2 试述甚高频数据链模式 2 系统接收机组成及原理。

6-3 试述甚高频数据链模式 2 系统中扰码器/解扰器、信道交织器/解交织器的作用及原理。

6-4 试述 D8PSK 调制器与解调器工作原理。

6-5 试述甚高频数据链模式 2 系统非自适-P 坚持载波侦听检测算法工作原理。

6-6 甚高频数据链模式 2 系统 AVLC 协议使用哪些类型的数据帧,并叙述各个数据帧的功能与用途。

6-7 试述飞机与地面站如何使用 AVLC 数据帧完成空-地数据交换。

6-8 试述飞机与地面站如何使用 XID 数据帧完成空地链路的建立及移动切换。

参考文献

[1] International Civil Aviation Organization(ICAO),Doc 9776:Manual on VHF Digital Link(VDL) Mode 2.

[2] ETSI EN 301 841-1:Electromagnetic compatibility and Radio spectrum Matters(ERM);VHF air-ground Digital Link(VDL)Mode 2;Technical characteristics and methods of measurement for ground-based equipment;Part 1:Physical layer and MAC sub-layer.

[3] ETSI EN 301 841-2:Electromagnetic compatibility and Radio spectrum Matters(ERM);VHF air-ground Digital Link(VDL)Mode 2;Technical characteristics and methods of measurement for ground-based equipment;Part 2:Upper layers.

第 7 章

卫星通信系统

7.1 卫星通信系统概述

卫星通信[1-4]是指利用人造地球卫星作为中继站转发或反射无线信号,在两个或多个地球站进行的通信方式。从1945年提出利用卫星进行通信的设想,至今已经近70年了,卫星通信目前可以提供包括语音、数据、视频图像等多种业务,成为通信领域一个重要的发展方向。

通信卫星是卫星通信系统中最重要的组成部分,卫星的运行轨迹称为运动轨道,它所在的平面称为轨道平面。卫星按运行轨道高度可分为低轨道(LEO)、中轨道(MEO)和高轨道(GEO)卫星;按运行轨道倾角可分为赤道轨道、倾斜轨道和极轨道;按频率划分可分为L波段、S波段、C波段、Ku波段和Ka波段的卫星。

目前,大多数的通信卫星是静止轨道卫星,这种卫星的轨道是位于赤道平面内的圆形轨道,距离地面的轨道高度约为35786km,运行的方向与地球的自转方向相同,轨道周期和地球自转周期也一样。从地球上看,卫星就像静止一样,因此称为静止卫星(GEO卫星)。

7.1.1 卫星通信系统组成

卫星通信系统主要包括4个部分,分别是通信卫星、跟踪遥测及指令子系统、地球站和监控管理子系统,如图7-1所示。其中,通信卫星起着中继站的作用,通过星上转发器来转发地面、空中、海上固定站和移动站的信息。一颗卫星一般配有不同频段的多个转发器,每个转发器能同时接收或转发多个地球站或通信终端的信号,转发器数目越多,卫星通信系统的容量越大。通信地球站及终端指固定的地球站、车载或机载等便携终端站等。跟踪遥测及指令系统负责对卫星进行跟踪测量,控制其准确进入轨道上的确定位置,并对在轨卫星的轨道、位置、姿态进行监测和校正;而监控管理子系统则对卫星的通信性能及参数进行业务开通前和开通后的监测与管理,如对卫星转发器功率、卫星天线增益以及各地球站及通信终端发射的功率、载波频率和带宽等基本通信参数进行监控,以确保卫星正常运行和工作,同时符合不同卫星通信系统间的协调要求。

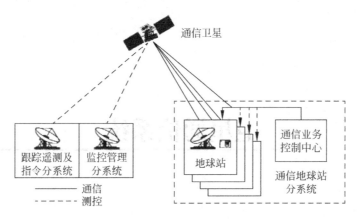

图 7-1　卫星通信系统组成

7.1.2　卫星通信工作频段

卫星通信线路由发端地球站、上行链路、通信卫星转发器、下行链路和收端地球站组成，为了避免上、下行链路的信号在空间相互干扰，需要将上、下行链路的频率错开，一般上行链路使用较高频率，而下行链路使用较低的频率。例如工作在 6/4GHz 的 C 波段通信卫星，其上行链路的频率为 6GHz（5.925～6.425GHz），相应的下行链路的频率为 4GHz（3.7～4.2GHz）。

卫星通信工作频段的选择是一个重要的问题，因为它将影响到系统的传输容量、地球站与卫星转发器的发射功率、天线尺寸设计等。选择工作频率，首先要考虑电波的传输衰减和其他损耗。当电磁波在卫星和地球站之间传播时，要穿过地球周围的大气层，受到电离层中电子和离子的吸收，还会受到对流层中氧、水汽等的吸收和散射，并产生一定的衰减。这种衰减的大小与工作频率、天线的仰角等有关系。地球站天线仰角越大，无线电波通过大气层的路径越短，则大气吸收产生的损耗越小，当频率高于 10GHz 后，天线仰角大于 5°时，其影响基本上可以忽略。除此之外，天线接收的外界噪声要小，这样才保证接收机的灵敏度。从上述两方面考虑，卫星通信的工作频率一般选在 1～10GHz 范围内比较适宜，理想的频段是 4～6GHz 附近。为了保证有较宽的可用频带以满足信息传输的需求，人们也已经探索并应用更高的工作频率了，如 20/30GHz 的 Ka 频段。目前，大多数卫星通信系统选择的工作频率如下：

L 波段（1～2GHz）——移动卫星业务、地面微波、广播电视、移动通信。

S 波段（2～4GHz）——移动卫星业务、数字音频广播、NASA 研究。

C 波段（4～8GHz）——固定卫星业务、地面微波通信。

X 波段（8～12.5GHz）——卫星军事通信、地球观测卫星。

Ku 波段（12.5～18GHz）——固定卫星、广播卫星、地面微波通信。

K 波段（18～26.5GHz）——固定卫星、广播卫星、LMDS。

Ka 波段（26.5～40GHz）——固定卫星、星际链路、卫星成像、LMDS。

7.1.3　多址联接（Multiple Access）及信道分配技术

1. 多址方式

在卫星通信中，多个地球站可以共享同一颗卫星，同时建立各种的通信信道，从而实现各个地球站之间的相互通信，这种方式称为多址联接。实现多址的技术基础是信号分割，利用信号在时间、频率、波形或空间上的正交性对信号进行划分,从而进行多址传输。按照划分的对象不同,卫星通信中应用的多址方式主要有频分多址、时分多址、码分多址和空分多址 4 种[5]。

1) 频分多址(Frequency Division Multiple Access)

把卫星转发器的可用带宽划分为各个小频带分配给各个地球站,各个地球站就在被分配的频带内发射各自的信号,在接收端口利用带通滤波器从接收信号中取出与本站相关的信号。

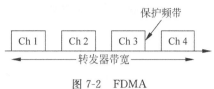

图 7-2 FDMA

FDMA 是卫星通信系统多址技术中最简单、应用最早的一种多址技术。在 FDMA 卫星通信网中,每个地球站向卫星转发器发射一个或多个载波,每个载波具有一定的频带,为了避免相邻载波间的频谱重叠,各个信道间必须设置保护频带(Guard Band),如图 7-2 所示。卫星转发器接收其频带内的所有载波,经过放大、变频,再发回接收地球站。在卫星波束覆盖区域内的地球站接收到信号之后,利用带通滤波器选择接收某些载波,提取其中所需的信息。

以话音通信为例,在 FDMA 方式中,每个地球站传送多路信号可以采用两种方法。一种是每个话路分配一个载波,称为每载波单路(Single Channel Per Carrier,SCPC)方式。另一种是多个话路分配到一个载波上,称为每载波多路(Multiple Channel Per Carrier,MCPC)方式。在这种方式中,各个话路先经过频分复用 FDM(对于数字话音,采用 TDM),然后对中频(一般为 70MHz)载波进行 FM 调制(对于数字话音,采用 PSK 调制),经过上变频后将频率变换到微波波段。因此,在 MCPC 方式中经过卫星转发的是多个话路信号。为了使卫星天线覆盖区域内的各个地球站建立 FDMA 通信,也可以采用两种多址联接方法。一是把一个地球站要发送给其他各站的信号分别复用到基带的某一指定频段上,然后调制到载波频率。其他各站接收时经过解调后用带通滤波器取出和本站相关的信号。这样每个地球站只发射一个载波,如果 FDMA 系统中有 n 个地球站,则通过卫星转发器的载波数目最多为 n 个,各载波之间均应有一定的间隔并留有保护频带,以容纳所要传送信号的频带宽度,避免各站信号彼此干扰。二是每个地球站向其他各地球站均分别发射一个不同频率的载波,那么每个地球站发向卫星转发器的载波数目为 $(n-1)$ 个,而通过卫星转发器的载波数目最多将为 $n \times (n-1)$ 个,远远大于第一种方式。因此,发射地球站和卫星转发器的功率放大器的非线性效应比较明显,将产生严重的交调噪声,只有 FDMA 系统中地球站的数目不多时才会采用第二种方式。

2) 时分多址(Time Division Multiple Access)

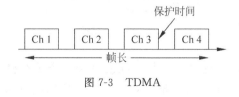

图 7-3 TDMA

把一个指定的时间长度(一般称为帧长,Frame Time)划分为各个时隙,每个地球站在分配给自己的时隙内用相同的载波和卫星转发器通信。不同时隙进入转发器的信号,按时间顺序排列,相互之间不重叠。卫星转发器放大后重新发回地面。处于波束覆盖区域内的地球站接收到由转发器发来的信号,并在 TDMA 系统的统一时钟控制下在特定的时隙提取和本站相关的信号。

TDMA 卫星通信系统的所有地球站时隙在卫星转发器占有的时间长度,称为一个 TDMA 帧长,如图 7-3 所示。每个地球站所占用的时隙(Time Slot)叫作分帧或突发

（Burst）。为了使各分帧互不重叠，TDMA 系统需要有一个统一的时钟标准，系统中的每个地球站都在同一时钟的控制下在指定时隙内和卫星转发器通信，如图 7-4 所示。采用这种多址方式可以避免 FDMA 中因转发器的非线性而引起的互调产物，卫星转发器几乎可以在饱和点工作，可有效利用卫星的功率。

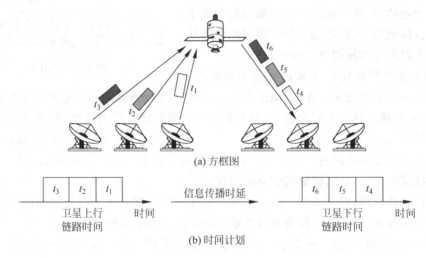

(a) 方框图

(b) 时间计划

图 7-4　TDMA 系统示意图

TDMA 系统的帧结构如图 7-5 所示，假设系统中包含有 4 个地球站，每站指定的分帧长度相等，则 T_{frame}/N 即为每个分帧时长。每个分帧又分为报头时间（Preamble Time）、信息时间（Traffic Time）和保护时间（Guard Time），其中报头时间传输的信息称为报头，用来同步和进行网络控制。一般分帧报头（如图 7-6 所示）包括：

（1）载波与位定时恢复序列（CBTR），在接收解调时提供所需的载波基准与位定时时钟。

（2）独特码（UW），用来识别 TDMA 帧内分帧的起始位置及分帧内各比特位置。

（3）勤务线比特码（TTY，SC），传送各站之间联络电话与电报信息。

（4）控制比特码（VOW），用来传输网络管理信息。

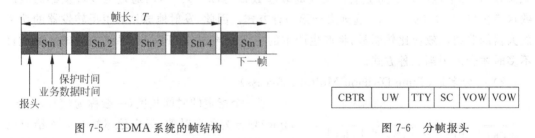

图 7-5　TDMA 系统的帧结构

图 7-6　分帧报头

在卫星交换时分多址（SS-TDMA）系统中，通常存在多个上行链路波束和多个下行链路波束，每个波束内均采用 TDMA 方式，各波束使用相同的频带。对于需要与其他波束内的地球站进行通信的某个地球站来说，其上行链路发射时间必须要安排在某个特定的时隙上，以便转发器根据其时隙位置选路到相应的下行链路波束上。即卫星上有一个可编程的快速微波交换矩阵（MSM），将从不同上行波束到达的 TDMA 突发按需要分别送到不同的下行波束去。卫星上的分配控制单元（DCU）实施对 MSM 交换序列的控制，使其周期地执行一系列设计好的交换状态,以便让来自各波束的业务突发无冲突的发往指定区域。因此,为了系统正常工作,必须使地球站与星上交换状态序列之间建立并保持同步。

以 INTELSAT Ⅵ SS-TDMA 系统为例,如图 7-7 所示。

系统包括东西两个半球波束和四个区域(东北、西北、东南、西南)波束。在东西波束内各有一个基准站,这两个基准站中一个是主站另一个是辅站,其作用可以根据需要互换。当在交换矩阵状态序列中引入广播状态时,两个基准站发送的信号可同时出现在所有的下行波束。

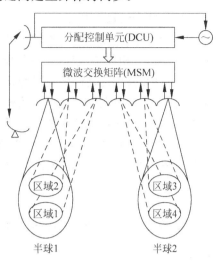

图 7-7 INTELSAT Ⅵ SS-TDMA 系统

3) 码分多址(Code Division Multiple Access)

在码分多址系统中,各地球站使用相同的载波频率,占用同样的射频带宽,发射时间是任意的,即各站发送的信号频率和时间可以重叠,每个地球站相互区分依靠其预先分配好的地址码,属于随机多址系统。一般选择相互正交的伪随机序列(PN)作为地址码,一个地球站发出的信号,只能用与它相关的接收机才能检测出来。从本质上说,CDMA 系统是建立在正交编码、相关接收等理论基础上的一种扩频通信系统。卫星通信系统中采用的扩频通信系统主要有两种方式,直接序列(DS)扩频 CDMA 和跳频(FH)扩频 CDMA 方式。下面以直接序列扩频 DS-CDMA 为例介绍,扩频、解扩分别如图 7-8、图 7-9 所示。

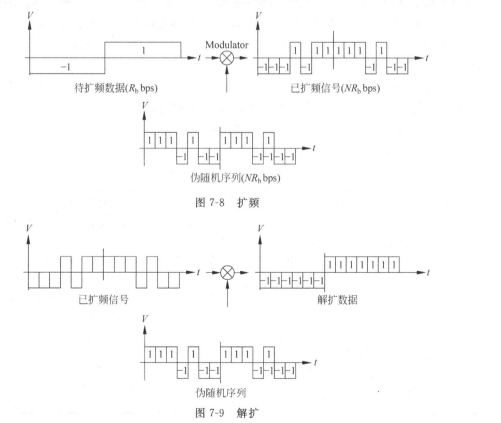

图 7-8 扩频

图 7-9 解扩

在发送端,比特速率为R_b的基带信息流与扩频序列(PN 序列)相乘后得到一个扩频信号,其中扩频序列即为该站的地址码,其码片速率R_c(Chip Rate)远大于信息比特速率R_b,扩频后的信号经过调制、放大、变频后得到射频扩频信号再发射出去。接收端收到多个站发来的混合信号,利用本地产生的地址码对混合信号进行相关检测,本地码必须与发送的地址码完全同步。相关操作时,只要收发两端的扩频码结构相同且同步,就可以正确恢复原信号,而干扰和其他地址码的信号与接收端的 PN 码不相关,因此在接收端反而被扩展形成宽带干扰信号,对解调器来说可作为噪声处理。由此可见,CDMA 系统具有较强的抗干扰能力和保密性,在军用通信系统中广泛应用。

在 CDMA 系统中,通常用处理增益 G 来衡量 CDMA 系统的抗干扰能力,它定义为相关器的输出端与输入端载噪比的比值。

$$G = \frac{C_o/N_o}{C_i/N_i} \tag{7-1}$$

如果基带信息速率为R_b,扩频码码片速率为R_c,则处理增益也可以表示为

$$G = \frac{R_c}{R_b} \tag{7-2}$$

需要指出,由于各个扩频码之间的互相关值不等于 0(略大于 0),相关处理必然有损耗,因此实际的处理增益比上述理论值略小。

4) 空分多址(Space Division Multiple Access)

发射站天线(如卫星天线)有多个点波束或赋形波束,它们分别指向不同区域的地球站,利用波束在空间指向的差异来区分不同的地球站。空分多址 SDMA 一般与其他多址方式组合应用,如 SDMA-TDMA 和 SDMA-FDMA 方式,即先根据卫星天线波束指向不同区分不同区域的地球站,然后在同一个波束内,采用 TDMA 或 FDMA 方式来区分各个地球站。SDMA 方式主要特点:

(1) 天线增益高、设备复杂,在卫星上对卫星姿态的稳定及控制提出了很高的要求。

(2) 发射功率可以得到合理有效地利用,针对不同区域接收站所接收的信号在空间互不重叠,即使在同一时间用相同频率,也不会相互干扰,可以实现频率复用。

以上几种多址方式的性能比较如表 7-1 所示。

表 7-1 多址方式与特点

多址方式	特　点	主要优缺点
FDMA	① 各站所发信号频谱在转发器不重合;② 转发器工作于多载波	优点:可沿用地面微波通信的技术和设备,不需要网络同步 缺点:有 IM 噪声,不能充分利用转发器的功率和频带;上行频率/功率需要监控
TDMA	① 各站所发信号时间正交;② 转发器工作于单载波	优点:无 IM 问题,卫星功率和频带可充分利用,上行功率不需要严格控制 缺点:精确网同步
CDMA	① 各站使用不同的地址码扩频;② 时域和频率各站信号重合	优点:抗干扰能力强,隐蔽性好 缺点:频带利用率低,地址码捕获时间较长
SDMA	各站发的信号只进入该站的窄波束	优点:提高频带利用率,增加容量 缺点:对卫星天线控制技术复杂,需要交换设备

2. 信道分配方式

在信道分配技术中,"信道"一词的含义在 FDMA 系统中指各地球站占用的转发器频段;在 TDMA 系统中指各站占用的时隙;在 CDMA 系统中是指各站使用的地址码型;在 SDMA 方式中则指每个卫星天线的窄波束。卫星的信道分配技术能确保有限的卫星信道资源得到充分地利用,同时保证通信质量。常用的分配方式如下。

1) 预分配(PA)方式

在 FDMA 系统中,卫星信道按照业务量大小事先分配给每个地球站。业务量大的分配的信道数目多,业务量小的站分配的信道数目少。在 TDMA 系统中,按照业务量大小分配给各个地球站,业务量大的分配的分帧长度长,反之分配的分帧长度短。

在实际工作中,各站的通信业务量一般是变化的。当有的站业务量增加时,分配的信道则不够用;反之,业务量减少时,分配的信道又会有一部分闲置而造成浪费,信道利用率下降。预分配方式的优点是接续控制方便,适用于信道数目多,业务量大的干线通信,缺点是不能随业务量的变化对信道进行调整以保持动态平衡。从合理利用信道的角度来说,预分配方式是有缺点的,因而提出了按需分配方式。

2) 按需分配(DAMA)方式

在按需分配方式下,卫星网络按照各个地球站对信道的不同需求,对信道进行动态分配。每个地球站都可以利用这些信道,当某地球站需要和另一站通信时,首先向中心站(Hub Station)提出申请,通过控制系统分配一对空闲信道供其使用(如 FDMA 方式的一对频率)。一旦通信结束则释放通信信道,其他各站又可以通过申请使用这对信道。由于各站之间可以互相调剂使用信道,因而可以用较少的信道为较多的用户服务,信道利用率高,特别是地球站数目多而每站的业务量小的场合比较适用,但是控制系统复杂。

3) 随机分配(RA)方式

随机分配是根据用户需要分配信道的方法,通信网中的每个用户可以根据需要随机地占用信道。当遇到两个以上用户争用信道时,数据包会出现"碰撞",造成通信失败,当出现"碰撞"时,用户必须重新随机占用信道重新发送数据包,直至传输成功。也可以采取其他技术手段减少或避免"碰撞",提高通信效率。

7.1.4 卫星通信链路方程

在卫星通信系统中,电磁波信号传播的路径很长。以静止卫星为例,地球站至卫星间的传播路径接近 40 000km,信号衰减很大。为了满足一定的通信容量和传输质量,需要对接收系统的输入载噪比(载波功率和噪声功率的比值)有一定的要求。其中噪声功率主要由信号带宽和接收机系统决定,而信号功率(载波功率)则需要考虑卫星天线、发射功率、信号传输路径、接收天线等多种因素影响。下面就具体讨论接收系统收到的载波功率的计算方法。

假设自由空间中有一个各向同性的辐射源,其辐射的信号功率为 P_t,则距离该辐射源为 R 处所获得的功率通量密度(flux density)F 为

$$F = \frac{P_t}{4\pi R^2} W/m^2 \tag{7-3}$$

若该辐射源为有向天线,且天线在轴线上的增益为 G_t,则在轴线上距离天线为 R 处的功率通量密度为

$$F = \frac{P_t G_t}{4\pi R^2} W/m^2 \tag{7-4}$$

式中的 $P_t G_t$ 通常称为等效全向辐射功率(Effective Isotopically Radiated Power,EIRP),即 $EIRP = P_t G_t$。假设在 R 处有一理想接收天线,天线的有效孔径面积为 A_e,则此天线接收到的信号功率为

$$P_r = F \times A_e = \frac{P_t G_t}{4\pi R^2} \times A_e \ W \tag{7-5}$$

而天线增益 G 和天线的有效孔径面积 A_e 由关系式 $G = 4\pi A_e/\lambda^2$ 确定,代入式(7-5)可得

$$P_r = \frac{P_t G_t G_r}{(4\pi R/\lambda)^2} W \tag{7-6}$$

式(7-6)是链路方程,更常用的是其等效的分贝表示式

$$P_r = EIRP + G_r - L_p \ dBW \tag{7-7}$$

这里

$$EIRP = 10\log_{10}(P_t G_t) dBW$$

$$G_r = 10\log_{10}(4\pi A_e/\lambda^2) dB$$

路径损耗(Path Loss)$L_p = 10\log_{10}(4\pi R/\lambda)^2 = 20\log_{10}(4\pi R/\lambda) dB$

式(7-7)给出的链路方程是理想状态,在实际工程应用中还需要考虑除自由空间的传输损耗(即路径损耗 L_p)之外的其他损耗,如大气对电磁波的吸收损耗、降雨引起的损耗、接收天线馈线损耗以及天线指向性损耗等。因此,考虑各种额外损耗后更一般的链路方程可以表示为

$$P_r = EIRP + G_r - L_p - L_{other} \ dBW \tag{7-8}$$

【例 7-1】 Ku 波段 DBS-TV 接收系统

卫星转发器输出功率:160W

卫星天线增益:34.3dB

下行频率:12.2GHz,路径:38 000km 上的路径损耗:-205.7dB

大气吸收损耗:-0.4dB

接收天线增益:33.5dB

则根据链路方程可得,DBS-TV 接收机收到的信号功率 $P_r = -116.3$dBW。

7.2 民航 VSAT 卫星通信系统

7.2.1 VSAT 系统概述

VSAT(Very Small Aperture Terminal)卫星通信网是 20 世纪 80 年代中期美国发展起来的一种卫星通信网,是指利用大量小口径天线的小型地球站与一个大站协调工作构成的卫星通信网。利用 VSAT 网,可以进行单向或双向数据、语音、图像及其他业务通信。目前,VSAT 卫星通信网使用的频段为 C 波段或 Ku 波段。使用 C 波段,电波传播条件好,降雨影响小,路径可靠性高,而且还可以利用地面微波通信的成熟技术,系统造价较低。而使

用 Ku 波段,则有以下一些优点:

(1) 不会与地面微波通信电路相互干扰。

(2) 允许的功率通量密度较高,天线尺寸也较小。

(3) 可用带宽宽,允许的传输速率高。

VSAT 系统有两种类型,一种是双向 VSAT 系统,它由中心站控制许多 VSAT 终端来提供数据传输、语音和传真等业务;另一种是单向 VSAT 系统,在这种系统中,图像和数据等信号从中心站传输到许多单收 VSAT 终端。

7.2.2 VSAT 系统组成

典型的 VSAT 网由主站、卫星和许多远端小站(VSAT)3 部分组成,通常采用星形网络结构。其示意图如图 7-10 所示。

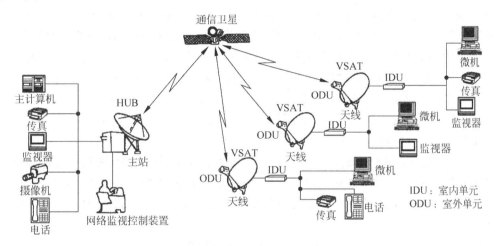

图 7-10 VSAT 网系统组成

主站又称中心站或枢纽站(HUB),它是 VSAT 网的心脏。与普通地球站一样,配备大型天线,并配有高频功率放大器(HPA)、低噪声放大器(LNA)、上/下变频器、调制解调器及数据接口设备等。主站通常与主计算机放在一起或通过其他线路与主计算机连接。

主站 HPA 的功率要求与许多因素有关,当通信体制、工作频段、数据速率、发射载波数目、卫星特性以及远端接收站的大小和位置不同时,功率要求也不同。例如,采用 6～10 发射载波的 C 波段 11m 地球站,HPA 的功率约为 300W。

VSAT 小站由小口径天线、室外单元(ODU)和室内单元(IDU)组成,如图 7-11 所示。VSAT 天线有正馈和偏馈两种形式,正馈天线尺寸较大,而偏馈天线尺寸较小,增益高旁瓣小,且结构上不易积冰雪,因此常被采用。

图 7-11 VSAT 小站

空间段指卫星转发器,一般是工作于 C 波段或 Ku 波段的静止卫星的透明转发器。第 1 代 VSAT 网主要采样 C 波段转发器,从第 2 代 VSAT 开始,以采用 Ku 波段为主。卫星转发器的造价很高,考虑到经济性,可以只租用转发器的一部分,地面终端网可以根据所租卫星转发器的能力来设计。

VSAT 卫星通信系统组网方式灵活、多样。在 VSAT 卫星通信系统中网络结构形式通常可以分为星状网、网状网和混合网 3 大类。星状网络由一个主站(一般位于中心城市的市区或郊区)和若干个 VSAT 远端小站组成。主站具有较大口径的天线和较大的发射功率,网管系统也位于主站,这样可以使远端小站设备尽量简化,并降低造价。网状网络中,中心站借助于网络管理系统,负责向各 VSAT 小站分配信道和监控它们的工作状态,但各VSAT 小站之间的通信自行完成,不需要经过中心站(主站)接转。通信链路按"小站—卫星—小站"的单跳通信方式实现。混合网是星状网络和网状网络组合在一起形成的网络。VSAT 组网非常灵活,可根据用户要求单独组成一个专用网,也可与其他用户一起组成一个共用网,多个专用网共用同一个主站。一个 VSAT 网实际上包括业务子网和控制子网两部分,业务子网负责交换、传输数据或话音业务,控制子网负责对业务子网的管理和控制。传输数据或话音业务的信道称为业务信道,传输管理或控制信息的信道称为控制信道。

话音 VSAT 网控制子网的传输体制与数据网是一致的,其业务子网是典型的网状网结构。在话音通信中,SCPC 是一种简单可行的信道多址方式,信道分配方式采用按需分配(DAMA)方式。目前实用的话音通信 VSAT 网主要采用 DAMA-SCPC 方式。另外还有部分点对点预分配的信道预留给站与站间的大业务传输。

按需分配的呼叫过程有 3 个阶段:

(1)呼叫建立。主叫方通过控制信道向网控中心发出呼叫申请,网控中心检测卫星信道和被叫方设备,在确认其空闲后,向主叫方分配卫星信道,主叫方和被叫方进行测试,建立线路。在这个阶段,网控系统的主要任务是在规定的时间内建立线路,并使插入的呼叫损耗尽可能小。

(2)通话。建立线路后,双方就可以进行通过或数据传输。

(3)拆线。通话结束后,主叫方或通话双方向网控中心发出通话结束信息,网控中心发回确认并回收信道资源。在这个阶段,网控中心的主要任务是及时、准确的回收空间资源和地面资源。

除了 SCPC 方式外,TDMA 方式也是一种用于话音业务的多址方式。TDMA 方式按照时隙划分信道,当用于话音业务时,由于每载波容纳的用户数有限,因此当网内站数较多时,可以采用多载波方式。

在数据 VSAT 卫星通信网中,小站和主站通过卫星转发器构成星状网,主站是 VSAT 网的中心节点,所有小站均可以同主站通信,小站之间不能直接通信,必须经过主站转发。

数据 VSAT 网通常是分组交换网,数据业务采用分组交换方式,其工作过程为:任何进入 VSAT 网的数据在发送前先进行格式化,把长数据分成若干数据段,再和地址及控制信息构成一个分组,传输和交换时以一个分组作为整体来进行,到达接收点后,再把各分组中的数据段取出来,恢复成原长数据报文。

主站通过卫星转发器向小站发送数据的过程称为外向传输,用于外向传输的信道一般采用 TDM 方式。从主站向各小站发送的数据,由主计算机进行分组化,组成 TDM 帧,通过卫星以广播方式发向网中所有小站,每个 TDM 帧中都有同步码,帧中每个分组都有接收小站的地址,小站根据每组中携带的地址进行匹配接收。

小站通过卫星转发器向主站发数据的过程称为内向传输,信道一般采用随机争用方式(如 ALOHA),或者 SCPC 和 TDMA 方式。由小站发往主站的数据,由小站进行格式化,组成完整的信道帧(包括帧头帧尾、地址字、控制字、数据字段等),通过卫星按照采用的信道共享协议发向主站。

7.2.3 VSAT 系统在民航中的应用[6]

民航卫星通信网络系统[6]主要由民航 C 波段和 Ku 波段卫星设备组成。

民航 C 波段卫星通信网自 1995 年建设,至今已经形成了一个遍布全国 300 多个民用机场的大型通信网络。卫星通信网络由卫星通信地球站 TES(Telephony Earth Station)和 PES(Personal Earth Station)[7]两个网络系统组成,采用美国休斯网络系统公司的 TES 和 PES 卫星通信设备,其空间段采用鑫诺 1 号通信卫星的 C 波段转发器。中国民航 C 波段卫星通信系统可以进行话音通信和数据交换,也可以实现转报、分组交换和雷达数据传输等功能。

Ku 波段卫星通信网络于 2005 年开始建设,2007 年建成并投入运营。Ku 波段可实现与 C 波段卫星通信网的互补,形成功能强大、可靠性更高的综合性民航专用卫星通信网络。此外,Ku 波段卫星通信网可以为部分 C 波段卫星电路提供备份手段,还能够实现对卫星通信网络和设备的集中监控和管理,提高网络运行维护的有效性。更重要的是,Ku 波段卫星通信网可实现部分 C 波段卫星通信网所没有的(如视频会议等)新的功能。民航 Ku 卫星通信网利用 PolaSat 公司的 VAST Plus Ⅱ组建基于跳频 TDMA 体制系统平台,网络的拓扑结构为全网状拓扑结构,并在此基础上支持单向广播回传的星状网络结构及星状/网状混合网络结构。

以下以 C 波段卫星通信网为重点介绍民航的 VSAT 系统应用情况。

1. 民航 C 波段 TES 卫星通信系统

中国民航 C 波段卫星通信系统由主网络控制中心、备用网络控制中心、中星 10 号卫星转发器、TES 和 PES 系统等组成。其中 TES 和 PES 是 VSAT 小站,TES 系统采用网状和星状混合的混合型网络拓扑结构,PES 系统采用星状网络拓扑结构。

TES 系统由主、备用两个网络控制系统 NCS(Network Control System)和多个远端小站组成,分布在各个民航机场和相关导航台。主用 NCS 位于中国民航空管局(北京),提供网络管理与控制;备用 NCS 设在中南空管分局广州卫星站。TES 系统中的卫星采用 FDMA 方式与 NCS 和远端站间通信,调制方式为 BPSK 或 QPSK,支持网中任意两个远端站间直接进行话音、同步或异步数据传输。用于数字话音通信时,采用单路单载波 SCPC(Single Carrier Per Channel)/DAMA(Demand Assignment Multiple Access)通信体制。远端站间话音电路按用户拨号序列建立,并受 NCS 和中央 DAMA 处理器的控制,只在电路连接期间分配。用于数据通信时,主要采用 SCPC/预分配的通信模式实现地球站间的通信。

TES 系统中的信道有两种,分别是业务信道和控制信道。业务信道是两个或多个远端站之间进行业务通信的信道,例如传输话音或数据等的信道。控制信道是指远端站与网控站 NCS 之间进行通信的信道,传输用户的呼叫请求、网控站的网络管理信息等。控制信道又分为入向控制信道(Inbound)和出向控制信道(Outbound)两类,入向控制信道用于远端站到网控站方向的信息传输,远端站必须通过该信道向 NCS 发送呼叫申请。一个 TES 系统至少需要两条 Inbound 信道,各站以争用方式使用。出向控制信道用于网控站传输管理和控制信息到远端站,以广播形式发送,各远端站按地址接收。

TES 系统网络链接包括话音连接和拆除、数据链接和拆除以及异步 DAMA 数据链路的连接和拆除。以话音链路的连接和拆除为例,当远端站 A 需要与远端站 B 进行业务联系时,进行电话呼叫需要以下步骤:

(1) 远端站 A 的话音信道单元 VCU(Voice Channel Unit)要与另一个远端站 B 的 VCU 进行话音通信,首先通过 Inbound 信道向 NCS 发送申请;

(2) NCS 接收到来自远端站 A 的请求,通过 Outbound 信道向 A 站发送应答信号,以确认收到了申请;

(3) NCS 给远端站 A 和 B 的 VCU 分配信道(频率),建立 A 站和 B 站的 VCU 的连接;

(4) 远端站 A 与 B 在分配的信道上进行通信。

当远端站 A 和 B 通话结束后,远端站 CU(Channel Unit)通知 NCS,NCS 中的 DAMA 处理器释放该信道,信道被释放后就可以被其他远端站使用。

2. 民航 C 波段 PES 卫星通信系统

PES 系统是美国休斯公司生产的通过静止卫星开展电话和数据等通信业务的网络,由一个网管站和若干个远端站组成。由于该系统是星状网络拓扑结构,因此各远端站之间不能直接进行通信,而需要通过网管站进行双向传输。网管站到 PES 远端站的信息传输称为出境 Out Route,反之则称为入境 In Route。远端站天线小、发射功率低,因此入境信号比较弱,为了保证网管站与远端站之间的可靠通信,网管站配备大功率放大器,发射功能高,为远端站提供足够强的接收信号;另外,网管站的天线接收增益高,从而可以弥补远端站发射信号弱的特点。

PES 系统的出境信道传输的是 512kbps 或 128kbps 的连续比特流,此比特流是以 TDM 方式由一连串不同长度的数据包组成。网管站根据服务级别对各个端口进行定期轮询,每个端口在自己的时隙内,可以发送全部或部分在这个端口排队的数据包。每个端口都以先入先出方式发送数据包。PES 系统的入境信道是由许多独立的 FDMA/TDMA 比特流组成,传输速率为 128kbps 或 64kbps。入境数据打包后以突发帧的方式传输,每个用户发送的业务突发时隙,由网管站(设在北京)统一管理分配,这样既便于网管站的统一管理,又可满足用户的业务需要。

我国民航 PES 系统目前利用中星 10 号卫星(2011 年 8 月民航 C 波段卫星网从鑫诺 1 号卫星切换到中星 10 号卫星)上的转发器,整个网络有 1 条出境信道和 2 条入境信道,均工作在 C 波段。出境信道速率为 512kbps,带宽为 1.6MHz;每条入境信道的速率为 128kbps,带宽为 0.4MHz,因此 PES 卫星通信网共占用带宽为 2.4MHz。PES 系统的 OUD 上行中心频率为 6215MHz,下行中心频率为 3990MHz。

7.3 INMARSAT 卫星通信系统

7.3.1 INMARSAT 系统概述

1979 年国际海事卫星组织(INMARSAT,现已改称国际移动卫星组织)宣布成立,最初用意是提供海上通信服务,但其开发的新技术也适应于其他通信市场,所以 1985 年对公约进行了修改,决定把航空通信纳入业务之内,1989年又把业务从海事扩展到陆地。总部设在伦敦,该组织负责操作、管理、经营INMARSAT系统的政府间合作机构,是世界上唯一为海、陆、空用户提供全球移动卫星公众通信和遇险安全通信业务的国际组织。

7.3.2 INMARSAT系统组成

INMARSAT系统由卫星、网络协调站、地面站、移动终端站组成,如图7-12所示。

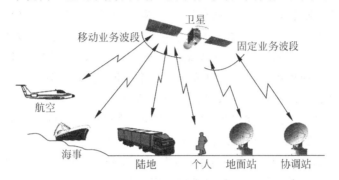

图7-12 INMARSAT系统

空间段卫星是系统的中继站,用以收、发卫星地面站和移动终端的信号。INMARSAT系统的卫星分布在地球同步轨道上,采用4颗地球同步卫星重叠覆盖的方法覆盖地球,4颗卫星分别覆盖太平洋区、印度洋区、大西洋东区和大西洋西区。在同一个覆盖区内,移动用户可选择不同的地球站进行通信,假如某一个地球站发生故障或遭受自然灾害,移动用户仍可经过同一个覆盖区内的其他地球站进行通信。

网络协调站是整个系统的一个重要组成部分。每个洋区各设有一个NCS,直接归INMARSAT总部控制运营,负责管理各自洋区的网络核心资源(例如通信和信令信道)的分配。大西洋区的NCS设在美国的南玻利(Southbury),太平洋区的设在日本的茨城(Ibaraki),印度洋区的设在日本的纳玛古池(Namaguchio)。

地面站的基本作用是经过卫星与移动站进行通信,并为移动站提供国内或国际网络的接口。各地面站分别由各国政府指定的签字者建设和经营。现在大约有40个地面站分布在31个国家。INMARSAT系统的每个地面站都有一个唯一的与之关联的识别码。INMARSAT系统中的陆上地球站,在海事卫星系统中称为岸站(CES),航空卫星系统中称为航站(GES)。地面站既是卫星系统与地面系统的接口,又是一个控制和接入的中心。

移动终端设于移动的车、船、飞机上,由收发机和计算机组成,提供电话、传真和数据通信。

7.3.3 INMARSAT在民航中的应用

早在20世纪60年代,民航界已经开始研究利用卫星进行飞机与地面通信的可行性。1968年,国际民航组织(ICAO)为了满足越洋飞行时的需要,考虑先建立低容量卫星系统,以后逐步随着技术的发展过渡到高容量卫星系统。从20世纪70年代开始,人们分别利用ATS-5和ATS-6卫星完成了实验,证明利用1.5~1.6GHz的L频段提供飞机用于卫星通信是可行的。目前,AMSS是唯一能够提供全球服务的航空卫星系统。

航空移动通信业务（AMSS）是由 INMARSAT 从海事卫星业务扩展来的，从 1990 年开始全球运行，主要用于飞机之间及飞机与地面用户之间的通信。首先提供航空旅客通信（APC）的空中电话，后来扩展到传真（包括视频）以及数据链应用。目前，AMSS 通信业务主要用于向机组人员、旅客提供卫星电话、传真，向航空公司提供用于航空运营管理（AOC）的数据链通信等服务。随着新航行系统的实施，AMSS 通信业务将主要应用于向空中交通管制（ATC）提供数据链通信服务。

AMSS 系统中，飞机与卫星之间通信采用 L 频段，下行 1545～1555MHz，上行 1646.5～1656.5MHz。地面地球站和网络协调站与卫星通信采用 C、Ku 或 Ka 波段。

AMSS 系统主要由空间段、机载地球站（AES）、地面地球站（GES）、网络协调站或控制站组成。为进入航空通信系统，每个 AES 应向一个 GES 注册。GES 保持一个已向其注册的各 AES 的最新状况表，并具有 GES 间和 GES 至 NCS 间信令设备。这样，每个 GES 就能建立与使用同一颗卫星的任何 AES 的往返呼叫，并在移交过程中对各 AES 进行管理。对于注册与移交，有两种工作方式，即自动方式和用户指令方式。在自动方式中，对于卫星系统注册和移交，AES 的操作是全自动的，不需要外部控制。在用户指令方式中，机组或飞行控制系统可明确地选择注册和移交卫星与 GES，并在任何时刻启动移交。正常工作方式是自动方式。

AMSS 空间段为位于大西洋、太平洋和印度洋上空的静止轨道卫星，每颗卫星可覆盖经度约 140°，纬度南北各约 85°。卫星上既有全球波束，也有点波束。AMSS 卫星有两个独立的转发器，如图 7-13 所示。一个是正向转发器，接收来自 GES 的 C/Ku 波段信号，下变频至 L 波段，转发给 AES；另一个反向转发器，接收 AES 发来的 L 波段信号，上变频到 C/Ku 波段，发给 GES。

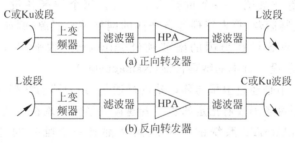

图 7-13 转发器方框图

INMARSAT 第一代和第二代卫星上的转发器采用全球波束天线，INMARSAT 第四代已采用点波束天线，是迄今世界上大容量技术先进的移动通信卫星，其突出特点是卫星功率大幅提高，对终端的链路等效全向辐射功率（EIRP）达到 67dBW，允许 AES 用较小的天线和较低功率的 HPA，并且采用了最新的频率复用技术。每颗卫星支持 1 个全球波束、19 个区域宽点波束、193 个窄点波束，每个窄点波束可容纳最多到 25 个信道。每个信道频宽 200kHz，可支持 492kbps 的传输速率。单颗卫星信道总数可达 630 个，信道可按照实际需要在不同点波束下动态调配，可实现按需分配信道频率、业务类型和通信带宽，有效保障飞机上不同应用服务的通信需求[6]。

地面地球站 GES 提供空间段与地面固定话音和数据网络之间的接口。每一卫星覆盖波束内至少有一个 GES，当存在多个 GES 时，指定一个 GES 协调全网工作，称为网络协调站(NCS)。NCS与各GES有接口,用来管理卫星功率和通信信道在各GES间的分配。每个GES有预分配的频率库,NCS有一个公共频率库,当某GES的频率库不够用时,可从NCS的公共频率库中按需分配频率给该GES用。GES与NCS之间以及NCS与NCS之间均有站间链路。

GES由天线、C或Ku波段收发信机、L波段收发信机及网络管理设备组成。对于C波段,GES发射信号时工作频段在6GHz附近,接收信号频率在4GHz附近。发射或接收左旋或右旋圆极化信号。

机载航空地球站AES由天线、卫星数据单元(SDU)、射频单元(RFU)、高频功率放大器(HPA)等组成,如图7-14所示。

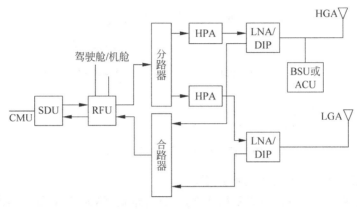

图7-14　AES方框图

飞机上的AES有4类[8],各类AES可以进行任意组合安装。①低增益(0dBi)天线,提供低速(600bps、1200bps和2400bps)分组数据通信;②中增益(6dBi)或高增益(12dBi)天线,提供电路方式全双工电话通信,也可选用电路方式数据通信;③利用中或高增益天线,提供电路方式全双工电话、分组方式数据通信,并可选用电路方式数据通信;④利用中或高增益天线,提供分组方式数据通信。AES天线的接收和发射用右旋圆极化,在条件允许时,也可以采用左旋圆极化。

当信道速率为600bps、1200bps和2400bps时,采用二相相移键控(BPSK)调制方式;当信道速率高于2400bps时,采用正交相移键控(QPSK)调制方式。

随着技术的不断发展,海事卫星航空设备可以为驾驶舱应急通信、运行控制通信、飞机维修通信、医疗救助通信、客舱娱乐等方面提供服务。主要包括:

(1)基础业务:通过计费中心和客服中心为客户提供入网、缴费、账单查询、用户数据统计与分析,保证客户信息安全和可靠的服务。

(2)语音调度:基于第四代海事卫星,能够提供保证语音、G3传真业务、PSTN/ISDN公众电话网络业务。用于飞机与相应的AOC之间建立可靠、快速的通信联络。

(3)定位跟踪:内置GPS模块,能够实时提供飞机的位置信息,并将这些信息通过卫星信道实时传送到AOC。在AOC工作的运行控制人员也可以可过地面设备软件远程对参数进行设置。

(4)数据处理:提供200～864kbps的IP数据业务,最高支持1728kbps,AOC通过海事卫星到达 GES 建立专线链路,进行数据传输和视频会议等中高速数据业务,机组人员也可以远程登录 AOC 数据库,访问或下载气象信息、航线优化信息、目的机场实况等特色数据信息;同时地面 AOC 也可以远程监控,获取飞机的飞机高度、速度、燃油、机上动态等 429 总线上各类关键信息。

航空卫星通信四种通道如图 7-15 所示。

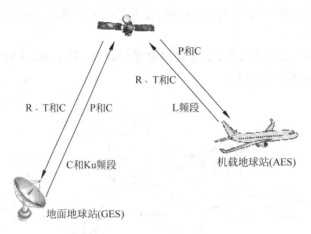

图 7-15 航空卫星通信四种信道

下面以数据业务和话音业务为例介绍。

(1) 数据业务。对于分组方式数据业务,有三种信道,称为 P、R 和 T 信道。

P 信道是分组方式时分复用(TDM)信道,仅用于从地面到飞机的正向信道(地面地球站 GES 发送,机载地球站 AES 接收),可传输信令和用户数据。地面地球站 GES 利用 P 信道连续不断发送信号到机载地球站 AES。P 信道分为两种:一种用于系统管理功能,记为 P_{smc} 信道;另一种用于其他功能的信道,记为 P_d 信道。每个 GES 至少有一条 P_{smc} 信道,往往有多条 P_d 信道。

R 信道是时隙随机多址存取信道(时隙 Aloha),仅用于从飞机到地面的反向信道(AES 发送,GES 接收),可传输信令和小量用户数据(例如通信开始时申请通话的信号),以突发方式工作,许多架飞机可以共用一个 R 信道,采用时隙 Aloha 协议。若不同 AES 的数据出现碰撞,则各自随机延迟后重新发送。同样,用于系统管理功能的 R 信道记为 R_{smc} 信道,用于其他功能的信道记为 R_d 信道。

T 信道是预约 TDMA 信道,仅用于反向。飞机如果有较长的报文要发回地面,可用 R 信道和 T 信道申请预约一定数量的时隙,GES 收到申请后,为该 T 信道预留所需数量的时隙,用 P 信道通知飞机,飞机接到通知后,在预留的时隙内按照优先级发送报文。每个 GES 往往有多个 T 信道。

(2) 话音业务。话音业务采用 C 信道,它是电路交换方式按需分配的 SCPC 信道。用于正向和反向传输。C 信道的使用由每次开始呼叫开始时的分配信令和结束时的释放信令控制。要通话时,先通过 P 信道和 R 信道传送信令,根据申请由 GES 分配一对 C 信道给主、被叫用户使用;通话结束后,信道释放,交换给 GES,以备下次有呼叫时分配。

信号单元(Signal Unit)是 AES 与 GES 之间各种信道传输信息的最小数据块,P 信道、T 信道和 C 信道采用标准长度的信号单元,为 96bit(12B);R 信道采用扩展长度的信号单元,为152bit(19B);在T信道每次突发的信息字段中,一开始有一个缩短长度的SU,含48bit(6B)。每个SU最后的2字节,是循环冗余校验(CRC),用来校验本SU是否有误。

7.4　铱星卫星通信系统

7.4.1　铱星系统概述

铱星系统是美国Motorola公司设计的一种全球卫星移动通信系统,它与现有通信网结合,可实现全球数字化个人通信。

铱星系统由79颗在轨低轨道卫星组成(其中13颗为备份卫星,66颗为工作卫星),66颗卫星分布在6个极平面上,每个平面分别由一个在轨备用星。在极平面上的11颗工作卫星,就像电话网络中的节点一样,进行数据交换。由于原计划是布放77颗卫星,布放的卫星是按照化学元素"铱"的原子序数排列,故取名为铱星通信系统。卫星高度为780km,轨道周期约为100min。每颗卫星与其他4颗卫星交叉链接,两个在同一轨道面,两个在临近的轨道面。铱星移动通信系统最大的技术特点是通过卫星与卫星间的接力来实现全球无缝隙(包括两极)通信,相当于把整个地面蜂窝移动通信电话系统设置在了780km的高空,如图7-16所示。

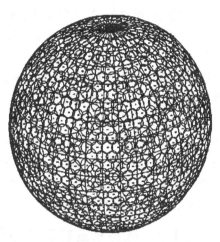

图7-16　铱星系统的无缝覆盖

目前,铱星系统的运行和维护工作由波音公司承担,其下一代卫星系统Iridium Next将在2015年进行发射。铱星服务已经涉及航空、航海、石油、林业和紧急服务等多种行业。终端到卫星的通信采用L波段1616~1626.5MHz,卫星之间通信采用Ka波段23.18~23.38GHz。铱星座中的每颗卫星提供48个点波束,在地面形成48个蜂窝小区,在最小仰角8.2°的情况下,每个小区直径为600km,每颗卫星的覆盖区直径约4700km,星座对全球地面形成无缝蜂窝覆盖。铱星系统有星上处理器和星上交换,并且采用星际链路,因而系统性能先进,但复杂度和投资费用高。

7.4.2　铱星系统组成

铱星系统由空间段、系统控制段(SCS)、关口站、移动终端四部分组成,可提供全球任何地点的语音和数据通信。

空间段由分布在6个轨道面的卫星组成。铱星系统星座设计保证全球任何地区在任意时间至少有一颗卫星覆盖。铱星系统星座网提供手机终端到关口站的接入信号链路、关口站到关口站的网络信令链路、关口站到系统控制段的管理链路。每个卫星可提供近2000条话音通信信道。铱系统卫星可向地面投射48个点波束,以形成48个相同小区的网络,每个小区的直径为689km,48个点波束组合起来,可以构成直径为4700km的覆盖区,铱系统用户可以看到一颗卫星的时间约为10min。铱系统的卫星采用三轴稳定,寿命约5年,相邻平面上卫星按相反方向运行。每个卫星有 4 条星际链路,一条为前向,一条为反向,另两条为交叉连接。星际链路速率高达 25Mbps,在 L 频段 10.5MHz 频带内按 FDMA 方式划分为 12 个频带,在此基础上再利用 TDMA 结构,其帧长为 90ms,每帧可支持 4 个 50kbps 用户连接。

系统控制段(SCS)是铱系统的控制中心,它提供卫星星座的运行、支持和控制,把卫星跟踪数据交付给关口站,利用寻呼终端控制器(MTC)进行终端控制。SCS 包括三部分:遥测跟踪控制(TTAC)、操作支持网(OSN)和控制设备(CF)。SCS 有三方面功能:空间操作、网络操作、寻呼终端控制。SCS 有两个外部接口,一个接口到关口站,另一个接口到卫星。用户段是指使用铱系统业务的用户终端设备,主要包括手持机(ISU)和寻呼机(MTD),将来也可能包括航空终端、太阳能电话单元、边远地区电话接入单元等。ISU 是铱系统移动电话机,包括两个主要部件:SIM 卡及无线电话机。它可向用户提供话音、数据(2.4kbps)、传真(2.4kbps)。MTD 类似于目前市场上的寻呼机,分为两种:数字式和字符式。关口站段是指提供铱系统业务和支持铱系统网络的地面设施。它提供移动用户、漫游用户的支持和管理,通过 PSIN 提供铱系统网络到其他电信网的连接。

一个或多个关口站提供每一个铱系统呼叫的建立、保持和拆除,支持寻呼信息的收集和交付。关口站由以下分系统组成:交换分系统 SSS(西门子 D900 交换机)、地球终端(ET)、地球终端控制器(ETC)、消息发起控制器(MOC)、关口站管理分系统(GMS)。关口站有 4 个外部接口:关口站到卫星、关口站到国际交换中心(ISC)、关口站到铱系统商务支持系统(IBSS)、关口站到系统控制段(SC)。

7.4.3　铱星系统在民航中的应用

2007 年,FAA 正式将铱星系统列为空管及航空公司运行控制语音及数据平台。

1. 语音通信

铱星系统所使用的铱星机载设备一般有两种方式:一是安装独立的机载话机,与现有的机载系统不进行交联;二是其机载设备与驾驶舱内话系统进行交联,通过 MCDU 进行拨号。

2. 数据通信

铱星机载设备通过飞机的 ARINC429 数据总线连接,支持 ARINC618 安全数据通信协议。对于安全数据,将数据传送到 ARINC 或 SITA 等经过 ICAO 认可的安全数据中心,再经过地面数据网将数据发送至航空公司运行中心。对于非安全数据,可以由第一种方式传输,也可以直接经过机载设备发送到航空公司的地面数据中心。铱星设备的机载化使得航空通信在数据和语音的运用上得到极大的完善。目前全世界大约 49 500 架民航及通航飞机装配并使用了铱星设备。

7.5　L888 航路上的卫星通信应用

中国欧亚新航行系统航路,又简称西部航路,代号为 L888,于 2001 年 1 月 10 日正式开通,是建立在我国西部上空一条新的跨欧亚航路,全程约 2800km,历经昆明、成都、兰州、乌鲁木齐 4 个高空管制区,分别在 4 个地方设有自动相关监视(Automatic Dependent

Surveillance,ADS)工作站,比目前使用的经过印度、中东地区、我国境内的欧亚航路,航程大为缩短,仅从乌鲁木齐至成都高空区域边界,新旧航路相比缩短了700多km,降低了经营成本,产生巨大的经济效益。西部航路ADS系统组成如图7-17所示。

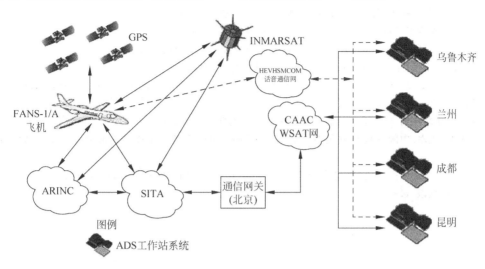

图 7-17　中国民航西部航路 ADS 系统组成图

西部航路在技术保障上是一门全新技术,以ADS替代雷达监视,以CPDLC(管制员飞行员数据链通信)替代话音通信。这是一种全新的对飞机管制指挥的监控模式,应用现代先进的全球卫星通信网,与装有相关机载设备的飞机实现数字式数据交换和对话,从而代替传统的方式。地面ADS工作站由卫星网连接,数据信息通过北京网控中心传给卫星数据网上星,然后由卫星传输给飞机。L888航路宽度为56km(30nm),同航向、同高度飞行数据链通信的最小纵向水平间隔10min,航路最小垂直间隔600m;飞行高度西行9600m或10800m,东行10200m或11400m。

L888航路是第一条基于ADS技术的新航行系统航路,是我国发展新航行系统重要的里程碑。

习题

7-1　与FDMA卫星通信系统比较,试说明TDMA卫星通信系统的优点。

7-2　卫星通信的频率为什么上行和下行链路的频率不一样? 为什么一般选择上行比下行链路的工作频率高?

7-3　某一卫星的下行链路工作频率约12GHz,发射天线的增益为48.2dB,发射功率为6W,试求:等效全向辐射功率(ERIP in dBw)。

7-4　某静止卫星通信系统,地球站发射机的输出功率为3kW,发射馈线系统衰减为0.5dB,发射天线增益为62dB,下行线路工作频率为6GHz,地球站与卫星间的距离为40 000km,卫星转发器接收天线增益为5dB,接收馈线系统衰减为1dB。试计算卫星接收机输入端的信号功率为多少(dBw)?

7-5　卫星通信在民航中的应用有哪些? 分别提供什么服务?

参考文献

[1]　郭庆,王振永,顾学迈.卫星通信系统[M].北京:电子工业出版社,2010.

[2]　王秉钧,王少勇.卫星通信系统[M].北京:机械工业出版社,2004.

[3]　刘国梁,荣昆璧.卫星通信[M].西安:西安电子科技大学出版社,1994.

[4]　黄序.卫星通信在民航中的应用[J].卫星电视与宽带多媒体,2013(19).

[5]　Timothy Pratt. Charles Bostian, Jeremy Allnutt. Satellite Communications[M]. second edition. John Wiley & Sons, Inc. 2003.

[6]　中国民用航空局.航空公司运行控制卫星通信实施方案[R],2012.

[7]　吴志军,范军.中国民航 C 波段卫星通信网络[M].中国民航卫星通信人员上岗培训丛书(内部讲义),2000.

[8]　中华人民共和国民用航空行业标准 MH/T 4004-1997.航空移动业务卫星通信地面地球站总技术要求(C/L 频段),1997.

第 8 章

监视数据链

8.1 空管监视数据链概述

空中交通管制的基本任务就是监视航空器的活动,空中交通管制的监视系统主要用于航管中心掌握航空器的飞行轨迹和飞行意图,保障空中交通秩序安全、顺畅。目前,可用于空中交通服务的监视技术主要有空管监视雷达、广播式自动相关监视(ADS-B)和多点定位(MLAT)技术。

8.1.1 空管监视雷达

空管监视雷达包括空管一次雷达(PSR)和二次雷达(SSR),是保障飞行安全、实现雷达管制、提高空域流量和空域资源利用率的基础,是实时提供空中航行情报及飞行态势的重要信息源之一。

空管一次雷达是通过接收航空器对该雷达自主发射的询问电磁波的反射波,经过检测处理从而对航空器进行定位的雷达系统。空管一次雷达包括远程一次雷达、近程一次雷达和场面监视雷达等。其主要优点为:独立非协同式监视;对机载设备没有任何要求;可对不具备机载应答机功能的航空器实现监视;各地面站可独立运行。缺点为:仅有目标距离和方位信息;无航空器识别能力;覆盖范围小;建设和运行维护成本高;地面站建设受地形限制。其主要应用于航路(线)、终端(进近)管制区域和机场场面监视。

空管二次雷达是通过该雷达发射询问信号,空中机载应答机接收到该询问信号并发射一个回答信号,从而实现航空器定位的雷达系统。空管二次雷达主要使用 A/C 模式二次雷达和 S 模式二次雷达等。其主要优点为:独立协同式监视;应用航空器应答机发射的应答信号,不需要额外的机载设备;覆盖范围广;可提供比空管一次监视雷达更多的监视目标信息;各地面站可独立运行。缺点为:建设和运行维护成本高,更新率低,地面站建设受地形限制。其主要应用于航路(线)和终端(进近)管制区域监视,电扫描空管二次监视雷达可应用于平行跑道监视。

8.1.2　广播式自动相关监视(ADS-B)

广播式自动相关监视 ADS-B 是结合自动相关监视(ADS)、交通告警和防撞系统(TCAS)、场面监视三者的特点提出的一种监视技术,是未来重要的航空监视手段之一。ADS-B 基于全球卫星定位系统(GNSS),以地-空、空-空数据链为通信手段,以导航系统和机载产生的信息作为数据源,通过自身对外发送状态参数,并接收其他航空器的广播信息,从而实现航空器间状态信息的互知,达到了解周边空域的详细交通状况。ADS-B 可在无雷达覆盖区域提供机场场面监视、ATC 监视以及未来的空-空监视等应用服务,已成为国际民航组织(ICAO)未来航行系统方案中的一个重要组成部分。ADS-B 技术与雷达监视技术相比,不是通过地面雷达"询问"和航空器"应答"来确定航空器的方位信息,而是通过飞机上装备的相关设备 1 次/s 实时广播当前的 GNSS 信息,该架航空器的高度、速度、识别信息、计划飞行路径和其他有用信息被地面 ATC 系统和其他装备 ADS-B 的航空器接收,从而实现对空中交通管制员和飞行员实时飞行状态的提供。ADS-B 可提供高速率、高精度、高质量的监视数据,使用 ADS-B 提高了无雷达覆盖区域的空域监视能力,减少雷达多重覆盖造成的资源浪费,还可用于监视防止跑道侵入和飞行区的地面交通管理。

基于 ADS-B 技术可实现地-空监视、空-空监视和地-地监视,有定位精度高、更新率快、建设维护成本低、地面站建设简便灵活、各地面站可独立运行等优点。其缺点是完全依赖于全球卫星定位系统(GNSS)。

目前有 3 种数据链方式能够提供 ADS-B 服务,分别是: 1090MHz S 模式扩展电文数据链(1090ES)、甚高频数据链模式(VDL Mode 4)和通用访问收发机数据链(UAT)。其中,1090ES 是 ICAO 规定使用的国际通用的数据链,主要用于大型商用飞机;VDL4 起源于瑞典,是欧洲电信标准协会(ETSI)推荐的规范化 VHF 数据链技术,目前应用较少;UAT 是FAA(美国联邦航空局)为满足自身发达的通用航空的发展需要,专门设计用来支持 ADS-B功能的数据链。

由于 UAT 方式的数据链仅用于广播式的服务,机载电子设备数据链接口仅需支持自带寻址信息的服务,不用规定地址或通信的连接模式。这些可优化机载收发机数据接口,使其简单化,具有提高数据流的功效,而且成本相对较低。根据发达国家和国际组织完成的试验和评估结论,如果只考虑 ADS-B 的基本功能,UAT 具有最佳的综合性能。UAT 方式的ADS-B 系统正在成为通用航空的标准。

8.1.3　多点相关定位(MLAT)

多点相关定位(MLAT)技术是使用多个接收机捕获航空器或其他发出的应答脉冲,从而获知其识别信息和方位信息。可对跑道及飞行区内移动或静止的航空器、车辆进行精确的监视。MLAT 系统由安装在机场场区内的几个地面接收机组成,每个地面接收机对接收的目标信息进行解码,并传送至目标处理器,目标处理器通过每个接收机传送信号的时间计算出目标的位置。与雷达需要发射高功率询问信号不同,MLAT 系统只需接收空中传来的无线电波即航空器对地面询问产生的应答信号,对装有 S 模式、A/C 模式、ADS-B 应答机的航空器以及安装车载应答机的车辆进行实时跟踪监视。

MLAT 系统具有较好的冗余性以及先进的目标处理单元和询问能力,同时具有耐用性高、易于扩展、配置灵活等特点,适用于不同的机场环境。

8.2　空管S模式数据链

国际民航组织在新航行系统的规划中认为,今后地空通信将以其高频(VHF)地空通信、航空卫星移动通信(AMSS)、短波(高频,HF)地空通信、二次监视雷达(SSR)的S模式数据链,这4种通信方式可以交互操作。除二次监视雷达的S模式数据链外,其他3种通信方式都包含数据和话音通信,并且以数据通信为主,话音通信将逐渐减少,最终话音通信只在紧急状况下使用。在陆地上空以VHF为主要方式,跨洋飞行采用卫星或HF数据链,而在高密度的经济发达地区,则以二次雷达数据链作为传递信息的方式。典型的一、二次雷达系统协同工作的组成方框图,如图8-1所示。其中,地面二次雷达包括发射机、定时器编码器、显示器和接收机。机载应答机由接收机、译码器、编码器和发射机等组成。

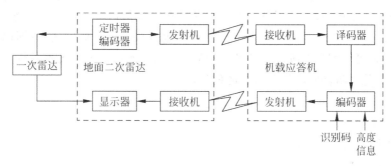

图8-1　二次雷达系统的组成方框图

空中和地面的数据通信由3个子网络组成:连接地面上各个计算机的地面网络;连接各个飞机上的计算机的空中网络;支持地面和空中通信的地面-空中网络。地面和空中数据处理量的增加使得更多的飞行数据要以数字形式传送。采用数字数据链路的方式能更有效地实现这些数据的传输。这样就减轻了控制器和飞行员的负担,也消除了相互之间的误解。

S模式数据链路能保证高可靠性、有效性和完整性。链路有两种类型,一种为互操作数据链路,另一种为明确数据链路。可传输的数据类型有上行COMM-ASLM、下行COMM-BSLM、上行COMM-CELM、下行COMM-DELM、广播、地面始发COMM-B(GICB)等。

S模式的下行链路用作GPS位置信息,与现有S模式SSR共享信道。下行链路上传输的消息不仅有ADS-Mode S消息,还有很多其他类型的消息,如ATCRBS询问、短Mode S应答、长Mode S应答、Mode A/C应答、GPS广播消息。上行链路用作微分GNSS(DGNSS)纠正,并传输ATC警报和其他消息。

S模式的数据链路设计得具有灵活性和可扩展性,并且能适应世界各地的各种ATC环境。

S模式数据链的主要优点:

(1)克服传统A/C模式的缺点,排除同步garble,减少fruit,改善近距离飞机的分辨率。

(2)增强的安全性,提供更高的空中交通侦察数据的完整性,减少无线电频率拥塞。

(3)提高的ATM能力,克服欧洲高交通密度区域的A模式缺陷,减少控制人员的工作量和控制器的负荷。

（4）提高的 ATM 效率，为控制人员和 ATM 系统提供更多的增值数据，提高雷达分离任务的效率。

（5）增大的容量，S 模式传感器全球吞吐量达到 4Mbps。

8.2.1　S 模式数据链工作原理

二次雷达系统采用询问—应答的工作方式。地面二次雷达对飞机发起询问，当机载应答机收到地面询问信号后，可将飞机飞行数据发送给地面二次雷达。地面二次雷达就可根据各种飞行数据，对二次雷达威力覆盖范围内的飞机进行有效的监视和管控。

单脉冲二次雷达采用和差天线，解决了二次雷达不少原有缺陷，提高了二次雷达方位分辨力。但随着空中交通的日益繁忙，传统二次雷达已经不能满足空中交通管制的要求；而且航管 A/C 模式可分配飞机代码最大为 4096 个，对骨干机场来说，其代码分配能力已不能满足需求。从 1970 年开始，美国林肯实验室开始在二次雷达上研究增加数据链功能，称为 S 模式（Select）系统。其主要内容就是增加飞机地址编码，达到 24 位识别码（1667 万多个），使每架飞机可分配一个唯一的地址标识码；地面二次雷达可对飞机进行一对一的点名询问，避免了其他飞机同时应答所造成的信号串扰。

S 模式有 3 个主要特点：

（1）单脉冲体制。

（2）离散选址询问功能。

（3）数据链功能。

航管 S 模式二次雷达可提供大量的飞机飞行数据，并可以与飞机交换气象数据、飞行计划等信息。1987 年航管 S 模式二次雷达标准被国际民航组织列入国际民航大会附件 10，成为正式标准，该标准目前仍在不断更新和完善中。

8.2.2　S 模式数据链系统组成

根据飞机平台的特点，考虑到飞机机体对应答天线有一定遮挡，为保证应答天线对地面二次雷达询问信号的全空域接收，在整机架构设计中采用两个应答天线的方案，分别安装在飞机机头和机尾，避免因飞机机体遮挡造成应答天线无法正常接收二次雷达询问信号情况的发生。

一个典型的航管 S 模式应答机的组成如图 8-2 所示。主要由终端模块、射频收发模块、电源模块、应答天线等组成，其中：

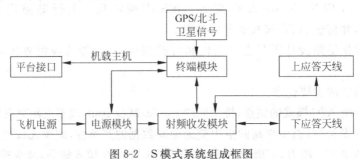

图 8-2　S 模式系统组成框图

（1）终端模块：终端模块是整个设备的核心，主要完成航管询问应答信号处理功能，实时时钟功能、自检功能、与机上综合显示控制器的通信功能、对射频收发模块的通信控制功能、掉电保存功能、对输入输出信号的滤波功能。

（2）射频收发模块：射频收发模块包括上、下变频通道，功放单元可同时接收上、下应答天线所接收到的询问信号，经过放大滤波处理后送给终端模块解码。

（3）电源模块：连接飞机 28V 直流电源，为整机提供所需的各种电压、电流，并进行隔离、滤波处理，需满足电磁兼容性的相关要求。

（4）应答天线：分为上、下应答天线，分别安装在飞机的机头和机尾，以实现对询问信号的全向接收，避免飞机机身对询问信号的遮挡。

8.2.3 数据结构及格式

ASTERIX 是欧洲民航合作组织为了使雷达监视设备与自动化处理系统之间的数据通信标准化而提出的传输规程，ASTERIX 标准在制定过程中提倡在数据链路层上选定通用的高级数据链路控制（High-Level Data Link Control，HDLC）协议，为不同的雷达厂家提供统一的标准。

HDLC 是用于在网络节点间传送数据的高级数据链路控制协议。在 HDLC 协议中，数据被组成一个个的单元（称为帧），通过网络传输。HDLC 的帧格式如图 8-3 所示，它由 6 个字段组成，这 6 个字段可以分为 5 种类型，其中：

标志 8bit	地址 8bit	控制 8bit	信息 8nbit	帧校验 16bit	标志 8bit
F	A	C	I	FCS	F

图 8-3　HDLC 帧结构

（1）标志字段 F：HDLC 指定采用 01111110 为标志序列，用于帧的开始和结束。

（2）地址字段 A：表示链路上站的地址，每一站都被分配一个唯一的地址。

（3）控制字段 C：用于构成各种命令和响应，以便对链路进行监视和控制。

（4）信息字段 I：携带高层用户数据，可以是任意的二进制比特串。

（5）校验字段 FCS：使用 16 位 CRC，对两个标志字段之间的整个帧的内容进行校验。

ASTERIX 数据包封装在 HDLC 帧中的信息字段中，每个 HDLC 帧一般封装一个 ASTERIX 数据包，但也可以封装多个数据包，如图 8-4 所示。

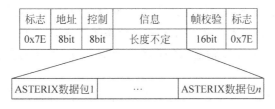

图 8-4　ASTERIX 帧结构

ASTERIX 数据块结构如图 8-5 所示，其中：

（1）Data Block：ASTERIX 实体（监视设备、自动化系统）间交换的信息单位，一个数据

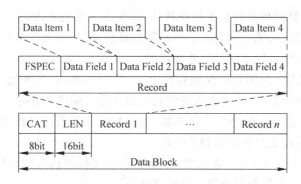

图 8-5　ASTERIX 数据块结构

块里包含着相同类别(Category)的一个或多个记录(Record)。

（2）Data Category：对传输的内容进行分类，如雷达目标信息、雷达服务信息等分属不同的数据类别。表示方法为 CATnnn，其中 nnn 为类别号，如 CAT048。

（3）Record：用于描述某个数据类别的一个信息实体。一个记录由一个 FSPEC 和若干个数据域组成。

（4）Data Item：数据类别下面更小的信息单位，如雷达目标信息类下面的 MODE-3/A。表示方法为 Innn/AAA，其中 nnn 为类别号，AAA 为条目号，如 I001/070。

（5）Data Field：用于描述某一数据条目的具体实现内容，数据域是最小的信息传输单位。一个记录里面由若干个数据域组成。

（6）UAP(User Application Profile)：规定了使用此种 UAP 的记录里面包含哪些数据域及各个数据域内容的编码前后排列顺序。UAP 机制是 ASTERIX 协议编码基础，它使通信能够灵活高效地进行。

（7）FSPEC(Field Specification)：定义了一个记录里面实际包含的数据域。它位于一个记录的最前面，FSPEC 的 bit 通过域引用号 FRN(Field Reference Number)来与 UAP 规定的数据域一一对应，从而确定记录里面实际包含的数据域，就像一个目录索引。

8.3　空管 1090ES ADS-B 数据链

8.3.1　工作原理

ADS-B 的核心是把来自机载设备的飞机位置数据通过地空数据链自动传送到地面交通管制部门。飞机位置信息取自机载导航和定位系统。ADS-B 数据通过数据链实现，其中至少包括识别标志和四维位置信息，还能提供附加数据，如飞行趋向、飞行速度、气象等信息。

ADS-B 地空之间的通信合同分为周期性合同和事件合同两种形式。周期性合同按固定报告时间间隔提供 ADS 报告。事件合同包括地理事件、偏离事件和变化事件，当某一事件发生时，飞机按照合同发送 ADS 报告。ADS 信息以报文的形式通过地空数据链传到地面 ATC 中心，最终用户是交通管制员。工作原理如图 8-6 所示。

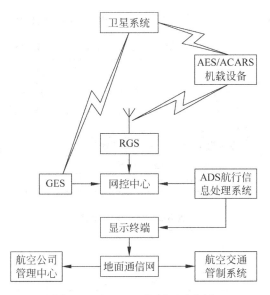

图 8-6 ADS-B 工作原理示意图

8.3.2 系统组成

典型的 ADS 系统由 ADS 信源、传输信道和信息处理及应用显示 3 个模块组成。ADS 信源包括各种机载导航传感器和接收机以及大气数据传感器。

ADS 的传输信道包括卫星数据链、甚高频数据链和 S 模式二次雷达数据链。ADS 信息的接收处理和应用显示包括地面的通信终端和显示终端两部分。ADS-B 系统包含机载和地面设备两部分，机载设备以 GPS 进行实时定位后，以 1s 的时间间隔把飞机的位置、速度、高度等数据信息向外广播，其周围的飞机和地面基站都能收到这些数据。同时，该飞机也能收到其他飞机的相关数据。这样，飞机和基站、飞机与飞机之间通过高速数据链进行地空一体化的协同监视，实现"自由飞行"。

8.3.3 信号格式

1090ES 数据链主要用于承载 ADS-B 报文，由 4 个前导脉冲和 112 个比特的报文序列组成，如图 8-7 所示。

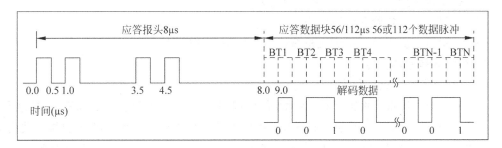

图 8-7 1090ES 数据链结构图

1090ES 所承载的 ADS-B 报文的基本结构如表 8-1 所示，ME 域的结构如表 8-2 所示。1090ES 的 ME 域可以用以传递 ADS-B 空中报文格式、ADS-B 地表位置报文、ADS-B 飞机识别和类型报文、ADS-B 空中速度报文和 ADS-B 事件驱动报文等内容。

表 8-1 1090ES 所承载的 ADS-B 报文的基本结构

比特位(bit)	字 段	含 义
1～5	DF	DF 取值 17 时,表示应用于 S 模式应答机的 ADS-B 报文
6～8	CA	DF 取值 17 时,该字段为 CA 域,表示 S 模式应答机是否具有 CommA 或 CommB 通信能力
9～32	AA	发射装置全球唯一的地址编码
33～88	ME	承载的 ADS-B 报文内容
89～112	PI	报文的 CRC 校验位(除去 DF 区域)

表 8-2 ME 域的结构

比 特 位	字 段	含 义
1～5	TYPE	报文类型
6～8	SUBTYPE	报文子类型
9～56	DATA	报文具体内容

8.3.4 ADS-B 功能和特点

ADS-B 与话音通信相比减小了飞行间隔,增加了空域容量,但其飞行间隔仍然大于雷达管制所需的飞行间隔,所以 ADS-B 在进近和终端区以及一些流量较大的航路上仍然不能取代雷达管制,只能是雷达管制的辅助手段,并且主要运用于边远及海洋地区空域的监视。

1. ADS-B 的功能

ADS-B 的功能有以下几点:

(1) 通过对雷达覆盖区以外的飞机提供 ADS 监视手段来加强飞行安全。

(2) 及时检测到航路点引入差错和 ATC 环路差错。

(3) 对当前飞行计划进行符合性监督和偏离检测,及时发现飞机对放行航迹的偏离情况。

(4) 管制员可以根据发现的问题及时提出相应的修正措施。

(5) 结合 ADS-B 与改进了的监视、通信、ATC 数据处理和显示能力,可以缩减飞行的间隔标准。

(6) 提高战术处理能力,使空域利用更为灵活。

(7) 加强了冲突检测和解脱能力。

(8) 在紧急情况下及时得到飞机精确的位置信息和通知。

2. ADS-B 技术的优点

ADS-B 技术的优点可归为以下几点:

(1) 与现行雷达系统相比,ADS-B 无须使用询问/应答方式便可获得更加实时、精准和全面可靠的航空器位置等监视信息;ADS-B 设备成本是雷达系统的 10% 左右,并且维护费用低,使用寿命长。使用 ADS-B 可以解决非雷达覆盖区域的监控问题,该技术与雷达系统相结合,可促进全世界统一的监视服务,可在低能见度、高密度飞行区域提供高精度、抗干扰的监视。

(2) 该技术提高了管制员的工作效率,使管制员能清晰地看到冲突,准确及时地采取避让措施,大大地提高了飞行安全。

（3）通用航空飞机使用该技术可以接收如天气、地形、空域限制等飞行信息。

（4）该技术还可以用于通用航空和场面监视，为地空交通提供低成本、高效率的监控。

3. ADS 的局限性

ADS 的局限性主要有以下几方面：

（1）机上信息处理需要时间，从数据采集到发送至少需 64ms。

（2）通信滞后，报文从飞机传送到地面约需 45～60ms。

（3）相关监视，依赖飞机报告，完全依赖机载导航信息源。

（4）要求使用相同的基准，即 GNSS 的基准时间和 WGS-84 的坐标系统，否则精度变差。

8.4　空管 1090ES ADS-B 数据链在民航空管的应用

8.4.1　ADS-B 在国外的发展应用情况

1. 美国 ADS-B 的应用发展

美国是 ADS-B 研究和应用的先行者之一，1992 年开始在芝加哥的 O'Hare 机场开展 ADS-B 的早期应用研究。

21 世纪初，美国在通用航空发达、地理环境和气象条件恶劣，不利于雷达站建设的阿拉斯加地区推广应用 ADS-B，为加装 ADS-B 设备的飞机提供"类雷达"服务。

2002 年，美国联邦航空局（FAA）出台 ADS-B 数据链发展政策以及支持 ADS-B 发展的规划蓝图：

（1）近期规划（2002 年～2006 年）

定义 ADS-B 发展初期的技术系统底层结构，商用和通用航空配备相应机载设备。

（2）中期规划（2007 年～2012 年）

完成 ADS-B 在航路应用的前期鉴定、认证、批准程序，利用 ADS-B 数据来增强空中交通管制监视系统的能力。

（3）远期规划（2012 年以后）

商用运输机队装备达到 ADS-B 规定的终端及航路空域各阶段飞行的要求，ADS-B 终端和航路能按照定义、认证和执行程序持续运行；通用航空机队继续装配 ADS-B 机载设备，由国家空域系统提供 TIS-B 和 FIS-B 信息广播。

从美国 ADS-B 技术发展规划蓝图可知，美国 ADS-B 应用路线是先通用航空，后商业运输，重点开发上行广播和机载应用。2005 年，美国联邦航空局将 ADS-B 确定为未来空中交通管制的基础，于 2007 年 5 月 31 日宣布批准阿拉斯加地区在航路实施 5 海里的 ADS-B 间隔，从而美国 ADS-B 运营有法可依，加速了 ADS-B 的普及与推广。

目前，美国联邦航空局开始在全国空域建立 ADS-B，包括将阿拉斯加和东海岸使用的 ADS-B 信息融入到当前的空管系统中，于 2014 年之前在美国本土安装 400 个 ADS-B 地面站，以便使卫星导航功能在全美地区实现。与此同时，停止使用 125 个空中交通管制雷达。

商用运输方面，美国已经生产出适配 ADS-B 技术的 AT2000 型飞行座舱显示器（CDTI），并开始在部分波音 757、波音 767 飞机上安装。2004 年，FAA 对基于 ADS-B 技术的 CDTI 增强型飞行规则(CEFR)进行了评估认证。装备了 CDTI 的商用运输飞机,在 CEFR 规则运行时,座舱显示屏幕可清楚地显示告警范围、上升/下降率、选定的 ADS-B 目标航迹和渐近率,以及选定目标的识别码、高度等航迹信息。对于通用航空器,除了可以选装 CDTI,还有更经济的袖珍式 UAT 接收机等。

数据链选择方面,美国同时选择 1090ES 和 UAT 作为 ADS-B 数据链,以同时满足运输航空和通用航空的需求,及国际化发展的要求。选择 1090ES 通信主要用于高空航路运行,目的是改善空中交通管制监视能力,满足航空国际化的要求。UAT 数据链通信仅用于低空运行的通用航空飞行活动,目的是改进通用航空领域的空中避撞能力和飞行情报截获能力。

为了支持 2 种数据链的互通,美国使用了二次广播式自动相关监视新技术,即支持双频的地面站,同时具备接收 1090ES 和 UAT 这 2 种数据链监视数据的能力,并且能够分别通过内部数据链网关转换至另一种数据链所支持的数据格式,最终再次进行广播,供装有相应机载设备的飞机接收使用。

2. 欧洲 ADS-B 的应用发展

2004 年 5 月,欧洲空管局(EUROCONTROL)发布了欧洲实施新航行技术的政策,制定 CASCADE 实施计划,该计划的两大核心是 ADS-B 和 Link 2000+(Link 2000+是基于 VDL 模式 2 技术的地空数据链)。围绕 ADS-B 技术的应用,CASCADE 描述了如无雷达区域的应用、雷达区域应用、机场地面监视应用、地面交通状况知晓、空中交通状况知晓、进近目视增强、机载数据采集等诸多方面的应用服务内容。

在 ADS-B 技术开发和应用方面,欧洲空管紧密结合欧洲大陆的空管需求,以改进陆地区域、高密度飞行的空中交通监视为基本目标,制定了实施步骤:

(1) 近期目标(2004 年启动,2008 年实施)

在不便安装或空中交通不值得配置雷达的无雷达区域(如海岛和近海等),用 ADS-B 作为主要监视手段;在雷达覆盖不完善的区域,ADS-B 作为补充监视手段;在雷达覆盖区域,ADS-B 作为技术升级手段;在机场运行区域,ADS-B 作为地面辅助监视手段。这一阶段,机载 ADS-B 设备只发不收,称为"ADS-B OUT"技术。

(2) 远期目标(2006 年启动,2010 年实施)

改进 ADS-B 的应用软件,重点开发"机上状况知晓"功能,增强高密度飞行空域飞机间的相互监视;增强飞行(滑行)过程对地面情况的监视能力;增强地面对机舱和飞机运行状况的监视能力。这一阶段,机载 ADS-B 系统不但要发送自身的航迹信息和运行数据,还必须有能力接收和处理邻近飞机发出的航迹信息,称为"ADS-BIN"技术。在 ADS-B 地空数据传输信道的选择上,欧洲空管坚持通过新的通信和监视技术应用推进欧洲空管一体化,强调监视与通信并重。在监视方面,首选 1090 ES 数据链。在通信方面,CASCADE 有机融合了 Link 2000+地空通信数据链。利用 Link2000+,管制人员可以向机组发送放行许可类短指令,常规重复性的指令甚至可以不需要管制员干预自动生成和发送;机组可以通过数据链访问地面的数据库,获取所需的机场地面运行环境数据等。

与美国不同,欧洲空管的两种数据链都用于商用运输机,分别用来承载不同的业务数据。1090 ES 数据链承载监视数据、Link 2000+数据链承载通信数据两种数据链并行应用,可满足较长时期地空数据通信的需求。

3. 澳大利亚 ADS-B 的应用发展

澳大利亚地广人稀,难以部署雷达监视网,严重制约了澳洲大陆空中交通容量。2003年,澳大利亚航空服务局抓住了 ADS-B 新技术发展的机遇,推出"高空空域计划"(Upper Airspace Program,UAP),采用 28 套廉价的 ADS-B 地面接收机取代同等数量昂贵的 SSR 雷达监视方案。目标是实现澳洲大陆地区 30 000 英尺及以上高空空域 5 海里间隔空中交通管理服务。3 年多的时间,就实现了航行监视技术体制的跨越式发展。

ADS-B 地面站接收机截获其覆盖空域范围内所有航空器播发的 1090 ES 报文,通过高速数据电路将报文传给 ATC 管制中心,由自动化系统把报文还原成可视航迹目标,显示在管制屏幕上,实现了等同于雷达监视效果的"准雷达服务"。

澳大利亚在 ADS-B 地空数据链的选择上表现出务实的态度。1090ES 数据链完全可以满足空中交通管制航迹监视的要求,这样直接选择 1090 ES 数据链支持 ADS-B 的应用,避免了地空数据链的开发,极大节约了地面设备开发和机载设备改装成本。设立的 ADS-B 基站,只接收 GPS 信号和 1090ES 下行广播以满足航行监视,简单可靠,易于管理操作。

8.4.2 ADS-B 在我国的发展应用情况

1998 年,中国民航在 ICAO 新航行系统发展规划指导下,抓住中国西部地区开辟欧亚新航路的战略机遇,启动了第一条基于 ADS 技术的新航行系统航路 L888 航路建设。2000年,该系统完成了评估、测试并投入运行,从而 L888 航路具备了提供自动相关监视空管服务能力。

2004 年以来,北京、上海、广州三大区域管制中心配套的空管自动化系统陆续具备了 ADS 航迹处理能力,可以处理和显示基于 ACARS 数据的自动相关监视航迹,也可以实施航管员/飞行员数据链通信(CPDLC),这标志着中国民航的主要空管设施已经具备了 ADS 监视能力。

2005 年 7 月,中国民航飞行学院完成了 ADS-B 在亚洲地区的首次应用测试。2006 年 12 月,完成绵阳、广汉、新津、遂宁、洛阳 5 个地面台建设和 6 种机型近 200 架飞机的机载设备加装,实现区域内飞机与地面台的信号传递。2007 年年初,洛阳机场全面启用 ADS-B 系统。2007 年,民航局空管局制定的《中国民航 ADS-B 技术政策》中明确了数据链选择方式为商用航空选择 1090ES 和通用航空选择 UAT。

2007 年下半年,民航局空管局在成都双流机场、九寨机场各安装了 1 套 ADS-B 地面试验设备,作为 SSR 监视的备份监视系统,在成都至九寨航路实施全程 ADS-B 监视。根据西南空管局在实际飞行中 ADS-B 使用验证,在精度、完好性、伪目标率、可靠性、位置报连续性、离散度、误差特性等方面,ADS-B 数据优于雷达数据;在速度、航向的精度和连续性上 ADS-B 数据优于雷达;在高度数据、覆盖范围两个方面,ADS-B 和雷达性能相当。因此,总体来说,ADS-B 性能优于雷达,并且 ADS-B 数据链能满足日益增长的民航空管监视的需求。

2011 年 5 月 18 日,成都-拉萨航路作为我国首条应用 ADS-B 技术的航路开始实施 ADS-B 实验运行,从此彻底结束了通航 46 年来没有雷达覆盖、没有监视手段的历史。使用 ADS-B 技术后,该航路的最大保障能力由原来 76 架次提升为 92 架次,空域容量增加了 21%。同年 6 月 16 日,中国南海三亚情报区内的 L642 和 M771 两条洋区航路也开始实施了 ADS-B 实验运行,成功实现了利用 ADS-B 对广阔洋区的二次雷达信号补盲,完善了洋区对空监控手段,在国内首次成功实现了空管自动化系统中接入的 ADS-B 信号与雷达信号处理融合的功能。在我国其他不同地区、不同条件下进行的 ADS-B 实验运行成果也相当成功,对我国全面推进 ADS-B 技术的应用起到很大的推动作用。

我国还制定了"西部先试先行,由西向东稳步推进"和"突出重点,协调建设"的 ADS-B 整体建设应用原则。

由民航局空管局提出的我国 10 年(2010 年~2020 年)的发展战略目标是:

(1) 适应 ICAO 监视系统发展政策,满足我国民用航空运输和空中交通服务需求,提供保证安全、提高效率的监视政策、技术标准和设备。

(2) 对 ADS-B 系统进行评估,验证系统的可靠性,确保运行安全。

(3) 推进 ADS-B 系统在我国西部航路应用,解决西部监视手段不足问题,提高西部地区飞行流量;东部地区在繁忙航路逐步建设 ADS-B 监视系统,实现航路覆盖及 5 海里管制间隔;东部繁忙机场建设 ADS-B 监视系统,应用多点定位技术,结合场面监视雷达,逐步实现 A-SMGCS(四级),达到对机场场面航空器及车辆的监控、路径规划和引导。

(4) 在保证安全的基础上,平稳建设 ADS-B 系统,提高我国民航的监视能力和空域利用率,满足未来流量增长对监视系统的需求。

(5) 采用雷达监视系统和 ADS-B 系统同时运行的监视体制和技术政策。

(6) 跟踪国际 ADS-B 技术进展,开展从理论上研究 ADS-B 的空-空应用。

8.4.3 民航空管应用 ADS-B 存在的相关问题

1. 导航相关的问题

目前 ADS-B 的定位信息取自 GPS 接收机,GPS 接收机在输出定位信息的同时输出水平保护标准作为表明定位信息质量和可信度的参数。

目前存在的主要问题是:现有的导航数据源过于依赖 GPS,这样,安全性和可靠性问题会比较突出。今后可以通过机载管理系统 FMS(Flight Management System)来接收多种数据源(如惯性系统、GPS、VOR、DME、Galileo、"北斗"等)的导航信息。但是目前使用的 FMS 还无法直接计算衡量 ADS-B 数据精度和完好性的数值,从而无法指导管制,所以需要对现有的设备进行改装和升级。

2. 地面站相关的问题

ADS-B 地面站应当具备能够在恶劣天气条件下,在低温和高温环境下连续工作的能力,且耗电量小,可以利用太阳能供电,具有无人值守、自动双机热备、远程监控、远程软件升级的能力。存在的问题是:由于 ADS-B 地面站很可能将工作在环境比较苛刻的边远地区,因此从地面站到管制中心的数据传输就成了决定 ADS-B 能否应用于边远地区的关键因素。目前国外采用传统的地面线路,正在开始借助卫星通信实施数据传输,与传统地面线路形成独立双备份。我国在建设时可以借鉴这样的做法。

3. 通信数据链存在的问题

ADS-B 支持的 3 种数据链 1090ES、UAT 和 VDL M4,其中 1090ES 在实施过程中仅需升级现有的 S 模式应答机软件,同时加装 1 条 GPS 连线。另外 2 种数据链都需要加装新的机载设备,所以 1090ES 方案经济效益明显。ICAO、IATA、FAA、EUROCONTROL 等机构通过大量的分析、论证和试验后一致同意推荐采用 S 模式 1090 ES 作为近期实施 ADS-B

的主用数据链。我国也明确了商用航空选择 1090ES 数据链。

可是,这样存在一个重要的问题,采用 1090 ES 数据链,使得 ADS-B 与二次雷达都使用 1090MHz 频段,会造成链路的拥塞。拥塞会导致丢报现象,并造成随机的报文时延。为了解决这一问题,可以综合运用更高效的编解码技术和新的多址接入技术,并设计 ADS-B 与雷达协同运行的协议算法和协议栈,或者采用变速率报文传输方法。不过目前 ADS-B 尚未应用于终端区,因此在实际应用时,可以考虑通过适当减少雷达的数量,为 ADS-B 在 1090MHz 频段提供更大的传输带宽。

4. 对管制程序的影响

ADS-B 的应用将对管制程序产生较大影响,其中存在 ADS-B 数据与雷达数据的融合问题。目前有两种解决方案:

(1) 优选法:显示雷达航迹或 ADS-B 航迹。处理方式简单、价格低,不存在 ADS-B 数据影响雷达数据的风险,不需要重新验证雷达数据处理功能。

(2) 融合法:将雷达航迹与 ADS-B 航迹融合为系统航迹。这样就不存在跨越雷达覆盖区和 ADS-B 覆盖区时的跳点现象,但是价格贵,存在 ADS-B 数据影响雷达数据的风险。根据我国的国情,应采用优选法,再逐步研究融合法并考虑其应用。

综上所述,ADS-B 技术在空中交通管制中有极为广阔的应用空间。我国是一个航空大国,随着国家经济发展和国民生活水平的提高,在空域管理改革需求的牵引下,对监视新技术、新手段的应用提出了迫切的需求。ADS-B 良好的通信功能和监视手段能更准时、及时、连续的掌握飞行器动态,有效实施管制。我国航空事业起步较晚,技术力量薄弱,只有因地制宜,以科学研究为核心,以规划战略为指导,以运营标准为依据,才能有力推动 ADS-B 在我国的发展与应用,并有望迅速带来显著的经济效益,引领我国从民航大国向民航强国转变。

习题

8-1 简述空管监视数据链的主要技术,试说明各自的特点。

8-2 简述空管 S 模式数据链的优点。

8-3 简述 S 模式数据链的主要组成部分,试说明各自的功能。

8-4 简述 ADS-B 技术的特点。

8-5 简述民航空管应用 ADS-B 存在哪些相关问题。

8-6 简述 ADS-B 的国内外应用现状和前景。

参考文献

[1] 吕小平. ADS-B 应用中 UAT 技术介绍[J]. 空中交通管理. 2007.
[2] 中国民航总局. 我国通用航空发展现况简介[R]. 中国民航总局前瞻资讯产业研究院,2012.
[3] 顾春平. 空中交通管制监视新技术简介[J]. 现代雷达,2010.
[4] 李自俊. ADS-B 技术在通用航空飞行中的应用[J]. 国际航空杂志,2008.
[5] 吕小平. A-SMGCS 技术和应用介绍[J]. 空中交通管理,2006.
[6] 康南,刘永刚. ADS-B 技术在我国的应用和发展[J]. 中国民用航空,2011.
[7] 徐天宇. 浅谈 ADS-B 技术在我国民航上的应用和发展[J]. 江苏航空,2012.

第 9 章

VoIP话音通信新技术

9.1 空管话音通信技术概述

民航地空语音通信系统承担着地面管制员与飞行员之间实时通话联系的功能,一直以来是空中交通管制的主要手段之一。我国民航语音通信技术随着飞行流量的不断增加、空中交通管制体制和方式的改变而不断发展,实现了从高频短波通信到甚高频(VHF)通信的转变。随着网络、卫星与地面传输技术的不断成熟,甚高频语音通信系统实现了点到点远距离通信的功能。目前,民航地空话音通信主要以大量遥控台组成的甚高频内话遥控通信系统的形式出现。

传统的甚高频通信系统是由多个甚高频遥控台、PCM复用器、甚高频控制部分、内话系统、语音记录仪及遥控盒组成。大部分现用的空管语音通信系统采用的是时分多址复用(TDM)的数字音频,即每一个通信频率有一个固定的信道或者时隙。这些固定的信道能够消除通信路径及完全无阻塞通信保障的资源竞争。但是,TDM网络对话音信道数量有一定的限制,需要加装能够集中控制的复用器、外接同步时钟源及会议技术设备等。民航空管系统广泛采用PCM数字复用器进行语音信号的传输。由于复用器传输的是模拟语音信号,每一路话音都要占用64Kbps的带宽。这种语音传输方式带宽利用率低下,严重浪费了带宽资源。

另外,大多数空管系统的甚高频遥控通信系统采用的是点到点、带宽2M、每路64Kbps的链路传输方式,对于2M链路的租用及维修费用也是一笔不小的数目。

VoIP(Voice over Internet Protocol)技术的语音交换系统的诞生,主要是受到欧洲政府政策的影响。近年来,欧洲一些国家逐渐开始淘汰传统的网络,兴建高速Internet网。一些国家为了使民航通信业务能够持续进行,被迫地开始研发采取IP方式的语音交换系统和甚高频系统。

受政府推动,欧洲的Internet网络十分发达,是兴建VoIP技术的语音交换系统的一个良好前提。所以,世界上第一批基于VoIP技术的语音交换系统均在欧洲诞生,比如法国、冰岛等地,这些地区的应用已经渐趋成熟。

而在中国大陆,一些欠发达地区的网络情况不是很好,有些甚至完全不具备接入网络的条件,因此,如何在我国目前的客观条件下,尽可能设计和研发一种适合我国国情的 VoIP 语音交换系统,尽可能追赶先进国家的脚步,是当务之急。

9.2 VoIP 话音通信技术

VoIP 俗称 IP 电话,是利用 IP 网络实现话音通信的一种先进通信手段,是基于 IP 网络的话音传输技术。利用电话网关服务器等设备将模拟的话音信号数字化,以数据封包(Data Packet)的形式在 IP 网络上做实时传递,通过 IP 网络传输到目的地,目的地收到数据包后,将数据重组,解压缩后再还原成声音,基本过程如图 9-1 所示。

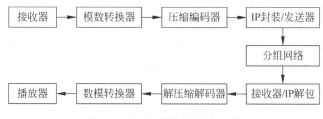

图 9-1 VoIP 传输的基本过程

VoIP 最大的优势是能广泛地采用 Internet 和全球 IP 互连的环境,提供比传统业务更多、更好的服务。VoIP 可以在 IP 网络上便宜的传送语音、传真、视频和数据等业务,如统一消息业务、虚拟电话、虚拟语音/传真邮箱、查号业务、Internet 呼叫中心、Internet 呼叫管理、电话视频会议、电子商务、传真存储转发和各种信息的存储转发等。

9.2.1 工作原理及系统组成

1. 工作原理

VoIP 的基本原理是通过语音的压缩算法对语音数据编码进行压缩处理,然后把这些语音数据按 TCP/IP 标准进行打包,经过 IP 网络把数据包送至接收地,再把这些语音数据包串起来,经过解压处理后,恢复成原来的语音信号,从而达到由互联网传送语音的目的。

IP 电话的核心与关键设备是 IP 网关,它把各地区电话区号映射为相应的地区网关 IP 地址。这些信息存放在一个数据库中,数据接续处理软件将完成呼叫处理、数字语音打包、路由管理等功能。在用户拨打长途电话时,网关根据电话区号数据库资料,确定相应网关的 IP 地址,并将此 IP 地址加入 IP 数据包中,同时选择最佳路由,以减少传输时延,IP 数据包经过 Internet 到达目的地的网关。在一些 Internet 尚未延伸到或暂时未设立网关的地区,可设置路由,由最近的网关通过长途电话网转接,实现通信业务。

2. 系统组成

IP 电话系统有 4 个基本组件:终端设备(Terminal),网关(Gateway),多接入控制单元 MCU(Multipoint Control Unit)和网守(GateKeeper),如图 9-2 所示。

(1)终端设备是一个 IP 电话客户端,可以是软件(如 VocalTec 公司的 IP Phone、微软公司的 Netmeeting)或是硬件(如专用的 Internet Phone),可以直接连接在 IP 网上进行实时的语音或多媒体通信。

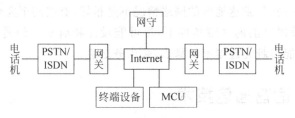

图 9-2　IP 电话系统的基本组成

（2）网关是通过 IP 网络提供 PC-to-Phone，Phone-to-PC，Phone-to-Phone 话音通信的关键设备，是 IP 网络和 PSTN/ISDN/PBX 网络之间的接口设备，应具有以下功能：具有 IP 网络接口和 PSTN/ISDN/PBX 交换机互联的接口；完成实时话音压缩，将 64Kbps 的话音信号压缩成低码率语音信号；完成寻址和呼叫控制。

（3）网守负责用户注册和管理，主要完成以下功能：地址映射，将电话网的 E.165 地址映射成相应网关的 IP 地址；呼叫认证和管理，对接入用户的身份进行认证，防止非法用户的接入；呼叫记录，使得运营商有详细的数据进行收费；区域管理，多个网关可以由一个网闸来进行管理。

（4）多点接入控制单元（MCU）的功能在于利用 IP 的网络实现多点通信，使得 IP 电话能够支持诸如网络会议这样一些多点应用。IP 电话采用网关技术，网管的一边连接到传统的电路交换网，如 PSTN 可与外部的任意一台电话机通信；网关的另一边连接到包交换网，如 Internet、Intranet、Extranet 等。

9.2.2　VoIP 主要特点

1. 符合三网合一的发展方向

IP 技术是通信领域的新潮流，它符合未来三网合一（电话网、广播电视网、数据网）的发展方向。

2. 充分利用网络资源

VoIP 采用了先进的数字信号处理技术，能够在同一条物理线路上传输更多的呼叫，提高了物理链路效率。并且采用了分组交换技术，可以实现信道的复用，使得网络资源的利用率更好，大大降低了运营商的投入成本。

3. 开放性强

采用开放的体系结构，传输的协议体系是标准化的，有利于各厂商的产品互联互通。IP 语音传输网络同时支持语音、数据、图像的传输，为全面提供多媒体业务打下了基础，有利于多媒体业务的集成。

9.2.3　VoIP 的关键技术

VoIP 的关键技术包括控制信令技术、媒体编码技术、实时传输技术、业务质量保障技术等。

1. 信令技术

媒体的传输技术能保证话音的传输，而控制信令技术保证电话呼叫的顺利实现和话音质址，并且可以实现各种高级的电话业务，如类似 PSTN 上的智能网业务，综合业务数字网

(ISDN)上的补充业务。目前被广泛接受的 VoIP 控制信令体系包括 ITU 的 H.323 系列和 IETF 的会话初始化协议 SIP。

（1）ITU 的 H.323 系列定义了在无业务质量保证的 Internet 或其他分组网络上多媒体通信的协议及其规程。这些分组网络主宰了当今的桌面网络系统。因此，H.323 标准为局域网、广域网、Intranet 和 Internet 上的多媒体提供技术基础保障。

（2）会话初始化协议 SIP 是由 IETF 提出并主持研究的一个应用层控制信令协议。它被用来创建、修改以及终止一个或多个参与者参加的会话进程，可在会话中邀请其他参与者加入。这些会话包括所有 Internet 上交互式两方或多方多媒体通信活动。参与会话的成员可以通过组播方式、单播连网方式或两者结合的方式来进行通信。SIP 协议是一个正在发展和研究中的协议。它借鉴了其他 Internet 的标准和协议的设计思想，坚持简练、开放、兼容和可扩展等原则，充分注意到 Internet 开放而复杂的网络环境下的安全问题。同时，它也考虑了传统 PSTN 的各种业务，包括智能网业务和 ISDN 业务的支持。

2. 媒体编码技术

目前，话音和图像压缩技术发展十分迅速，已经研究开发出很多高效率的压缩编码技术。如先进的以码本激励线性预测原理为基础的 G.729、G.723（G.723.1）话音压缩编码技术。以 G.729 为例，它可以将经过采样的 64kb/s 话音以几乎不失真的质量压缩至 8kb/s。话音压缩编码技术是 IP 电话技术的一个重要组成部分。

3. 实时传输技术

在 IP 网中传输层有两个并列的协议：TCP 和 UDP。TCP 是面向连接的，它提供高可靠性服务；UDP 是无连接的，它提供高效率的服务。高可靠性的 TCP 用于一次传输要交换大量报文的情况，高效率的 UDP 用于一次交换少量的报文或实时性要求较高的信息。实时传输协议 RTP 提供具有实时特征的、端到端的数据传输业务，可以用来传送声音和活动图像数据，在这项数据传输业务中包含了装载数据的标识符、序列号、时戳以及传送监视（通常 RTP 的协议数据单元是用 UDP 分组来承载的。而为了尽量减少时延，话音净荷通常都很短。UDP 和 RTP 的控制头都按最小长度计算如果支持 RTP 的网络能提供组播功能，则它也可用组播方式将数据送给多个目的用户）。

RTP 本身没有提供任何确保及时传送的机制，也没提供任何传输质量保证的机制，因而业务质量完全由下层网络质量来决定。RTP 不保证数据包按序号传送，即使下层网络提供可靠性传送，也不能保证数据包的顺序到达。包含在 RTP 中的序列号，就是供接收方重新对数据包排序使用。与 RTP 相配套的另一个协议是 RTCP 协议，RTCP 是 RTP 的控制协议，它用于监视业务质量并与正在进行的会话者传送信息。

4. 业务质量保障技术

VoIP 主要采用资源预留协议以及进行服务质量监控的实时传输控制协议（RTCP）来避免网络拥塞，保障通话质量。

9.2.4　VoIP 的发展历程

1. 技术突破期（1995 年～1996 年）

IP 电话最早是作为 Internet 上的联机应用出现的，那时只要通话双方拥有同样的客户端应用软件就可以在 Internet 上进行实时通话了，当然语音质量存在很多问题。最早推出这种客户端软件的是以色列的 VocalTec 公司,他们在 1995 年 2 月宣布推出"Internet Phone",可以说是现代 IP 电话的雏形。

自从 VocalTec 推出了软件"Internet Phone"后,不少软件公司,包括很多的公司,都相继推出了类似的软件,比如微软的 NetMeeting、IDT 的 Net2Phone、NetSpeak 的 WebPhone、英特尔的 Internet Video Phone 等,用户只需在 PC 上安装客户端软件,并配合麦克风、声卡、音响等设备,就可以在 IP 网上与同样安装了这些软硬件的用户通话了。由于当时这种应用只限于在 Internet 上使用,因此那时人们通常将这种应用称为"Internet 电话"。这一时期,使用者大多数是 Internet 上的网迷,语音质量基本没有保证,技术还不完全成熟,人们对它的认识也比较稚嫩,我们也可以把这一时期称为 IP 电话发展的萌芽期。

2. 发展期(1996 年～1999 年)

电信公司逐渐地开始认识到利用 Internet 实现语音业务的巨大潜在市场,他们开始考虑如何将 Internet 和已有的 PSTN 结合起来,从而更加广泛的为普通电话用户提供业务。于是,用以连接 Internet 和 PSTN 的网关设备出现了,由于利用 Internet 代替传统的长途电话线路可以大大降低成本,许多产品制造商和业务商纷纷看好这一市场并开始制造设备和提供业务。可以说,这时 IP 电话进入快速的发展阶段。由于利用公司的 Internet 传输实时的语音存在很多不足,难以保证用户接受的语音质量,这对一项业务来说显然是不行的。因此很多业务商建立了专用的 IP 网或在 Internet 上构建 VPN 来提供语音业务,从而实现较好的语音质量,这时的 IP 电话也可以真正地称为 IP 电话了。

3. 成熟期(2000 年～)

IP 电话逐步进入成熟期,具有以下特点:

(1) 技术成熟。

(2) 统一标准,H.323 成为 IP 电话的技术标准。

(3) 全球网络实现互通。

(4) 语音质量良好。

(5) 大部分传统电信运营公司开始提供 IP 电话业务。

(6) 向 IP 传输多媒体业务过渡。

9.2.5 典型协议

目前参与 VoIP 技术标准开发和推广的组织超过 20 家,其中最具影响力的 VoIP 国际标准化组织主要有 5 家:Internet 工程任务组(IETF)、国际电信联盟电信标准化部门(ITU-T)、欧洲电信标准学会(ETSI)、计算机电话企业论坛(ECTF)和国际多媒体远程会议集团(IMTC)。IETF 侧重 IP 标准、ITU-T 侧重电信标准、ETSI 侧重商业实现、IMTC 侧重互操作性。由于 IP 电话技术标准的开发涉及多个领域,这几家开发组织相互之间建立了比较良好的协作关系,而其他结构主要是发展、充实、实现和推广这些标准。

常用的协议有 H.323、SIP、RTP、MEGACO 和 MGCP。

1. H.323 协议

H.323 是一种 ITU-T 标准,最初用于局域网(LAN)上的多媒体会议,后来扩展至覆盖 VoIP。该标准既包括了点对点通信也包括了多点会议。H.323 定义了 4 种逻辑组成部分:终端、网关、网守及多点控制单元(MCU)。终端、网关和 MCU 均被视为终端点。

2. SIP 协议

会话发起协议(Session Initiation Protocol,SIP)是建立 VoIP 连接的 IETF 标准。SIP 是一种应用层控制协议,用于一个或多个参与者创建、修改和终止会话。SIP 的结构与 HTTP(客户-服务器协议)相似。客户机发出请求,并发送给服务器,服务器处理这些请求后给客户机发送一个响应。该请求与响应形成一次事务。SIP 支持5个方面的功能:

(1) 用户定位(user location):确定终端所在的位置。

(2) 用户可用性(user availability):确定被呼叫方是否空闲或者愿意加入会话。

(3) 用户可容性(user capabilities):确定所用媒体和媒体参数。

(4) 会话建立(session setup):邀请和提示被叫,与主叫间建立会话。

(5) 会话管理(session management):转交(transfer)和终止会话,修改会话参数。

3. RTP 协议

RTP(实时传输协议)定义了两种报文:RTP 报文和 RTCP 报文。RTP 报文用于传送媒体数据,由 RTP 报头和数据两个部分组成,RTP 数据部分称为有效载荷;RTCP 报文用于传送控制信息。

4. Megaco 协议

Megaco 协议是 IETF 和 ITU-T(ITU-TH.248 建议)共同努力的结果。Megaco/H.248 是一种用于控制物理上分开的多媒体网关协议单元的协议,从而可以从媒体转化中分离呼叫控制。Megaco/H.248 说明了用于转换电路交换语音到基于包的通信流量的媒体网关和用于规定这种流量的服务逻辑的媒介网关控制器之间的联系。Megaco/H.248 通知媒体网关将来自于数据包或单元数据网络之外的数据流连接到数据包或单元数据流上,如实时传输协议(RTP)。从 VoIP 结构和网关控制的关系来看,Megaco/H.248 与 MGCP 在本质上相当相似,但是 Megaco/H.248 支持更广泛的网络。

5. MGCP 协议

MGCP(媒体网关控制协议)是由思科和 Telcordia 提议的 VoIP 协议,它定义了呼叫控制单元(呼叫代理或媒体网关)与电话网关之间的通信服务。MGCP 属于控制协议,允许中心控制台监测 IP 电话和网关事件,并通知它们发送内容至指定地址。在 MGCP 结构中,智能呼叫控制置于网关外部并由呼叫控制单元(呼叫代理)来处理。同时呼叫控制单元互相保持同步,发送一致的命令给网关。

9.3　基于 VoIP 的民航话音通信系统

2009 年 2 月,欧盟成立了一个 EuroCAE Working Group 67 专家组,专门负责该项技术的新标准的制定与研发。与此同时,国际民航组织(ICAO)还将该专家组所制定的 EUROCAE WG 67 技术标准文件作为一个国际民航组织的规范性的文档,作为未来国际民航组织 VoIP 技术标准的一个重要部分。陆续地颁布了行业内的 VoIP 相关标准(包含在 ED-136 至 ED-139 相关文档中),并在 2010 年获得了美国联邦航空局(FAA)和国际民航组织(ICAO)的认可,将相关文件均列入其标准性文件。目前欧洲民航正处在 SESAR 计划的部署阶段,IP 网因其强大的开放性、扩展性使它作为该计划实施的不二选择,同时欧洲电信业的去模拟化改造也是加速 VoIP 应用的催化剂。美国方面,通过与 EUROCAE 相关工作组的合作,已基本证实了 ED136-139 文件内容的可操作性,因此逐步确立 VoIP 作为下一代语音通信系统的改革方向。近期中国民航空管数据通信网升级改造工程已正式启动,改造后系统不仅支持 ATM 等传统业务,而且提供了对 VoIP 业务的支持,从而实现了将长途语音业务转移到数据通信网以达到节省费用的效果。通过 VoIP 技术除了可将模拟传输转成数字传输,达到省带宽省钱的目的,还有一个重要的原因就是 IP 网的开放性和扩展性致使其可以承载任何形式的业务,从而应对日益增长的业务需求。

关于 VoIP 的相应技术标准目前仅有于 2009 年 2 月为此成立的一个 EuroCAE Working Group 67 专家组所编写的 EUROCAE WG 67 规范。该规范同时包含若干个细分部分,而有 4 个部分主要为空管语音系统所用,其中:

(1) ED 137-1 文档,主要是关于无线甚高频 VoIP 联网方面的技术标准。

(2) ED 137-2 文档,主要是关于有线电话 VoIP 联网方面的技术标准。

(3) ED 137-3 文档,主要是关于语音记录仪 VoIP 联网方面的技术标准。

(4) ED 138 文档,主要是关于 VoIP 网络设置方面的技术标准。

因为标准还在继续深入地制定中,所以新的技术标准也将随时会被采纳其中。可以预见的是,关于 VoIP 的技术目前仅是一个开始,未来还会有更大的发展和应用,而空管系统的未来发展,VoIP 技术必将是一个发展的关键。

截至目前,有公司已在冰岛空管系统、法国空管系统进行了多次甚高频系统、语音交换系统、有线电话系统的 IP 联网测试,效果比较良好,系统运行也比较稳定,基本达到了空管设备的相关技术要求。国内外绝大部分的机场塔台、区域中心使用的都是这类语音交换系统。VoIP 在通信领域中从 20 世纪 90 年代初开始在民用市场得到了蓬勃的发展,由于通信时延和稳定性的问题,在民航语音通信方面一直没有得到应用,直到 2004 年,才形成了第一个关于 VoIP 在民航语音通信中的应用的模型,维也纳协定定义了 VoIP 在民航语音通信中包括 VCS(Voice Communication Switch)、网络、无线电、电话、录音等几个模块,为 VoIP 技术在民航的发展奠定了基础,VoIP 的 VHF 通信系统如图 9-3 所示。

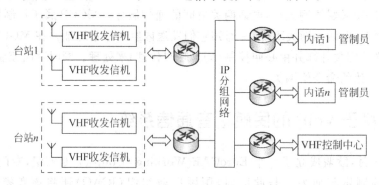

图 9-3　VoIP 的 VHF 通信系统示意图

2006 年,欧洲民航装备组织完成了 VoIP 标准第 1 版的编写,在 2008 年进行了 VoIP 设备的第一次接入测试并在同年完成了第 2 版的编写。2009 年颁布了关于 VoIP 技术在民航设备中应用的 4 份指导性的标准,同时完成了与其他语音交换系统的联网测试工作。2011 年成功完成了录音设备的互用性测试。

目前国内民航系统中部分新型号的甚高频、VCS 设备已具有 VoIP 功能,绝大部分尚未投入到正式使用当中,只在个别区域进行运行测试。在与原有的基于 PCM 的语音交换设备进行接入使用,采用网关形式,将语音数据从 IP 模式转换成模拟语音再经过传输设备发送到远端台站。

　　VoIP 语音通信系统有结构简单、扩展性强、成本低廉等优势,由于是基于网络的通信系统,不可避免存在着数据包丢失、通信时延、抖动和回音等问题。根据国际电信联盟推荐的语音时延在 0～150ms 是通话质量最佳范围,150～300ms 是可接受范围,300ms 以上时延是不可接受范围。针对网络通信的特有问题,EUROCAE 对网络服务质量 QoS(Quality of Service)和通信链路时延等有着严格的规定,ED-138 定义了用于民航语音通信的网络性能和需要达到以下标准:

　　(1) 单向每个语音通道带宽不小于 100kbps。

　　(2) 本地与远端网络时延小于 40ms。

　　(3) 无线电信号抖动不大于 5ms,电话信号抖动不大于 10ms。

　　(4) 丢包率小于 1%。

　　ED-136 规定了单向的通信链路时延总共不能超过 130ms,民航除了对语音通信的通话质量、VoIP 语音通信设备稳定性有着更高的要求以外还对通信网络的安全性有着严格的要求,出于安全性考虑,VOIP 语音通信设备接入公共网络的可能性不大,对于 VoIP 语音通信设备在国内民航语音通信领域的大规模应用,还需有待民航专用网的日益完善。

　　当今世界空管系统的运行环境正朝向基于旧网络的 VoIP 技术发展,主要有三大主导因素。第一,空中导航服务提供商(ANSP)需要利用 IP 新技术降低通信网络的花费及相关资金投入,并创造更高的效益。第二,对于空域机动灵活性的需求。在未来,不同的空管单位之间需要一个更加灵活的空域管制分配机制,实现管制单位的互相操作;这种互操作性表明空域扇区能够轻松地从一个空中交通管制中心转换到另一个,无论是分流、处置紧急情况还是商务运营等。美国联邦航空管理局(FAA)一个重要的下一代目标是达到能够动态地构建空域管制界限。第三,电信运营商希望采用更为便宜的技术设备,将逐步淘汰原有的 64kbps 及 2Mbps 的链路服务,因此,原使用链路服务的空管系统需要做出设备技术上的转变。

　　随着民航运输业的飞速发展,各空管单位的管制区飞行总量增长速度较快,民航飞行安全对空管设备运行保障能力提出了新的要求。甚高频语音通信系统作为空中交通管制最重要的手段之一,承担着飞行员与管制员的实时话音沟通,对空管交通指挥工作具有重大意义。VoIP 技术在网络平台上实时传送语音信息,与传统的 VHF 通信交换网络相比,VoIP 技术充分利用了网络资源从而简化了系统的构成,缩减了运营成本,也使管制空域划分更具机动灵活性。

　　尽管 VoIP 技术在许多技术细节问题上还有需要完善和改进的地方,但我们有理由相信,随着 VoIP 技术标准的不断完善、VoIP 技术的关键技术不断突破,对于 VoIP 的部署会越来越广泛,VoIP 技术在民航通信中的发展前景将是非常令人瞩目的。

习题

9-1　简述 VoIP 技术的发展历程。

9-2　简述 VoIP 系统的主要组成部分,并说明分别具备的功能。

9-3 简述空管话音通信主要应用的技术,并说明各自的特点。

9-4 简述 VoIP 技术主要应用的协议,并说明包含的内容。

9-5 简述民航中 VoIP 的相关标准。

9-6 举例说明 VoIP 在民航中的应用情况。

参考文献

[1] 刘蓉,任培明,霍甲等.地空通信概述[J].数字通信世界,2013.

[2] 张登银,孙精科等.VoIP 技术分析与系统设计[M].北京:人民邮电出版社,2003.

[3] 商丽.VoIP 技术在民航空管语音通信系统中的应用[M].中国民用航空,2013.

[4] 肖炎荣,谢来阳,周至凯等.VoIP 技术在民航语音通信领域的发展与应用[J].中国新通信,2014.